"十四五"普通高等教育系列教材

工程造价管理

（第二版）

主　编　邢莉燕　张　琳
副主编　张　立　李　雪
参　编　周景阳　张仁宝　张之峰　解本政
　　　　高　杰　张晓丽　宋红玉　尹红梅
主　审　郭　琦

中国电力出版社
CHINA ELECTRIC POWER PRESS

内 容 提 要

本书分为八章，主要内容包括工程造价管理基础知识、工程造价计价依据、工程量清单计价、投资决策阶段的工程造价管理、设计阶段的工程造价管理、招标投标阶段的工程造价管理、施工阶段的工程造价管理、竣工决算阶段的工程造价管理。全书按照最新规范编写，技术先进，知识点新颖、内容丰富、体系完整，既有理论阐述，又有方法和实例，实用性较强。书中安排了大量的实例，每章都配有练习题并带答案，以帮助学生加强记忆和理解，培养实际应用能力。本书更多拓展资源，可扫描书中二维码阅读。

本书可作为高等院校工程造价、工程管理、土木建筑、房地产管理等专业的教材，也可作为工程审计、工程造价管理部门、建设单位、施工企业、工程造价咨询机构等从事造价管理工作的人员学习参考。

图书在版编目（CIP）数据

工程造价管理/邢莉燕，张琳主编．—2版．—北京：中国电力出版社，2021.12（2024.4重印）
“十四五”普通高等教育系列教材
ISBN 978-7-5198-6154-4

Ⅰ.①工…　Ⅱ.①邢…②张…　Ⅲ.①建筑造价管理—高等学校—教材　Ⅳ.①TU723.31

中国版本图书馆CIP数据核字（2021）第255507号

出版发行：中国电力出版社
地　　址：北京市东城区北京站西街19号（邮政编码100005）
网　　址：http://www.cepp.sgcc.com.cn
责任编辑：霍文婵（010－63412545）郑晓萌
责任校对：黄　蓓　朱丽芳
装帧设计：郝晓燕
责任印制：吴　迪

印　　刷：三河市航远印刷有限公司
版　　次：2018年2月第一版　2021年12月第二版
印　　次：2024年4月北京第十次印刷
开　　本：787毫米×1092毫米　16开本
印　　张：15.5
字　　数：381千字
定　　价：48.00元

前言

工程造价管理是针对工程管理及工程造价专业人才培养的需要开设的一门必修专业课，具有与多门课程知识交叉、综合性强、紧密联系实际的特点。本教材根据教育部工程管理教学指导委员会制定的《高等学校工程造价本科专业指导性专业规范》（2015 版），结合《建设工程工程量清单计价规范》（GB 50500—2013）和《工程造价管理》课程教学大纲的要求编写。这次第二版修订是在第一版的基础上，参照近年来工程造价管理相关部门颁布的规范和规定进行的。教材阐述了工程造价管理的基本知识和计价依据，系统阐述了工程项目决策、设计、招投标、施工、竣工验收等各个阶段的工程造价的确定与控制的具体内容，注重培养学生在市场经济中应具备的确定和控制工程造价的能力。

本书知识点新颖、内容丰富、体系完整，既有理论阐述，又有方法和实例，实用性较强。既包括了工程造价管理的基本理论方法又涵盖了建设项目全过程的造价管理，形成了一套完整的知识体系框架。教材的参编人员，除了担任本课程的教学任务多年，并且仍然奋斗在教学第一线的骨干教师以外，还有实践经验丰富的实干家，对于相关知识点的剖析会更能提高学生的理解和兴趣。书中安排了大量的实例，每章都配有练习题并带答案，以帮助学生加强记忆和理解，培养实际应用能力。本书更多拓展知识，可扫描书中二维码阅读。

本书可作为高等院校工程造价、工程管理、土木建筑、房地产管理等专业的教材，也可作为工程审计、工程造价管理部门、建设单位、施工企业、工程造价咨询机构等从事造价管理工作的人员学习参考。

本书联合了山东建筑大学、山东农业工程学院、山东职业学院、山东英才学院等高等院校教师和山东聚源项目管理有限公司尹红梅总经理加入共同完成。

本书由山东建筑大学邢莉燕、张琳主编，张立、李雪副主编，周景阳、解本政、张仁宝、高杰、张之峰、张晓丽、宋红玉、尹红梅等参加编写。参加编写的主要人员具体分工如下：

第一章：邢莉燕；第二章：周景阳、张之峰；第三章：解本政；第四章：李雪；第五章：张立、高杰；第六章：张琳；第七章：尹红梅、张晓丽、宋红玉；第八章：张仁宝。另外山东建筑大学黄伟典教授对本书提出了宝贵的意见。全书由邢莉燕负责统稿。三峡大学郭琦教授审读了全书，并提出宝贵意见。

本书在编写过程中得到了山东建筑大学教务处和管理工程学院、山东农业工程学院、山东职业学院、山东英才学院，以及山东聚源项目管理有限公司、山东金信达工程造价咨询有限公司等单位的大力支持和帮助，在此表示衷心的感谢！

本书在编写过程中参考了大量文献资料和国内优秀教材，以及造价工程师执业资格考试培训教材，在此谨向这些教材的作者表示衷心的感谢！

鉴于编者水平有限，加之本书涉及的内容广泛，难免会存在不当之处，恳请广大读者和同行批评指正。

编　者
2021 年 10 月

第一版前言

工程造价管理是针对工程管理及工程造价专业人才培养的需要开设的一门专业必修课，具有与多门课程知识交叉、综合性强、紧密联系实际的特点。本书根据教育部工程管理教学指导委员会制定的《高等学校工程造价本科专业指导性专业规范》（2015 版），结合《建设工程工程量清单计价规范》（GB 50500—2013）、《建筑与装饰工程工程量计算规范》（GB 50854—2013）和《工程造价管理》教学大纲的要求编写。书中所有内容均以我国最新颁布的文件、规定等为基础，并参考了建筑行业营业税改增值税后各项费用的计取规定，以及对工程造价管理影响的最新相关资料。本书阐述了工程造价管理的基本知识，以及工程项目决策、设计、招投标、施工、竣工验收等各个阶段的工程造价的确定与控制的具体内容，注重培养学生在社会主义市场经济下，应具备合理确定和有效控制工程造价的能力。

本书知识点新颖、内容丰富、体系完整、图文并茂、深入浅出，既有理论阐述，又有方法和实例，实用性较强。书中既包括了工程造价管理的基本理论方法，又涵盖了项目全过程的造价管理，形成了一套完整的知识体系框架。本书参编人员均为教学第一线的骨干教师，担任本课程的教学任务已多年，有着丰富的教学和实践经验，对于相关知识点的剖析会更能提高学生的理解和兴趣。书中安排了大量的实例，以达到加强学生的理解、记忆和实际应用能力的效果。

本书可作为高等院校工程管理、土木工程、工程造价、房地产管理等有关专业的教材，也可供工程审计、工程造价管理部门、建设单位、施工企业、工程造价咨询机构等从事造价管理工作的人员学习参考。

本书联合了山东建筑大学、山东英才学院、山东农业工程学院、山东协和学院、山东城市建设职业学院等高等院校的老师共同完成。

本书由山东建筑大学邢莉燕、解本政主编，张琳、张立、荀建锋副主编。第一～三章由邢莉燕、周景阳编写；第四章由李雪、宋红玉编写；第五章由张琳编写；第六章由张立、张仁宝编写；第七章由荀建锋、张晓丽编写；第八章由王秀云、魏晴编写；第九章由邢莉燕、张友全编写；第十章由万克淑、施阳编写。山东建筑大学黄伟典教授对本书内容编排提出了宝贵的意见。全书由邢莉燕负责统稿，三峡大学郭琦教授担纲主审。

本书的成功出版，是全体参编人员共同努力的结果。在编写过程中得到了山东建筑大学教务处和管理工程学院、山东农业工程学院、山东英才学院、山东协和学院、山东城市建设职业学院、山东青年干部学院等单位的大力支持和帮助，在此表示衷心感谢！

限于编者水平，加之本书涉及的内容广泛，难免会存在不当之处，恳请广大读者和同行批评指正。

编　者

目 录

第一章　工程造价管理概论

第一节　工　程　造　价

一、工程造价的含义

工程造价通常是指建设工程产品的建造价格，本质上属于价格范畴。在市场经济条件下，工程造价有两种含义：

（1）第一种含义。从投资者（业主）的角度而言，工程造价是指建设一项工程预期开支和实际开支的全部固定资产投资费用，即完成一个工程项目建设所需费用的总和，包括建筑安装工程费、设备及工器具购置费和工程建设其他费等。投资者选定一个投资项目，为了获取预期的效益，就需要进行项目策划、决策及实施，直至竣工验收等一系列投资管理活动，在上述活动中所需的全部费用构成了工程造价，即建设工程造价就是建设工程项目固定资产的总投资。

（2）第二种含义。从市场交易的角度而言，工程造价是指工程价格，即工程承发包交易活动中形成的建筑安装工程的价格和建设工程总价格。显然，工程造价的第二种含义是指以建设工程这种特定的商品形式作为交易对象，通过招标投标或其他交易方式，在进行多次预估的基础上，最终由市场形成的价格。这里的工程涵盖范围很大，既可以是一个建设工程项目，也可以是其中的一个单项工程，甚至可以是整个建设工程中的某个阶段，如土地熟化、建筑安装工程、装饰工程，或者其中的某个部分。随着技术的进步、分工的细化、市场的完善，工程项目建设的中间产品会越来越多，商品交换会更加频繁，工程价格的种类和形式也会更为丰富。例如，商品房价格就是一种有加价的工程价格。

工程造价的两种含义是从不同角度把握同一事物本质。前者是从投资者即业主的角度来定义的，反映的是投资者投入与产出的关系。从这个意义上说，工程造价就是工程投资费用，建设工程造价就是建设工程项目固定资产总投资。后者则从市场交易的角度去定义的，反映的是建设工程市场中以建筑产品为对象的商品交换关系。对规划、设计、承包商等来说，工程造价是其出售商品和劳务的价格总和，或特指范围的工程造价，如建筑安装工程造价。从市场交易过程来说，工程造价通常被认定为工程项目承发包价格，即合同价。

二、工程造价的特点

工程造价的特点是由建设工程项目的特点决定的。

1. 大额性

建设工程不仅实物体积庞大，消耗的资源巨大，而且造价高，动辄数百上千万元，甚至有些特大建设工程项目造价可达数百亿元。建设工程造价的大额性不仅关系到有关方面的重大经济利益，同时也对宏观经济产生重大影响。因此工程造价的大额性的特点引起了建设各方的高度重视。

2. 个别性和差异性

任何一项建设工程都有特定的用途、功能和规模。因此对每一个建设工程项目的结构、造型、工艺设备、建筑材料和内外装饰等都有具体的要求，这就使建设工程项目的实物形态千差万别，而这种差异最终形成了造价的不同。由于建筑物所处的地理位置、建造时间的不同，工程造价也会有很大差异。

3. 动态性

任何一个建设工程项目从投资决策到交付使用，都有一个建设周期。在此期间，存在许多影响工程造价的动态因素，如物价、工资标准、人为因素、自然条件、设备材料价格、费率、利率等的变化，而这些变化势必会影响工程造价的变动。所以整个建设工程项目处在不确定的状态中。工程造价需要根据不同的建设时期、外界环境的动态变化因素进行适时调整，直至竣工结算时才能最终确定工程的实际造价。

4. 层次性

工程造价的层次性由建设工程项目的层次性决定。一个建设工程项目可以由若干个能够独立发挥设计效能的单项工程构成，一个单项工程又可以由多个单位工程构成。甚至单位工程的组成部分——分部分项工程也可以作为计价对象，如大型土石方工程、桩基工程等。所以工程造价的层次就会有建设工程项目总造价、单项工程造价和单位工程造价，个别情况会增加分部分项工程造价。

5. 兼容性

工程造价的兼容性是由其丰富的内涵决定的。工程造价的两种含义决定了工程造价既可以指建设工程项目的固定资产，也可以指建筑安装工程造价；既可以指工程项目的招标控制价，又可以指工程项目的投标报价。

三、工程计价及其特征

工程计价就是计算和确定建设工程项目的工程造价。具体指工程造价人员在建设工程项目的各个阶段，根据各个阶段的不同要求，按照一定的计价原则和程序，采用科学的计价办法，对投资项目做出科学的计算，使其具备合理的价格，从而确定投资项目的工程造价，进而编制出工程造价的经济文件。

由于建设工程产品的特点和工程建设内部生产关系的特殊性，决定了建设工程产品的计价和其他商品相比有其比较特殊的特点。

1. 计价的单件性

建设工程产品的个体差异性决定了每个建设工程项目都必须单独计算造价。每个建设工程项目都有其特点、功能和用途，因而每个建设工程产品的结构是不同的。再者工程所在地的气象、水文地质等自然条件不同，建设的地点、社会经济水平等都会直接或间接地影响工程造价。因此每个建设工程项目都必须根据工程的具体情况，进行单独计价。

2. 计价的多次性

建设工程项目需要按一定的建设程序进行决策和实施，由于设计准确度随着不同阶段的要求会不断地补充完善，资料由粗到细越来越完整，所以工程造价的准确度也会随着不同阶段进行多次修正，以保证工程造价计算的准确性和控制的有效性。多次计价是个逐步深化、逐步细化和逐步接近实际造价的过程，如图 1-1 所示。

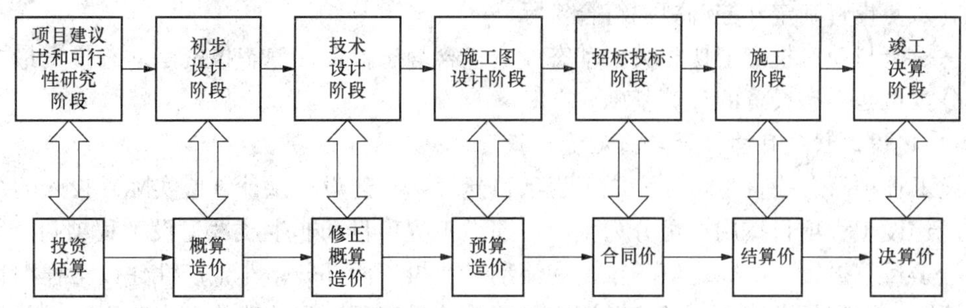

图 1-1　多次计价过程

3. 计价的组合性

工程造价的计算是分部组合而成，这一特征和建设工程项目的组合性有关。一个建设工程项目总造价由各个单项工程造价构成；一个单项工程造价由各个单位工程造价构成；一个单位工程造价经各个分部工程造价汇总计算而得。而分部工程造价又由各个分项工程造价汇总而成。其计算过程和计算顺序是由分部分项工程造价汇总出单位工程造价，再汇总得到单项工程造价文件，最终各个单项工程造价文件汇总得到建设工程项目总造价。这充分体现了计价的组合性。

4. 计价方法的多样性

由于一个建设工程项目的造价需要进行多次计价，而每次计价的依据有所不同，这也因此决定了计价方法的多样性。例如，投资估算的方法有设备系数法、生产能力指数估算法等；计算概算和预算造价的方法有单价法和实物法等。不同的方法有不同的适用条件，计价时应根据具体情况加以选择。

5. 计价依据的复杂性

一个建设工程项目从立项开始到竣工结束，跨越的工期比较长，建设期由于影响工程造价的因素多，决定了计价依据的复杂性。计价依据主要可分为以下 7 类：

（1）设备组价和工程量计算依据，包括项目建议书、可行性研究报告、设计文件等。

（2）人工、材料、机械等实物消耗量计算依据，包括投资估算指标、概算定额、预算定额等。

（3）工程单价计算依据，包括人工单价、材料价格、材料运杂费、机械台班费等。

（4）设备单价计算依据，包括设备原价、设备运杂费、进口设备关税等。

（5）措施项目费、间接费和工程建设其他费计算依据，主要是相关的费用定额和指标。

（6）政府规定的必须计取的规费和税费。

（7）调整工程造价的依据，如造价文件规定、物价指数、工程造价指数等。

四、工程造价的相关概念

（一）静态投资与动态投资

静态投资是指不考虑物价上涨、建设期贷款利息等影响因素的建设投资。静态投资包括建筑安装工程费、设备及工器具购置费、工程建设其他费、基本预备费，以及因工程量误差引起的工程造价增减值等。

动态投资是指考虑物价上涨、建设期贷款利息等影响因素的建设投资。动态投资除包括静态投资外，还包括建设期贷款利息、涨价预备费等。相比之下，动态投资更符合市场价格运行机制，使投资确定和控制更加符合实际。

静态投资与动态投资密切相关。动态投资包含静态投资，静态投资是动态投资最主要的组成部分，也是动态投资的计算基础。

（二）建设工程项目总投资与固定资产投资

建设工程项目总投资是指为完成工程项目建设，在建设期预计（或实际）投入的全部费用总和。建设工程项目按用途可分为生产性建设工程项目和非生产性建设工程项目。生产性建设工程项目总投资包括固定资产投资和流动资产投资两部分；非生产性建设工程项目总投资只包括固定资产投资，不包括流动资产投资。建设工程项目总造价是指工程项目总投资中的固定资产投资总额。

固定资产投资是投资主体为达到预期收益的资金垫付行为。建设工程项目固定资产投资也就是建设工程项目造价，两者在量上是等同的。其中建筑安装工程投资也就是建筑安装工程造价，两者在量上也是等同的。从这里也可以看出工程造价两种含义的同一性。

（三）建筑安装工程造价

建筑安装工程造价也称建筑安装产品价格。从投资者角度看，它是建设工程项目投资中的建筑安装工程投资，也是工程造价的组成部分。从市场交易角度看，建筑安装实际造价是投资者与承包商双方共同认可的，由市场形成的价格。

五、工程造价计价内容

工程造价的特点决定了建设工程项目的造价不可能一次报价就能完成。工程项目在建设过程中的每个阶段都需要依据不同的计价依据和方法进行工程造价的估算，随着工程项目资料的不断完善和细化，估算的结果会越来越接近实际，越来越准确。按照建设工程项目的建设程序，建设工程项目各个阶段的工程造价主要有以下内容：

（1）投资估算。投资估算是指在项目建议书、可行性研究、方案设计阶段（包括概念方案设计和报批方案设计）编制的，通过编制估算文件预先测算和确定的工程造价。投资估算是建设工程项目进行决策、筹集资金和合理控制造价的主要依据。经批准的投资估算是工程造价控制的目标限额，是编制设计概算、施工图预算的基础。

（2）设计概算。设计概算是指在初步设计或扩大初步设计阶段，由设计单位依据初步设计图纸、概算定额或概算指标、设备预算价格、各项费用的定额或取费标准，以及建设地区的自然、技术经济条件等资料，预先计算出建设工程项目由筹建至竣工验收交付使用的全部建设费用。它是设计文件的重要组成部分，是确定和控制建设工程项目全部投资的文件，是编制固定资产投资计划、实行建设工程项目投资包干、签订承发包合同的依据。设计概算投资一般应控制在立项批准的投资控制额以内，如果设计概算值超过控制额，必须修改设计或重新立项批准；设计概算批准后不得任意修改和调整，如果需要修改或调整，必须经过原批准部门重新审批。

（3）修正概算。修正概算是指当采用三阶段设计时，在技术设计阶段，随着设计内容的具体化，在建设规模、结构性质、设备类型和数量等方面与初步设计不一致时，设计单位应对投资进行具体核算，对初步设计的概算进行修正而形成的经济文件。修正概算的作用与设计概算基本相同，一般情况下，修正概算不应超过原批准的设计概算。

（4）施工图预算。施工图预算是指在施工图设计阶段，设计单位根据施工图纸，通过编制预算文件，预先测算和确定的工程造价。它是设计阶段确定建筑安装工程预算造价的具体文件，也是施工企业编制经营计划、进行施工准备的依据。经审查批准的施工图预算是编制实施阶段的资金使用计划、招标计划、招标控制价、签订工程承发包合同的依据，它比设计概算更为详尽和准确，但不能超过设计概算。

（5）合同价。合同价是指在工程招标投标阶段，通过签订总承包合同、建筑安装工程承包合同、设备材料采购合同，以及技术和咨询服务合同所确定的价格，即包括分部分项工程费、措施项目费 、其他项目费、规费和税金的合同金额。合同价属于市场价格，它是由发承包双方根据市场行情通过招标投标等方式达成一致、共同认可的成交价格。

（6）工程结算。发承包双方根据合同约定，对合同工程在实施中、终止时、已完工后进行的合同价款结算、调整和确认，包括期中结算、终止结算、竣工结算。期中结算又称中间结算，包括月度、季度、年度结算和形象进度结算。终止结算是合同结束后的结算。竣工结算是竣工验收合格后，发承包双方依据合同约定办理的工程结算，属于期中结算的汇总。经审计的竣工结算文件是建设工程项目最终的工程造价，一般由承包单位编制，由发包单位审查，也可以委托具有相应资质的工程造价咨询机构进行审查。

（7）竣工决算。竣工决算是指工程竣工验收阶段，建设单位（发包方）以实物数量和货币指标为计量单位，综合反映竣工工程项目从筹建开始到竣工交付使用为止的全部建设费用。竣工决算文件一般是由建设单位编制，上报相关主管部门审查，是国家或主管部门验收小组验收时的依据，是全面反映建设工程项目经济效果、核定新增固定资产和流动资产价值、办理交付使用的依据。

综上所述，工程计价过程是一个由粗到细、由浅入深、多次计价后最终达到实际造价的过程。各计价之间由前至后存在着相互联系、相互补充、相互制约的关系。

第二节　工程造价管理

一、工程造价管理的定义

工程造价管理是指综合运用技术、经济、法律、组织和管理等多种手段，合理制定工程项目建设各阶段的成本计划，并在工程项目建设全过程中严格执行成本计划，将建设成本控制在适宜的范围内，从而达到业主投资的目的。它是建设工程市场管理的重要组成部分和核心内容，同时也是工程项目管理的重要组成部分。工程造价管理应以相关合同为前提，以事前控制为重点，以准确计量与计价为基础，并通过优化设计、风险控制和现代信息技术等手段，实现工程造价控制的整体目标。

二、工程造价管理的范围和内容

（一）工程造价管理的范围

工程造价管理的核心内容就是合理确定和有效地控制工程造价。其范围涉及工程项目建设的可行性研究、初步设计、技术设计、施工图设计、招标投标、合同实施、竣工验收阶段等全过程的工程造价管理。

（二）工程造价管理的内容

工程造价管理包括建设工程投资费用管理和建设工程价格管理。

1. 建设工程投资费用管理

建设工程投资费用管理是指为了实现投资的预期目标，在拟订的规划、设计方案的条件下，预测、确定和监控工程造价及其变动的系统活动。建设工程投资费用管理属于投资管理范畴，它既涵盖了微观层次的工程项目投资费用的管理，也涵盖了宏观层次的工程项目投资费用的管理。

2. 建设工程价格管理

建设工程价格管理属于价格管理范畴。在社会主义市场经济条件下，价格管理一般分为两个层次：在微观层次上，是指生产企业在掌握市场价格信息的基础上，为实现管理目标而进行的成本控制、计价、定价和竞价的系统活动，它反映了微观主体按支配价格运动的经济规律，对商品价格进行能动的计划、预测、监控和调整，并接受价格对生产的调节。在宏观层次上，是指政府部门根据社会经济发展的实际需要，利用现有的法律、经济和行政手段对价格进行管理和调控，并通过市场管理规范市场主体价格行为的系统活动。

工程造价管理的具体实施由两个各有侧重、互相联系、相互重叠的工作过程构成，即工程造价规划过程（等同于投资规划、成本规划）和工程造价控制过程（等同于投资控制、成本控制）。在工程项目建设的前期，以工程造价的规划为主；在工程项目的实施阶段，工程造价的控制占主导地位。工程造价管理是保障建设工程项目施工质量与效益、维护各方利益的手段。

3. 造价规划

在进行造价规划之前，要先对建设工程项目进行估价。得到工程估价后，根据工作分解结构原理将工程造价进行细分，最终将造价落到每一个子项目上，甚至是每个责任人身上，进而形成造价控制目标的过程。

4. 造价控制

建设工程项目造价控制是指在工程项目建设的各个阶段，采取一定的、科学有效的方法和措施，将工程造价限制在预先核定的、合理的造价限额之内，以便随时纠正所发生的偏差，进而保证工程造价管理目标的实现，确保工程项目中人力、物力、财力的合理使用，获得更好的投资效益和社会效益。

（三）工程造价管理的基本原则

实施有效的工程造价管理，应遵循以下三个原则：

1. 以设计阶段为重点的原则

工程造价管理贯穿于工程项目建设全过程的同时，应注重工程项目设计阶段的造价管理。工程造价管理的关键在于前期决策和设计阶段，而在工程项目投资决策后，控制工程造价的关键就在于设计。建设工程全生命周期费用包括工程造价和工程交付使用后的日常开支费用（含经营费用、日常维护费用、使用期间大修理和局部更新费用），以及该工程使用期满后的报废拆除费用等。目前我国设计费用一般为工程造价的1.2％左右。但正是这1.2％的费用，却能够对工程造价的影响度达到30％～50％以上。

2. 主动控制与被动控制相结合的原则

对工程造价的控制应从被动转为主动，做到事先主动采取决策措施进行“控制”，以尽可能地减少或避免实际值与目标值的偏差。因此，对工程造价进行控制，要根据业主要求及建设的客观条件进行综合研究，实事求是确定一套切合实际的科学方法。工程造价控制不仅要真实地反映投资决策、设计、承发包和施工的情况，被动地控制工程造价，而且要对投资决策阶段、设计阶段、承发包和施工阶段的工程造价进行积极主动地控制，以达到预期的目标，取得令人满意的效果。

3. 技术与经济相结合的原则

工程造价管理应从组织、技术、经济、合同等多方面采取措施。从组织上采取措施，包括明确工程项目组织机构，明确造价控制人员及其任务，明确管理职能分工；从技术上采取措施，包括重视设计多方案选择，严格审查初步设计、技术设计、施工图设计、施工组织设计，深入研究节约投资的可能性；从经济上采取措施，包括动态比较的计划值与实际值，严格审核各项费用支出，采取对节约投资的有力的奖励措施等。要把技术与经济有机地结合起来，通过进行技术比较、经济分析和效果评价，正确处理技术先进与经济合理之间的对立统一关系，力求做到技术先进条件下的经济合理，在经济合理基础上的技术先进，把控制工程造价思想理念渗透到各项设计和施工技术措施之中，提高投资效益，从而达到有效控制工程造价的目的。

第三节　工程造价管理理论

一、全生命周期造价管理

全生命周期造价管理的理论与方法主要是由英美一些工程造价界的学者和实际工作者于20世纪70～80年代提出的。后在英国皇家测量师协会的直接组织和大力推动下，逐步形成了一种较为完整的工程造价管理理论和方法体系。

1. 全生命周期造价管理的含义

全生命周期造价管理的核心是在综合考虑项目全生命周期中的建设期成本和运营期成本的前提下，努力实现项目的最大价值，即以较小的生命周期成本去完成项目的建设和运营。它主要是作为一种实现建设工程全生命周期造价最小化的指导思想，指导建设工程的投资决策及设计方案的选择。

2. 全生命周期造价管理的特点

（1）全生命周期造价管理涵盖了建筑物的整个生命周期，包括决策阶段、设计阶段、施工阶段、竣工验收阶段和运营维护及翻新拆除阶段。

（2）全生命周期造价管理的目标是以最小的全生命周期成本实现最大的项目价值。

3. 全生命周期造价管理的应用

（1）全生命周期造价管理的方法是建设工程项目投资决策的一种分析工具。它是一种用来从各决策备选方案中选择最优方案的数学方法或工具，但不是用来对建设工程项目全过程成本进行管理与控制的方法。人们在建设工程项目的投资决策、可行性分析和备选方案评价中要考虑项目建设和运营维护两个方面的成本。

（2）全生命周期造价管理是建筑设计中的一种指导思想和手段，使用它可以计算一个建设工程项目在整个生命周期的全部成本，包括项目建设成本和运营维护成本。它的关键是在下述公式中所表达出来的项目成本最小化的思想，即建设工程项目全生命周期总成本(LCC)—min $\{C_1+C_2\}$。所以它也是用来确定建设工程项目设计方案的一种技术方法，要求按照全面考虑建设工程项目建设与运营维护两个方面成本的方法去设计和安排建设工程项目的设计和施工方案。

（3）全生命周期造价管理是实现建设工程项目全生命周期总造价最小化的一种方法，其中全生命周期阶段包括项目前期、建设期、使用期和拆除期等阶段。它是一种从建设工程项目全生命周期总造价的最小化和总价值的最大化目标出发，努力集成考虑项目建设和运营维护成本，从而实现建设工程项目利益最大化的方法。全生命周期造价管理是一种可审计跟踪的工程成本管理系统。

（4）在建设工程项目决策和设计阶段，要从全生命周期出发去考虑工程项目的成本和价值问题。人们需要努力通过建设工程项目的设计和计划安排去寻求和做到工程项目全生命周期总造价的最小化和总价值的最大化。

二、全过程造价管理

自 20 世纪 80 年代中期开始，我国工程造价管理领域的理论工作者和实际工作者就提出了对建设工程项目进行全过程造价管理的思想。

全过程造价管理的核心思想是按照基于活动的方法做好建设工程项目造价的确定和控制。

（1）全过程造价管理强调建设工程项目是一个过程，建设工程项目造价的确定与控制也是一个过程，是一个工程项目造价决策和实施的过程，人们在工程项目建设的全过程中都需要开展建设工程项目造价管理的工作。

（2）全过程造价管理中的建设工程项目造价确定是一种基于活动的造价确定方法。这种方法是将一个建设工程项目的工作分解成项目活动清单，然后使用工程测量方法确定出每项活动所消耗的资源，最终根据这些资源的市场价格信息确定出一个建设工程项目的造价。

（3）全过程造价管理中的建设工程项目造价控制是一种基于活动的造价控制方法。它强调一个建设工程项目的造价控制必须从项目的各项活动及其活动方法的控制入手，通过减少和消除不必要的活动去减少资源消耗，从而实现降低和控制建设工程项目造价的目的。

由上述分析，可以得出全过程造价管理的基本原理是按照基于活动的造价确定方法去估算和确定建设工程项目造价，同时采用基于活动的管理方法以降低和消除项目的无效和低效活动，从而减少资源消耗与占用，并最终实现对建设工程项目造价的控制。

第四节 建设工程项目总投资的构成

从业主的角度看，建设工程项目总投资是指在工程项目建设阶段所需要的全部费用的总和。生产性建设工程项目的总投资包括建设投资、建设期贷款利息和流动资金三部分；非生产性建设工程项目的总投资包括建设投资、建设期贷款利息两部分。其中，建设投资和建设期贷款利息之和对应于固定资产投资，建设工程项目总投资中的固定资产投资和建设工程项目的工程造价在量上是相等的。工程造价的构成由设备及工器具购置费、建筑安装工程费、工程建设其他费、预备费、建设期贷款利息和固定资产投资方向调节税构成，见图 1 - 2。

一、设备及工器具购置费

设备及工器具购置费是指按照建设工程项目设计文件的要求，建设单位（或其委托单位）购置或自制的达到固定资产标准的设备和新建、扩建项目配置的首套工器具及生产家具所需的费用，由设备购置费和工器具及生产家具购置费组成。

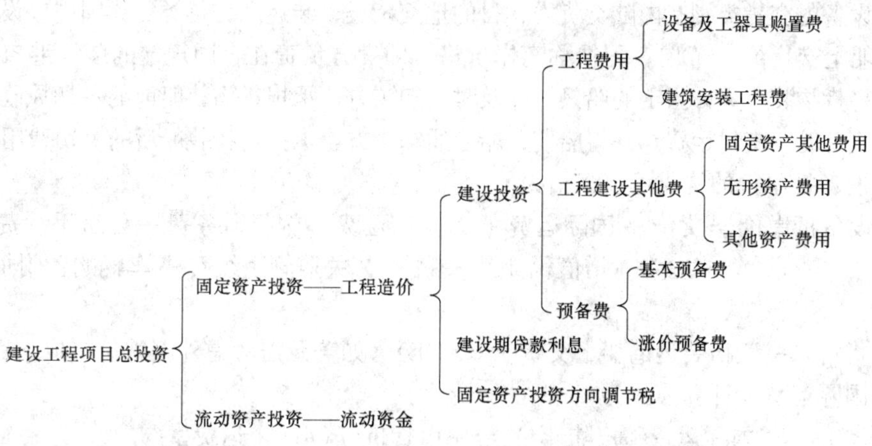

图 1-2　建设工程项目总投资的构成

（一）设备购置费

设备购置费是指为建设工程项目购置或自制的达到固定资产标准的各种国产或进口设备、工器具的费用。固定资产一般是指使用年限在 1 年以上，单位价值在 1000、1500 元或 2000 元以上，具体标准由各主管部门确定。

1. 设备购置费的构成

设备购置费由设备原价和设备运杂费构成，即

$$\text{设备购置费} = \text{设备原价} + \text{设备运杂费} \tag{1-1}$$

设备原价的构成与计算，由于设备来源渠道不同而不同。设备按照来源渠道可分为国产设备和进口设备，具体如图 1-3 所示。

2. 国产标准设备原价的构成

国产标准设备是指按照国家主管部门颁布的标准图纸和技术规范，由我国设备制造厂批量生产的，且符合国家质量检验标准的设备。

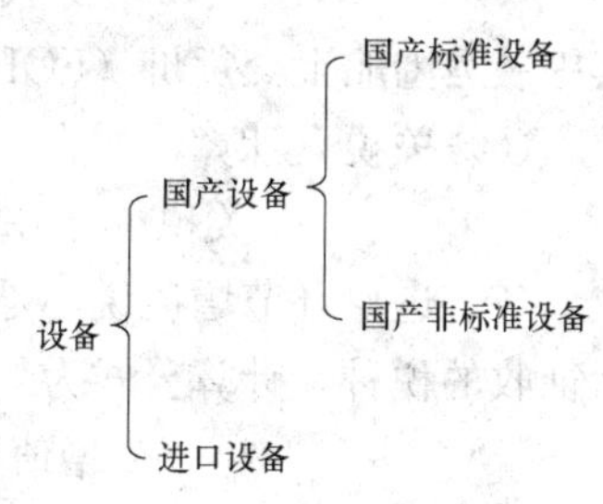

图 1-3　设备类别示意图

国产标准设备原价一般是以设备制造厂的交货价，即出厂价为设备原价。如果设备是由设备公司成套提供，则以订货合同价为设备原价。有的设备有两种出厂价，即带有备品备件的出厂价和不带备品备件的出厂价，在计算设备原价时，一般按照带有备品备件的出厂价计算。

3. 国产非标准设备原价的构成

国产非标准设备是指国家尚无定型标准，不能成批定点生产，使用单位通过贸易关系不易购到，而必须根据具体的设计图纸加工制造的设备。

国产非标准设备原价有多种计算方法，如成本计算估价法、定额估价法、系列设备插入估价法、分部组合估价法等。

4. 进口设备原价的构成与计算

进口设备原价是指进口设备的抵岸价，即进口设备抵达买方边境港口或边境车站，且交完关税等税费后形成的价格。进口设备抵岸价的构成与进口设备的交货类别有关。

进口设备的交货类别有内陆交货类、目的地交货类、装运港交货类。我国进口设备较多采用装运港船上交货价（FOB），习惯称离岸价格，即卖方负责在合同规定的装运港口和规定的期限内，将货物装上买方指定的船只，并及时通知买方，承担货物装船前的一切风险。而买方负责租船或订舱，支付运费，并将船期、船名通知卖方，承担货物装船后的一切费用和风险。

进口设备抵岸价的构成可以概括为

$$\text{进口设备抵岸价}=\text{货价}+\text{国际运费}+\text{运输保险费}+\text{银行财务费}+\text{外贸手续费}+\text{关税}+\text{增值税}+\text{消费税}+\text{海关监管手续费}+\text{车辆购置附加费} \tag{1-2}$$

（1）货价，一般指装运港船上交货价（FOB）（如美元需考虑外汇牌价折成人民币）。

（2）国际运费，计算公式为

$$\text{国际运费(海、陆、空)}=\text{原币货价(FOB)}\times\text{运费率(\%)}$$

（3）运输保险费，对贸易货物运输保险是由保险人与被保险人订立保险契约，在被保险人交付议定的保险费后，保险人根据保险契约的规定对货物在运输过程中发生的承保责任范围内的损失给予经济上的补偿，属于财产保险，计算公式为

$$\text{运输保险费}=\frac{\text{原币货价(FOB)}+\text{国外运费}}{1-\text{保险费率(\%)}}\times\text{保险费率} \tag{1-3}$$

（4）银行财务费，一般指银行手续费，费率一般为0.4%～0.5%，计算公式为

$$\text{银行财务费}=\text{离岸价格(FOB)}\times\text{人民币外汇汇率}\times\text{银行财务费率} \tag{1-4}$$

（5）外贸手续费，是指按规定的外贸手续费率计取的费用，费率一般为1.5%，计算公式为

$$\text{外贸手续费}=[\text{装运港船上交货价(FOB)}+\text{国际运费}+\text{运输保险费}]\times\text{人民币外汇汇率}\times\text{外贸手续费率(\%)} \tag{1-5}$$

其中装运港船上交货价（FOB）＋国际运费＋运输保险费也称为到岸价（CIF）。

（6）关税，计算公式为

$$\text{关税}=\text{到岸价(CIF)}\times\text{人民币外汇汇率}\times\text{关税税率(\%)} \tag{1-6}$$

（7）进口环节增值税，是我国政府对从事进口贸易的单位和个人，在进口商品报关进口后征收的税种，计算公式为

$$\text{增值税}=\text{组成计税价格}\times\text{增值税税率(\%)} \tag{1-7}$$

$$\text{组成计税价格}=\text{到岸价(人民币)}+\text{关税}+\text{消费税} \tag{1-8}$$

（8）消费税，对部分进口设备（如轿车、摩托车等）征收，工程设备一般不收取。

（9）车辆购置附加费，计算公式为

$$\text{车辆购置附加费}=(\text{到岸价}+\text{关税}+\text{消费税})\times\text{车辆购置附加费费率(\%)} \tag{1-9}$$

（10）海关监管手续费，是指海关对经核准予以减税、免税进口货物或保税进口货物，按照国家政策实施监督管理和提供服务而收取的一种手续费用。

【例1-1】 某进口设备的到岸价为100万元，银行财务费为0.5万元，外贸手续费费率为1.5%，关税税率为20%，增值税税率为17%，该设备无消费税，则该进口设备的抵岸价是多少？

解 到岸价＝100（万元）

银行财务费＝0.5（万元）

外贸手续费＝100×1.5％＝1.5（万元）

关税＝100×20％＝20（万元）

增值税＝（100＋20）×17％＝20.4（万元）

进口设备的抵岸价＝100＋0.5＋1.5＋20＋20.4＝142.4（万元）

5. 设备运杂费的构成与计算

设备运杂费是指从供货地点（国产设备）或我国港口（进口设备）运到施工场地仓库或设备存放地点，所发生的运输及各项杂费。

（1）设备运杂费的构成，包括：

1）运输费和装卸费，是指从供货地点（国产设备）或我国港口（进口设备）运到施工场地仓库或设备存放地点，所发生的运输费和装卸费。

2）包装费，是指没有计入设备原价，在运输过程中又确需进行包装而支出的费用。

3）设备供销部门手续费，是指设备供销部门为组织设备供应工作而支出的各项费用。

4）采购与仓库保管费，是指采购、验收、保管和收发设备所发生的各种费用。

（2）设备运杂费的计算，设备运杂费一般是在设备原价的基础上乘以一定的费率计算出来的，其计算公式为

$$设备运杂费 = 设备原价 \times 设备运杂费费率(\%) \tag{1-10}$$

（二）工器具及生产家具购置费

工器具及生产家具购置费是指为保证建设工程项目初期生产，按照初步设计图纸要求购置或自制的没有达到固定资产标准的设备、工器具及家具的费用。

1. 工器具及生产家具购置费的构成

工器具及生产家具购置费包含所有初步设计图纸要求的没有达到固定资产标准的设备、仪器、工卡模具、器具、生产家具和备品备件等的购置费用。

2. 工器具及生产家具购置费的计算

工器具及生产家具购置费一般是在设备购置费的基础上乘以一定的费率而计算出来的，其计算公式为

$$工器具及生产家具购置费 = 设备购置费 \times 工器具及生产家具定额费率(\%) \tag{1-11}$$

二、建筑安装工程费

建筑安装工程费是指建设单位支付给从事建筑安装工程的施工单位的全部生产费用，包括用于建筑物的建造及有关的准备、清理等工程的投资，用于需要安装设备的安置、装配工作的投资，具体包括直接费、间接费、利润及税金四大部分。

（一）建筑安装工程费的构成

建筑安装工程费按照费用构成要素划分，由人工费、材料（包含工程设备，下同）费、施工机具使用费、企业管理费、利润、规费和税金组成。其中人工费、材料费、施工机具使用费、企业管理费和利润包含在分部分项工程费、措施项目费、其他项目费中。

建筑安装工程费构成如图 1-4 所示。

1. 人工费

人工费是指按工资总额构成的规定，支付给从事建筑安装工程施工的生产工人和附属生产单位工人的各项费用，内容包括：

（1）计时工资或计件工资。指按计时工资标准和工作时间或对已做工作按计件单价支付

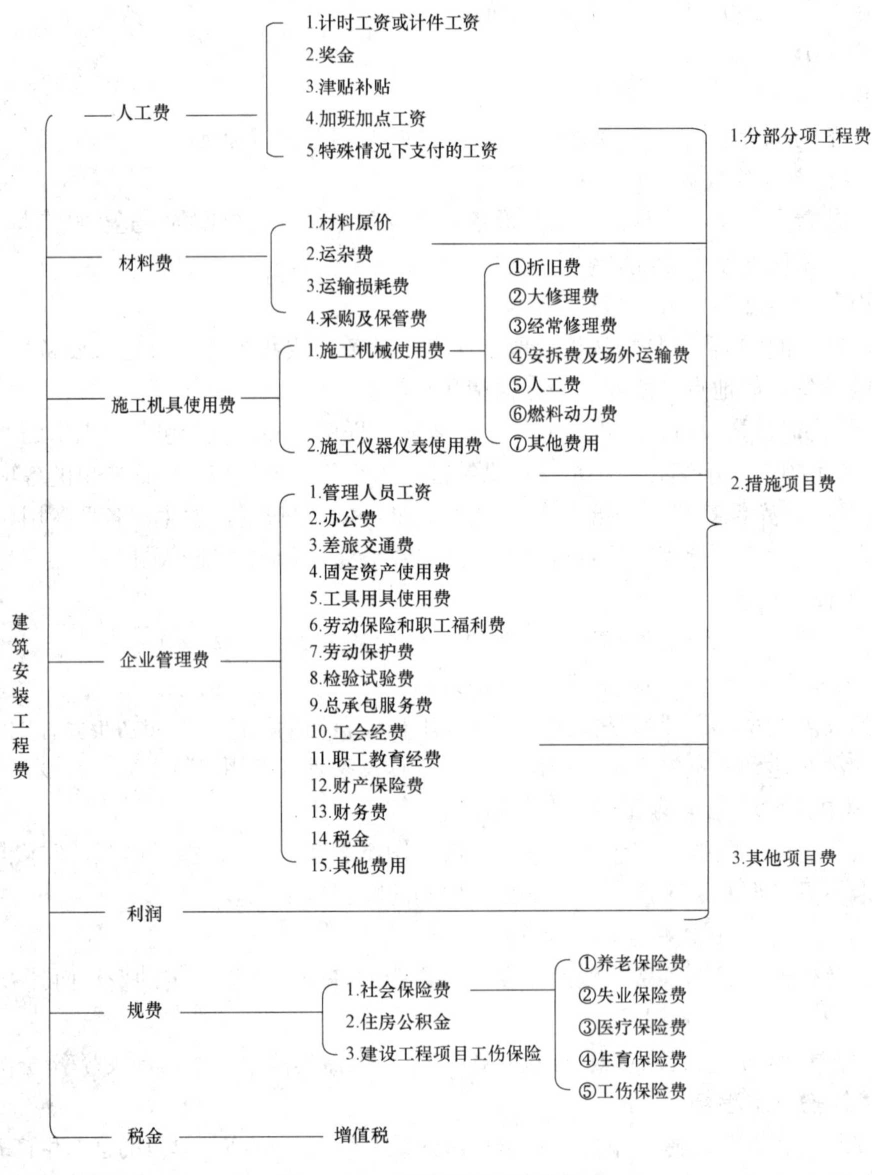

图 1-4　建筑安装工程费构成

给个人的劳动报酬。

（2）奖金。指对超额劳动和增收节支支付给个人的劳动报酬，如节约奖、劳动竞赛奖等。

（3）津贴补贴。指为了补偿职工特殊或额外的劳动消耗和因其他特殊原因支付给个人的津贴，以及为了保证职工工资水平不受物价影响支付给个人的物价补贴，如流动施工津贴、特殊地区施工津贴、高温（寒）作业临时津贴、高空津贴等。

（4）加班加点工资。指按规定支付的在法定节假日工作的加班工资和在法定日工作时间外延时工作的加点工资。

（5）特殊情况下支付的工资。指根据国家法律、法规和政策规定，因病、工伤、产假、计划生育假、婚丧假、事假、探亲假、定期休假、停工学习、执行国家或社会义务等原因按计时工资标准或计时工资标准的一定比例支付的工资。

2. 材料费

材料费是指施工过程中耗费的原材料、辅助材料、构配件、零件、半成品或成品、工程设备的费用，内容包括：

（1）材料原价。指材料、工程设备的出厂价格或商家供应价格。

（2）运杂费。指材料、工程设备自来源地运至施工场地仓库或指定堆放地点所发生的全部费用。

（3）运输损耗费。指材料在运输装卸过程中不可避免的损耗。

（4）采购及保管费。指为组织采购、供应和保管材料、工程设备的过程中所需要的各项费用，包括采购费、仓储费、工地保管费、仓储损耗。

工程设备是指构成或计划构成永久工程一部分的机电设备、金属结构设备、仪器装置及其他类似的设备和装置。

3. 施工机具使用费

施工机具使用费是指施工作业所发生的施工机械、仪器仪表使用费或其租赁费。

（1）施工机械使用费。以施工机械台班耗用量乘以施工机械台班单价表示。施工机械台班单价应由下列七项费用组成：

1）折旧费。指施工机械在规定的使用年限内，陆续收回其原值的费用。

2）大修理费。指施工机械按规定的大修理间隔台班进行必要的大修理，以恢复其正常功能所需的费用。

3）经常修理费。指施工机械除大修理以外的各级保养和临时故障排除所需的费用，包括为保障机械正常运转所需替换设备与随机配备工具附具的摊销和维护费用，机械运转中日常保养所需润滑与擦拭的材料费及机械停滞期间的维护和保养费等。

4）安拆费及场外运输费。安拆费是指施工机械（大型机械除外）在施工现场进行安装与拆卸所需的人工、材料、机械和试运转费用，以及机械辅助设施的折旧、搭设、拆除等费用；场外运输费是指施工机械整体或分体自停放地点运至施工现场或由一施工地点运至另一施工地点所需的运输、装卸、辅助材料及架线等费用。

5）人工费。指支付给施工机械上司机（司炉）和其他操作人员的费用。

6）燃料动力费。指施工机械在运转作业中所消耗的各种燃料及水、电等所需的费用。

7）其他费用。指施工机械按照国家规定应缴纳的车船使用税、保险费及检测费等费用。

（2）施工仪器仪表使用费。以施工仪器仪表台班耗用量乘以施工仪器仪表台班单价表示。施工仪器仪表台班单价由下列四项费用组成：

1）折旧费。指施工仪器仪表在耐用总台班内，陆续收回其原值的费用。

2）维护费。指施工仪器仪表各级维护、临时故障排除所需的费用及保证仪器仪表正常使用所需备件（备品）的维护费用。

3）校验费。指按国家与地方政府规定的标定与检验的费用。

4）动力费。指施工仪器仪表在使用过程中所耗用的电费。

4. 企业管理费

企业管理费是指建筑安装企业组织施工生产和经营管理所需的费用，内容包括：

（1）管理人员工资。指按规定支付给管理人员的计时工资、奖金、津贴补贴、加班加点工资及特殊情况下支付的工资等。

（2）办公费。指企业管理办公用的文具、纸张、账表、印刷、邮电、书报、办公软件、现场监控、会议、水电、烧水和集体取暖降温（包括现场临时宿舍取暖降温）等所需的费用。

（3）差旅交通费。指职工因公出差、调动工作的差旅费、住勤补助费，市内交通费和误餐补助费，职工探亲路费，劳动力招募费，职工退休、退职一次性路费，工伤人员就医路费，工地转移费，以及管理部门使用的交通工具的油料、燃料等费用。

（4）固定资产使用费。指管理和试验部门及附属生产单位使用的属于固定资产的房屋、设备、仪器等的折旧、大修、维修或租赁费。

（5）工具用具使用费。指企业施工生产和管理使用的不属于固定资产的工具、器具、家具、交通工具和检验、试验、测绘、消防用具等的购置、维修和摊销费。

（6）劳动保险和职工福利费。指由企业支付的职工退职金、按规定支付给离休干部的经费，集体福利费、夏季防暑降温费、冬季取暖补贴、上下班交通补贴等。

（7）劳动保护费。指企业按规定发放的劳动保护用品的支出，如工作服、手套、防暑降温饮料，以及在有碍身体健康的环境中施工的保健等所需的费用。

（8）检验试验费。指施工企业按照有关标准规定，对建筑及材料、构件和建筑安装物进行一般鉴定、检查所发生的费用，包括自设实验室进行试验所耗用的材料等费用。

所谓一般鉴定、检查，是指按相应规范所规定的材料品种、材料规格、取样批量、取样数量、取样方法和检测项目等内容所进行的鉴定、检查。例如，砌筑砂浆配合比设计、砌筑砂浆抗压试块、混凝土配合比设计、混凝土抗压试块等施工单位自制或自行加工材料按规范规定的内容所进行的鉴定、检查。

（9）总承包服务费。指总承包人为配合、协调发包人根据国家有关规定进行专业工程发包、自行采购材料、设备等进行现场接收、管理（非指保管），以及施工现场管理、竣工资料汇总整理等服务所需的费用。

（10）工会经费。指企业按《中华人民共和国工会法》规定的全部职工工资总额比例计提的工会经费。

（11）职工教育经费。指按职工工资总额的规定比例计提，企业为职工进行专业技术和职业技能培训，专业技术人员继续教育、职工职业技能鉴定、职业资格认定，以及根据需要对职工进行各类文化教育所发生的费用。

（12）财产保险费。指施工管理用财产、车辆等的保险费用。

（13）财务费。指企业为施工生产筹集资金或提供预付款担保、履约担保、职工工资支付担保等所发生的各种费用。

（14）税金。指企业按规定缴纳的房产税、车船使用税、土地使用税、印花税等。

（15）其他费用。包括技术转让费、技术开发费、投标费、业务招待费、绿化费、广告费、公证费、法律顾问费、审计费、咨询费、保险费等费用。

5. 利润

利润是指施工企业完成所承包工程获得的盈利。

6. 规费

规费是指按国家法律、法规规定，由省级政府和省级有关权力部门规定必须缴纳或计取的费用，内容包括：

(1) 社会保险费。包括：

1) 养老保险费。指企业按照规定标准为职工缴纳的基本养老保险费。

2) 失业保险费。指企业按照规定标准为职工缴纳的失业保险费。

3) 医疗保险费。指企业按照规定标准为职工缴纳的基本医疗保险费。

4) 生育保险费。指企业按照规定标准为职工缴纳的生育保险费。

5) 工伤保险费。指企业按照规定标准为职工缴纳的工伤保险费。

(2) 住房公积金。指企业按规定标准为职工缴纳的住房公积金。

(3) 建设工程项目工伤保险。在工程开工前向社会保险经办机构交纳，应在建设工程项目所在地参保。按建设工程项目参加工伤保险的，建设工程项目确定中标企业后，建设单位在工程项目开工前将工伤保险费一次性拨付给总承包单位，由总承包单位为该建设工程项目使用的所有职工统一办理工伤保险参保登记和缴费手续。

其他应列而未列入的规费，按实际发生计取（例如，工程排污费，根据《中华人民共和国环境保护税法》的相关规定，原规费中的工程排污费现已停止征收，是否在规费中开列相应替代项目应按各地市相关规定执行。如山东省建筑安装工程费规费项目中暂列环境保护税，同时在规费中增设优质优价费）。

7. 税金

税金是指国家税法规定的应计入建筑安装工程造价内的增值税。其中甲供材料、甲供设备不作为增值税的计税基础。在计算税金时，分一般计税法和简易计税法两种方法。

注意：(1) 费用组成及计算规则中的各项费率，是以当期人工、材料、施工机械台班的除税价格进行测算。税前工程造价为人工费、材料费、施工机具使用费、企业管理费、利润和规费之和，各费用项目均以不包含增值税（可抵扣进项税额）的价格计算。

(2) 有些地区把安全文明施工费放入规费中，要求按照工程所在地的规定费率计取，不可竞争。安全文明施工费包括：①环境保护费，是指施工现场为达到环境保护部门要求所需的各项费用。②文明施工费，是指施工现场文明施工所需的各项费用。③安全施工费，是指施工现场安全施工所需的各项费用。④临时设施费，是指施工企业为进行建设工程施工所必须搭设的生活和生产用的临时建筑物、构筑物和其他临时设施等所需的费用。

(二) 建筑安装工程费的计算

1. 人工费

$$\text{人工费} = \sum(\text{工日消耗量} \times \text{日工资单价}) \tag{1-12}$$

$$\text{日工资单价} = \frac{\text{生产工人平均月工资(计时、计件)} + \text{平均月(奖金} + \text{津贴补贴} + \text{特殊情况下支付的工资)}}{\text{年平均每月法定工作日}} \tag{1-13}$$

影响建筑安装工人人工工日单价（以下简称人工单价）的因素很多，归纳起来有以下几方面：

（1）社会平均工资水平。建筑安装工人人工单价必然和社会平均工资水平趋同。社会平均工资水平取决于经济发展水平。由于我国改革开放以来经济迅速增长，社会平均工资也有大幅度增长，从而使人工单价大幅度提高。

（2）生活消费指数。生活消费指数是反映与居民生活有关的商品及劳务价格统计出来的物价变动指标。其变动会直接影响人工工日单价的提高或下降。

（3）人工单价的组成内容。例如，住房消费、养老保险、医疗保险、失业保险等列入人工单价，会使人工单价提高。

（4）劳动力市场供需变化。劳动力市场如果需求大于供给，人工单价就会提高；供给大于需求，市场竞争激烈，人工单价就会下降。

（5）政府行为的影响。政府推行的社会保障和福利政策也会引起人工单价的变动。

2. 材料费

$$\text{材料费} = \sum(\text{材料消耗量} \times \text{材料单价})$$

$$\text{材料单价} = \{(\text{材料原价} + \text{运杂费}) \times [1 + \text{运输损耗率}(\%)]\} \times [1 + \text{采购保管费费率}(\%)] \quad (1-14)$$

工程设备费的基本计算公式为

$$\text{工程设备费} = \sum(\text{工程设备量} \times \text{工程设备单价}) \quad (1-15)$$

$$\text{工程设备单价} = (\text{设备原价} + \text{运杂费}) \times [1 + \text{采购保管费费率}(\%)] \quad (1-16)$$

影响材料预算价格变动的因素有很多，例如：

（1）市场供需变化。材料原价是材料预算价格中最基本的组成。市场供给大于需求，价格就会下降；反之，价格就会上升，从而也就会影响材料预算价格的涨落。

（2）材料生产成本的变动直接涉及材料预算价格的波动。

（3）流通环节的多少和材料供应体制也会影响材料预算价格。

（4）运输距离和运输方法的改变会影响材料运输费用的增减，从而也会影响材料预算价格。

（5）国际市场行情会对进口材料价格产生影响。

3. 施工机具使用费

$$\text{施工机械使用费} = \sum(\text{施工机械台班消耗量} \times \text{施工机械台班单价}) \quad (1-17)$$

$$\begin{aligned}\text{施工机械台班单价} = {} & \text{台班折旧费} + \text{台班大修费} + \text{台班经常修理费} + \\ & \text{台班安拆费及场外运输费} + \text{台班人工费} + \text{台班燃料动力费} + \text{台班车船税费}\end{aligned} \quad (1-18)$$

$$\text{施工仪器仪表使用费} = \text{工程使用的仪器仪表摊销费} + \text{维修费} \quad (1-19)$$

4. 措施项目费

$$\text{措施项目费} = \sum(\text{措施项目工程量} \times \text{综合单价}) \quad (1-20)$$

《建设工程工程量清单计价规范》（GB 50500—2013）规定不宜计量的措施项目计算方法如下：

（1）安全文明施工费

$$\text{安全文明施工费} = \text{计算基数} \times \text{安全文明施工费费率}(\%) \quad (1-21)$$

计算基数应为定额基价（定额分部分项工程费+定额中可以计量的措施项目费）或定额人工费或定额人工费+定额机械费，其费率由工程造价管理机构根据各专业工程的特点综合确定。

(2) 夜间施工增加费

$$\text{夜间施工增加费}=\text{计算基数}\times\text{夜间施工增加费费率}(\%) \tag{1-22}$$

(3) 二次搬运费

$$\text{二次搬运费}=\text{计算基数}\times\text{二次搬运费费率}(\%) \tag{1-23}$$

(4) 冬雨季施工增加费

$$\text{冬雨季施工增加费}=\text{计算基数}\times\text{冬雨季施工增加费费率}(\%) \tag{1-24}$$

(5) 已完工程及设备保护费

$$\text{已完工程及设备保护费}=\text{计算基数}\times\text{已完工程及设备保护费费率}(\%)$$

上述（2）～（5）措施项目的计算基数应为定额人工费或定额人工费＋定额机械费，其费率由工程造价管理机构根据各专业工程特点和调查资料综合分析后确定。

5. 企业管理费

以分部分项工程费为计算基础

$$\text{企业管理费费率}(\%)=\frac{\text{生产工人年平均管理费}}{\text{年有效施工天数}\times\text{人工单价}}\times\text{人工费占分部分项工程费比例}(\%) \tag{1-25}$$

以人工费和机械费合计为计算基础

$$\text{企业管理费费率}(\%)=\frac{\text{生产工人年平均管理费}}{\text{年有效施工天数}\times(\text{人工单价}+\text{每一工日机械使用费})}\times100\% \tag{1-26}$$

或

$$\text{企业管理费费率}(\%)=\frac{\text{生产工人年平均管理费}}{\text{年有效施工天数}\times\text{人工单价}}\times100\% \tag{1-27}$$

6. 利润

施工企业根据企业自身需求并结合建设工程市场实际自主确定，列入报价中。

建议利润在税前建筑安装工程费中的比例可按不低于5%，且不高于7%的费率计算。利润应列入分部分项工程和措施项目费中。

7. 规费

规费包括：

(1) 社会保险费和住房公积金。社会保险费和住房公积金应以定额人工费为计算基础，根据工程所在地省、自治区、直辖市或行业建设主管部门的规定费率计算，即

$$\text{社会保险费和住房公积金}=\sum\left[\text{工程定额人工费}\times\text{社会保险费和住房公积金费率}(\%)\right]$$

社会保险费和住房公积金费率可以每万元发承包价的生产工人人工费和管理人员工资含量与工程所在地规定的缴纳标准综合分析取定。

(2) 环境保护税。环境保护税应按工程所在地环境保护等部门规定的标准缴纳，按实计取列入。

(3) 建设工程项目工伤保险。按建设工程项目参加工伤保险的，建设工程项目确定中标企业后，建设单位在项目开工前将工伤保险费一次性拨付给总承包单位，由总承包单位为该建设工程项目使用的所有职工统一办理工伤保险参保登记和缴费手续。

按建设工程项目参加工伤保险的房屋建筑和市政基础设施工程，建设单位在办理施工许

可手续时，应当提交建设工程项目工伤保险参保证明，作为保证工程安全施工的具体措施之一。安全施工措施未落实的项目，住房和城乡建设主管部门不予核发施工许可证。

8. 税金

实行营业税改增值税的，按纳税地点现行税率计算。

一般计税方法下，建设工程的增值税＝税前工程造价×9%。其中，9%为建筑业拟征增值税税率，税前工程造价为人工费、材料费、施工机具使用费、企业管理费、利润和规费之和，各费用项目均以不包含增值税可抵扣进项税额的价格计算，相应计价依据按上述方法调整。

当采用简易计税方法时，建筑业增值税税率为3%，计算公式为

建设工程增值税 ＝ 税前工程造价 × 3%

其中税前工程造价为人工费、材料费、施工机具使用费、企业管理费、利润和规费之和，各费用项目均以包含增值税可抵扣进项税额的价格计算。

三、工程建设其他费

工程建设其他费是指从工程筹建到工程竣工验收交付使用为止的整个建设期，除建筑安装工程费、设备及工器具购置费以外的，为保证工程建设顺利完成和交付使用后能够正常发挥效用而发生的固定资产其他费用、无形资产费用和其他资产费用。具体构成如图1-5所示。

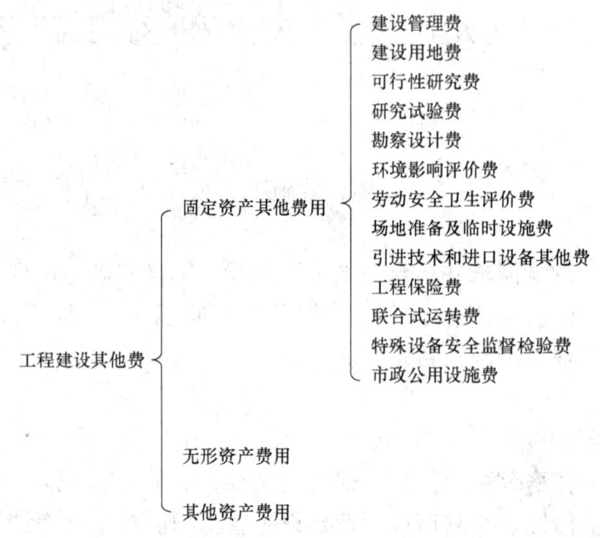

图1-5 工程建设其他费用构成

（一）固定资产其他费用

固定资产费用是指项目投产时将直接形成固定资产的建设投资，包括设备及工器具购置费、建筑安装工程费，以及在工程建设其他费中按规定将形成固定资产的费用。固定资产其他费用是固定资产费用的一部分，工程建设其他费中按规定形成固定资产的费用称为固定资产其他费用。

1. 建设管理费

建设管理费是指建设单位从工程项目筹建开始直至工程竣工验收合格或交付使用为止发生的工程项目建设管理费用。建设管理费的内容有：

（1）建设单位管理费。指建设单位发生的管理性质的开支，包括工作人员工资、工资性补贴、施工现场津贴、职工福利费、住房基金、基本养老保险费、基本医疗保险费、失业保险费、工伤保险费、办公费、差旅交通费、劳动保护费、工具用具使用费、固定资产使用费、必要的办公及生活用品购置费、必要的通信设备及交通工具购置费、零星固定资产购置费、招募生产工人费、技术图书资料费、业务招待费、设计审查费、工程招标费、合同契约公证费、法律顾问费、咨询费、完工清理费、竣工验收费、印花税和其他管理性质开支。

（2）工程监理费。指建设单位委托工程监理单位对工程实施监理工作所需的费用。由于工程监理是受建设单位委托的工程项目建设技术服务，属于建设管理范畴。如采用监理，建设单位部分监理工作量转移至监理单位。

2. 建设用地费

由于工程项目总是在土地上建起的，因此，建设工程造价与别的商品价格相比，就有一项特殊的费用——建设用地费。按照《中华人民共和国土地管理法》等规定，建设用地费是指建设工程项目征用土地或租用土地应支付的费用。建设用地费的内容有：

（1）土地征用及迁移补偿费。指经营性建设工程项目通过土地使用权出让方式购得有限期的土地使用权，或建设工程项目通过行政划拨的方式取得无限期的土地使用权而支付的土地补偿费、安置补偿费、土地附着物和青苗补偿费、余物迁建补偿费、土地登记管理费等；行政事业单位的建设工程项目通过出让方式取得土地使用权而支付的出让金；建设单位在工程项目建设过程中发生的土地复垦费用和土地损失补偿费用；工程项目建设期临时占地补偿费。

（2）征用耕地按规定一次性缴纳的耕地占用税；征用城镇土地在工程项目建设期按规定缴纳的城镇土地使用税；征用城市郊区菜地按规定缴纳的新菜地开发建设基金。

（3）建设单位租用建设工程项目土地使用权而支付的租地费用。

3. 可行性研究费

可行性研究费是指在建设工程项目前期工作中，编制和评估项目建议书（或预可行性研究报告）、可行性研究报告所需的费用。

4. 研究试验费

研究试验费是指为建设工程项目提供或（和）验证设计数据、资料等所进行的必要的研究试验费用，以及按照设计规定在工程项目建设过程中必须进行试验、验证所需的费用。但其不包括：

（1）应由科技三项费用（即新产品试制费、中间试验费和重要科学研究补助费）开支的项目。

（2）应在建筑安装工程费中列支的施工企业对建筑材料、构件和建筑物进行一般鉴定、检查所发生的费用及技术革新的研究试验费。

（3）应由勘察设计费或施工费用中开支的项目。

5. 勘察设计费

勘察设计费是指勘察设计单位进行水文地质勘察、工程设计所发生的各项费用，包括：

（1）工程勘察费、初步设计费（基础设计费）、施工图设计费（详细设计费）。

（2）设计模型制作费。

6. 环境影响评价费

按照《中华人民共和国环境保护法》《中华人民共和国环境影响评价法》等规定，环境影响评价费是指为全面、详细地评价本建设工程项目对环境可能产生的污染或造成的重大影响所需的费用，包括编制环境影响报告书（含大纲）、环境影响报告表和评估环境影响报告书（含大纲）、评估环境影响报告表等所需的费用。

7. 劳动安全卫生评价费

按照劳动和社会保障部《建设项目（工程）劳动安全卫生监察规定》和《建设项目（工程）劳动安全卫生预评价管理办法》的规定，劳动安全卫生评价费是指为预测和分析建设工程项目存在的职业危险、危害因素的种类和危险危害程度，并提出先进、科学、合理可行的劳动安全卫生技术和管理对策所需的费用，包括编制建设项目劳动安全卫生预评价大纲和劳动安全卫生预评价报告书，以及为编制上述文件所进行的工程分析和环境现状调查等所需的费用。

8. 场地准备及临时设施费

场地准备及临时设施费包括场地准备费和临时设施费。场地准备费是指建设工程项目为达到工程开工条件所发生的场地平整和建设场地余留的有碍于施工建设的设施进行拆除清理的费用。临时设施费是指为满足施工建设需要而供到场地界区的临时水、电、路、通信、气等所需的施工费用和建设单位现场临时建（构）筑物的搭设、维修、拆除、摊销或建设期租赁费用，以及施工期间专用公路养护费、维修费。此费用不包括已列入建筑安装工程费中的施工单位临时设施费用。场地准备及临时设施应尽量与永久性工程统一考虑。建设场地的大型土石方工程应进入施工费用中的总图运输费用中。

9. 引进技术和进口设备其他费

引进技术和进口设备其他费的内容有：

（1）引进项目图纸资料翻译复制费、备品备件测绘费。

（2）出国人员费用。包括买方人员出国设计联络、出国考察、联合设计、监造、培训等所发生的差旅费、生活费、制装费等。

（3）来华人员费用。包括卖方来华工程技术人员的现场办公费用、往返现场交通费用、工资、食宿费用、接待费用等。

（4）银行担保及承诺费。指引进项目由国内外金融机构出面承担风险和责任担保所发生的费用，以及支付贷款机构的承诺费用。

10. 工程保险费

工程保险费是指建设工程项目在建设期根据需要对建筑工程、安装工程及机器设备进行投保而发生的保险费用，包括建筑工程一切险和人身意外伤害险、引进设备国内安装保险等。

11. 联合试运转费

联合试运转费是指新建项目或新增加生产能力的工程，在交付生产前按照批准的设计文件所规定的工程质量标准和技术要求，进行整个生产线或装置的负荷联合试运转或局部联动试车所发生的费用净支出（试运转支出大于收入的差额部分费用，以及必要的工业炉烘炉费）。试运转支出包括试运转所需的原材料、燃料及动力消耗、低值易耗品、其他物料消耗、工具用具使用费、机械使用费、保险金，以及施工单位参加试运转包括试运转期间的产品销售收入和其他收入。

联合试运转费不包括应由设备安装工程费开支的调试及试车费用，以及在试运转中暴露出来的因施工原因或设备缺陷等发生的处理费用。

12. 特殊设备安全监督检验费

特殊设备安全监督检验费是指在施工现场组装的锅炉及压力容器、消防设备、燃气设备、电梯等特殊设备和设施，由安全监察部门按照有关安全监察条例和实施细则，以及设计技术要求进行安全检验，应由建设工程项目支付的、向安全监察部门缴纳的费用。

13. 市政公用设施费

市政公用设施费是指工程项目建设单位按照项目所在地人民政府有关规定缴纳的市政公用设施建设费，以及绿化补偿费等。

(二) 无形资产费用

无形资产费用是指直接形成无形资产的建设投资，主要包括以下费用：

(1) 国外设计及技术资料费，引进有效专利、专有技术使用费和技术保密费。

(2) 国内有效专利、专有技术使用费。

(3) 商标权、商誉和特许经营权费等。

(三) 其他资产费用

其他资产费用是指建设投资中除形成固定资产和无形资产以外的部分，主要包括生产准备及开办费等。生产准备及开办费是指建设工程项目为保证正常生产（或营业、使用）而发生的人员培训费、提前进厂费，以及投产使用必备的生产办公、生活家具用具及工器具等购置费，主要包括：

(1) 人员培训费及提前进厂费。指自行培训、委托其他单位培训人员的工资、工资性补贴、职工福利费、差旅交通费、劳动保护费、学习资料费等。

(2) 为保证初期正常生产、生活（或营业、使用）所必需的生产办公、生活家具用具购置费。

(3) 为保证初期正常生产、生活（或营业、使用）所必需的第一套不够固定资产标准的生产工具、器具、用具购置费。

四、预备费、建设期贷款利息、固定资产投资方向调节税

(一) 预备费

预备费由基本预备费和涨价预备费两部分构成。

1. 基本预备费

基本预备费是指在初步设计及概算内难以预料，而在工程项目建设期可能发生的工程费用。基本预备费的内容有：

(1) 在批准的初步设计及概算范围内，在技术设计、施工图设计及施工过程中增加的工程费用，以及设计变更、材料代用、局部地基处理等增加的费用。

(2) 一般自然灾害造成的损失和预防自然灾害所采取的预防费用；实行工程保险的工程费用应适当降低。

(3) 竣工验收时，为了鉴定工程质量对隐蔽工程进行必要的开挖、剥露和修复的费用。

基本预备费是以工程费用和工程建设其他费之和为基数，按部门或行业主管部门规定的基本预备费费率估算。其计算公式为

$$\text{基本预备费} = (\text{工程费用} + \text{工程建设其他费}) \times \text{基本预备费费率}(\%) \quad (1-27)$$

2. 涨价预备费

涨价预备费是指建设工程项目在建设期内由于价格等变化引起工程造价变化的预测预留费用。涨价预备费包括由于人工、设备、材料、施工机械等价格变化的价差费，建筑安装工程费及工程建设其他费调整，利率、汇率调整等增加的费用。涨价预备费一般按照国家规定的投资综合价格指数，依据工程项目分年度估算投资额，采用复利法计算。其计算公式为

$$PF=\sum_{t=1}^{n}I_t[(1+f)^m(1+f)^{0.5}(1+f)^{t-1}-1] \tag{1-28}$$

式中：PF 为涨价预备费；n 为建设期年份数；I_t 为建设期中第 t 年的投资计划额，包括工程费用、工程建设其他费及基本预备费，即第 t 年的静态投资；f 为建设期年均价格上涨指数；m 为从编制估算到开工建设的年限，即建设前期年限。

【例 1-2】 某建设工程项目，经投资估算确定的工程费用与工程建设其他费合计为 2000 万元，工程项目建设前期为 0 年，工程项目建设期为 2 年，每年各完成投资计划 50%，基本预备费费率为 5%。试求在年均投资价格上涨率为 10%的情况下，该工程项目建设期的涨价预备费为多少？

解 总静态投资＝2000× $(1+5\%)^0$＝2100（万元）

建设期每年投资＝1050（万元）

第一年涨价预备费 $PF_1=1050\times[(1+10\%)^{0.5}-1]=51.25$（万元）

第二年涨价预备费 $PF_2=1050\times[(1+10\%)^{1.5}-1]=161.37$（万元）

所以，建设期的涨价预备费 PF＝51.25＋61.37＝212.62（万元）

（二）建设期贷款利息

1. 建设期贷款利息的含义

建设期贷款利息是指建设工程项目投资中分年度使用银行贷款，在建设期内应归还的贷款利息。建设期贷款利息包括银行借款和其他债务资金的利息，以及其他融资费用。

2. 建设期贷款利息的估算

估算建设期贷款利息，需要根据工程项目进度计划，提出建设投资分年计划，设定初步的融资方案，列出各年的投资额，并明确其中的外汇和人民币额度。

估算建设期贷款利息，应根据不同情况选择名义年利率或有效年利率，并假定各种债务资金均在年中支付，即当年借款按半年计息，上年借款按全年计息。

当有些工程项目有多种借款资金来源，且每笔借款的年利率各不相同时，既可分别计算每笔借款的利息，也可先计算出各笔借款加权平均年利率，并以加权平均年利率计算全部借款的利息建设期贷款利息。

当总贷款是分年均衡发放时，建设期贷款利息的计算可按当年借款在年中支用考虑，即当年贷款按半年计息，上年贷款按全年计息。

建设期贷款利息的计算公式为

$$q_j=(P_{j-1}+A_j/2)\times i \tag{1-29}$$

式中：q_j 为建设期贷款第 j 年应计利息；P_{j-1} 为建设期第 $j-1$ 年末贷款累计本金与利息之和；A_j 为建设期第 j 年贷款金额；i 为贷款年利率。

【例 1-3】 某新建项目，建设期为 3 年，分 3 年均衡进行贷款，第一年贷款 300 万元，

第二年贷款 650 万元，第三年贷款 350 万元，年利率为 12%，建设期内利息只计息不支付，试计算建设期贷款利息。

解　在建设期，各年利息计算如下

$$q_1 = A_1/2 \times i = 300/2 \times 12\% = 18(\text{万元})$$

$$q_2 = (P_1 + A_2/2) \times i = (300 + 18 + 650/2) \times 12\% = 77.16(\text{万元})$$

$$q_3 = (P_2 + A_3/2) \times i = (300 + 18 + 650 + 77.16 + 350/2) \times 12\% = 146.42(\text{万元})$$

因此，建设期贷款利息为

$$q_1 + q_2 + q_3 = 18 + 77.16 + 146.42 = 241.58(\text{万元})$$

（三）固定资产投资方向调节税（暂停征收）

为了贯彻国家产业政策、控制投资规模、引导投资方向、调整投资结构、加强重点建设，促进国民经济持续、稳定、健康、协调发展，对在我国境内进行固定资产投资的单位和个人征收固定资产投资方向税。

为了贯彻国家宏观调控政策，扩大内需、鼓励投资，根据国务院的决定，对《中华人民共和国固定资产投资方向调节税暂行条例》规定的纳税人，其固定资产投资应税项目自 2000 年 1 月 1 日起新发生的投资额，暂停征收固定资产投资方向调节税。

第五节　案　例　分　析

【例 1-4】　有一个单机容量为 30 万 kW 的火力发电厂工程项目。建设单位与施工单位签订了单价合同。在施工过程中，施工单位向建设单位派驻的工程师提出下列费用应由建设单位支付：

（1）职工教育经费。因该工程项目的电动机等是采用国外进口的设备，在安装前，需要对安装操作的人员进行培训，培训经费为 2 万元。

（2）研究试验费。该工程项目要对铁路专用线的一座跨公路预应力拱桥的模型进行破坏性试验，需费用 9 万元；改进混凝土泵送工艺试验费 3 万元，合计 12 万元。

（3）临时设施费。为该工程项目施工搭建的工人临时用房 15 间；为建设单位搭建的临时办公室 4 间，所需费用分别为 3 万元和 1 万元，合计 4 万元。

（4）施工机械迁移费。施工吊装机械从另一施工场地调入该施工场地的费用为 1.5 万元。

（5）施工降效费。①根据施工组织设计，部分工程项目安排在雨季施工，由于采取防雨措施，增加费用 2 万元。②由于建设单位委托的另一家施工单位进行场区道路施工，影响了该施工单位正常的混凝土浇筑运输作业，建设单位的常驻施工场地代表已审批了原计划和降效增加的工日及机械台班的数量，资料见表 1-1。

表 1-1　受影响部分计划与实际用量对比表

人工	计划用工工日	计划支出单价	受干扰后实际工日	实际支出单价
	2300	40 元/工日	2900	45 元/工日
机械	计划机械台班	综合台班单价	受干扰后实际台班	实际支出单价
	360	180 元/台班	410	200 元/台班

问题：

(1) 试分析以上各项费用建设单位是否应支付？为什么？

(2) 施工降效费中②提出的降效支付要求，人工费和机械台班费各应补偿多少？

答案：(1) 职工教育经费不应支付，该费用已包含在合同价中［或该费用已计入建筑安装工程费中的间接费（或企业管理费）］。

模型破坏性试验费用应支付，该费用未包含在合同价中（该费用属于建设单位应支付的研究试验费）；混凝土泵送工艺改进试验费不应支付，该费用已包含在合同价中（该费用属于施工单位技术改造支出费用，应由施工单位自己承担）。

为人工搭建的用房费用不应支付，该费用已包含在合同价中（该费用已计入建筑安装工程费中的措施项目费）；为建设单位搭建的用房费用应支付，该费用未包含在合同价中（或该费用属建设单位应支付的临时建设费）。

施工机械迁移费不应支付，该费用已包含在合同价中（常规性施工机械设备迁移费用应包括在建筑安装工程费中的机械使用费，特殊性大型机械设备迁移费用应包括在建筑安装工程费中的措施项目费）。

(2) 施工降效费中①不应支付，属施工单位责任（该费用已计入建筑安装工程费中的措施项目费）；施工降效费中②应支付，该费用属建设单位应给予补偿的费用，即

人工费补偿：(2900－2300) ×40＝24000（元）

机械台班费补偿：(410－360) ×180＝9000（元）

一、单选题

1. 下列关于工器具及生产家具购置费的表述中，正确的是（　　）。

A. 该项费用属于设备费

B. 该项费用属于工程建设其他费

C. 该项费用是为了保证工程项目生产运营期的需要而支付的相关购置费用

D. 该项费用一般以需要安装的设备购置费为基数乘以一定费率计算

2. 建设工程项目工程造价在量上和（　　）相等。

A. 固定资产投资与流动资产投资之和

B. 工程费用与工程建设其他费之和

C. 固定资产投资

D. 工程项目自筹建到全部建成并验收合格交付使用所需的费用之和

3. 在建设工程项目投资中，最积极的部分是（　　）。

A. 建筑安装工程投资　　B. 设备及工器具投资

C. 工程建设其他投资　　D. 流动资产投资

4. 二次搬运费属于（　　）。

A. 规费　　B. 企业管理费　　C. 直接工程费　　D. 措施项目费

5. 现场项目经理的工资列入（　　）。

A. 其他直接费　　B. 现场经费　　C. 企业管理费　　D. 直接费

6. 某建设工程项目建筑工程费 1500 万元，安装工程费 500 万元，设备购置费 1000 万

元，工程建设其他费 200 万元，预备费 130 万元，建设期贷款利息 160 万元，流动资金 800 万元，该建设工程项目的工程造价是（　　）万元。

A. 3200 万元　B. 3490 万元　C. 4000 万元　D. 4290 万元

7. 在人工日单价的组成内容中，生产工人探亲、休假期间的工资属于（　　）。

A. 基本工资　B. 工资性津贴　C. 非生产时间工资　D. 职工福利费

8. 关于规费的计算，下列说法中正确的是（　　）。

A. 规费虽具有强制性，但根据其组成又可以细分为可竞争性的费用和不可竞争性的费用

B. 规费由社会保险费和环境保护税组成

C. 社会保险由养老保险费、失业保险费、医疗保险费、生育保险费、工伤保险费组成

D. 规费由意外伤害保险费、住房公积金、工程排污费组成

9. 养老保险费属于（　　）。

A. 人工费　B. 间接费　C. 规费　D. 税金

10. 勘察设计费属于（　　）

A. 工程建设其他费　B. 规费

C. 企业管理费　D. 预备费

二、多选题

1. 为了便于措施项目费的确定和调整，通常采用分部分项工程量清单方式编制的措施项目有（　　）。

A. 脚手架工程　B. 垂直运输工程

C. 二次搬运工程　D. 已完工程及设备保护

E. 施工排水降水

2. 下面费用中，属于企业管理费的有（　　）。

A. 安全文明施工费　B. 管理人员工资

C. 办公费、差旅交通费　D. 工会经费

E. 职工教育经费

3. 工程造价特点包括动态性和（　　）。

A. 大额性　B. 个别性和差异性　C. 不可竞争性　D. 层次性

E. 兼容性

4. 关于投资估算指标，下列说法中正确的有（　　）。

A. 应以单项工程为编制对象

B. 是反映建设工程项目总投资的经济指标

C. 概略程度与可行性研究工作深度相适应

D. 编制基础是预算定额

E. 可根据历史预算资料和价格变动资料等编制

三、简答题

1. 简述工程造价的两个含义，并阐述工程计价的特征。

2. 简述工程造价管理的内容。

3. 用表格归纳总结进口设备原价的构成。

4. 简述我国现行建设工程项目总投资的构成。

5. 建设工程项目总投资、固定资产投资及工程造价的概念有何不同？简述静态投资和动态投资的区别与联系。

四、计算题

1. 某新建项目，建设期为 3 年，分 3 年均衡进行贷款，第一年贷款 200 万元，第二年贷款 500 万元，第三年贷款 300 万元，年利率为 10%，建设期内利息只计息不支付，试计算建设期利息。

2. 某建设工程项目建筑安装工程费为 1500 万元，设备购置费为 400 万元，工程建设其他费为 300 万元。已知基本预备费费率为 5%，工程项目建设前期年限为 0.5 年，建设期为 2 年，每年完成投资的 50%，年涨价率为 7%，试计算该建设工程项目的基本预备费、涨价预备费、总预备费。

第二章　工程造价计价依据

第一节　概　　述

工程造价计价依据是指计算工程造价的各类基础资料的总称，主要指在工程项目建设过程中进行工程估算时用到的各种工程定额。

一、工程定额的定义

工程定额是工程项目建设中各类定额的总称，是指在工程项目建设的特定阶段，根据编制阶段工程资料的采集情况（如工程特征、用途、结构特征、建设标准、所在地区情况及图纸设计的详细程度等），采用科学方法制定的完成单位质量合格产品所必须消耗的人工、材料、机械设备及资金的数量标准。工程定额根据其编制阶段、编制主体和用途的不同，可以有多种分类，为了对工程项目建设定额能有一个全面的了解，可以按照不同的原则和方法对它进行科学的分类和研究。

需要注意的是，不同的定额编制主体，定额水平是不一样的。政府或行业编制的定额如预算定额，采用的是社会平均水平，而企业编制的企业定额水平反映的是自身的技术和管理水平，一般为平均先进水平。

实行定额的目的，是力求用最少的人力、物力和财力，生产出符合质量标准的合格建筑产品，取得最佳经济效益。定额既是在建筑安装活动中的计划、设计、施工、安装各项工作取得最佳经济效益的有效工具和杠杆，又是衡量、考核上述工作经济效益的尺度。它在企业管理中占有十分重要的地位。

二、工程定额的性质

工程定额具有科学性、系统性、统一性、指导性、稳定性和时效性等性质。

1. 科学性

建设工程定额的科学性，表现在定额是在认真研究客观规律的基础上，遵循客观规律的要求，实事求是运用科学的方法制定的，是在总结广大工人生产经验的基础上根据技术测定和统计分析等资料，并经过综合分析研究后制定的。定额还考虑了已经成熟推广的先进技术和先进的操作方法，正确反映当前生产力水平的单位产品所需的生产预算。

2. 系统性

建设工程是一个庞大的实体系统，定额是为这个实体系统服务的。建设工程本身的多种类、多层次就决定了以它为服务对象的定额的多种类、多层次。按照基本建设程序，建设工程项目由大到小有着严格的项目划分，如单项工程、单位工程、分部分项工程；在计划和实施过程中有严密的逻辑阶段，如可行性研究、设计、施工、竣工交付使用，以及投入使用后的维修。与此相适应必然形成定额的多种类、多层次。

3. 统一性

建设工程定额的统一性，主要是由国家对经济发展的有计划的宏观调控职能所决定的。为了使国民经济按照既定的目标发展，就需要借助于某些标准、定额、规范等，对建设工程进行规划、组织、调节、控制。而这些标准、定额、规范必须在一定范围内是一种统一的尺度，才能实现上述职能，才能利用它对项目的决策、设计方案、投标报价、成本控制进行比选和评价。为了建立全国统一建设工程市场和规范计价行为，《建设工程工程量清单计价规范》（GB 50500—2013）统一了分部分项工程的项目编码、项目名称、项目特征、计量单位及工程量计算规则。

4. 指导性

建设工程定额的指导性表现在：在企业定额还不完善的情况下，通过提供基础定额，为实行市场竞争形成价格奠定了坚实的基础。这样企业在市场招标投标活动中，可在基础定额的基础上，自行编制企业内部定额，逐步走向市场化，与国际计价方法接轨。

指导性的建设工程定额在市场公平竞争、优化企业管理、规范工程计价行为、指导企业自主报价上提供了依据，有利于建设工程市场的规范化管理。

5. 稳定性

建设工程定额中的任何一种定额都是一定时期技术发展和管理水平的反映，因而在一段时间内都表现为稳定的状态。根据具体情况不同，稳定的时间有长有短，一般为 5～10 年。保持定额的稳定性是有效地贯彻定额所必需的，如果某种定额处于经常修改变动之中，那么必然造成执行中的困难和混乱，定额的不稳定也会给定额的编制工作带来极大的困难，所以定额需要有一定的相对稳定期。

6. 时效性

建设工程定额中的任何一种定额，都只能反映出一定时期的生产力水平，当生产力水平提高了，定额就会变得不适应，还有可能制约生产力的发展。当定额不再起到它应有的作用时，定额就要重新编制和进行修订。所以，定额具有显著的时效性，新定额一旦产生，旧定额就立即停止使用。

三、工程定额的分类

建设工程定额是工程项目建设中各类定额的总称。它包括许多种类的定额。为了对建设工程定额能有一个全面的了解，可以按照不同的原则和方法对其进行科学分类。

1. 按定额反映的生产要素分类

按定额反映的生产要素不同，建设工程定额可分为劳动消耗定额、机械消耗定额和材料消耗定额三种定额（三种定额组成为基础定额）。

（1）劳动消耗定额。简称劳动定额（也称为人工定额），是指完成一定的合格产品（工程实体或劳务）规定活劳动消耗的数量标准。为了便于综合和核算，劳动定额大多采用工作时间预算来计算劳动消耗的数量。所以劳动定额主要表现形式是时间定额，但同时也可以用产量定额来表现。时间定额与产量定额互为倒数。

（2）材料消耗定额。简称材料定额，是指完成一定合格产品所需消耗材料的数量标准。材料，是工程项目建设中使用的原材料、成品、半成品、构配件、燃料，以及水、电等动力资源的统称。材料作为劳动对象构成工程的实体，需用数量很大，种类很多。所以材料预算是多少，消耗是否合理，不仅关系到资源的有效利用，影响市场供求状况，而且对建设工程的项目投资、建筑产品的成本控制都起着决定性的影响。

材料定额，在很大程度上可以影响材料的合理调配和使用。在产品生产数量和材料质量一定的情况下，材料的供应计划和需求都会受到材料定额的影响。重视和加强材料定额管理，制定合理的材料定额，是组织材料的正常供应，保证生产顺利进行，以及合理利用资源、减少积压、浪费的必要前提。

(3) 机械消耗定额。简称机械定额，我国机械定额是以一台机械一个工作班为计量单位，所以又称为机械台班定额。机械定额是指为完成一定合格产品（工程实体或劳务）所规定的施工机械消耗的数量标准。机械定额的主要表现形式是机械时间定额，但同时也以产量定额表现。

2. 按定额的编制程序和用途分类

按定额的编制程序和用途不同建设工程定额可分为施工定额、预算定额、概算定额、概算指标、投资估算指标五种。

(1) 施工定额。施工定额是以同一性质的施工过程——工序，作为研究对象，表示生产产品数量与生产要素消耗综合关系编制的定额。施工定额是施工企业（建筑安装企业）组织生产和加强管理在企业内部使用的一种定额，属于企业定额的性质。为了适应组织生产和管理的需要，施工定额的项目划分很细，是建设工程定额中分项最细、定额子目最多的一种定额，也是建设工程定额中的基础性定额。

施工定额本身由劳动定额、机械定额和材料定额三个相对独立的部分组成，主要直接用于工程项目的施工管理，作为编制工程项目施工组织设计、施工预算、施工作业计划、签发施工任务单、限额领料卡及结算计件工资或计量奖励工资等用。它同时也是编制预算定额的基础。

(2) 预算定额。预算定额是以建筑物或构筑物各个分部分项工程为对象编制的定额。其内容包括劳动定额、机械定额、材料定额三个基本部分，并列有每一工序中完成单位产品所需的费用（预算单价），是一种计价的定额。从编制程序上看，预算定额是以施工定额为基础综合扩大编制的，同时它也是编制概算定额的基础。

预算定额是在编制施工图预算阶段，计算工程造价和工程中的劳动、机械台班、材料需要量时使用，它是调整工程预算和工程造价的重要基础，同时它也可以作为编制施工组织设计、施工技术、财务计划的参考。随着经济发展，在一些地区出现了综合预算定额的形式，它实际上是预算定额的一种，只是在编制方法上更加扩大、综合和简化。

(3) 概算定额。概算定额是以扩大的分部分项工程为对象编制的，计算和确定该工程项目的劳动、机械台班、材料预算所使用的定额，同时它也列有工程费用，也是一种计价性定额。概算定额是编制扩大初步设计概算、确定建设工程项目投资额的依据。概算定额的项目划分粗细，与扩大初步设计的深度相适应，一般是在预算定额的基础上综合扩大而成的，每一综合分项概算定额都包含数项预算定额。

(4) 概算指标。概算指标是概算定额的扩大与合并，它是以整个建筑物和构筑物为对象，以更为扩大的计量单位来编制的。概算指标的内容包括劳动定额、机械定额、材料定额三个基本部分，同时还列出了各结构分部的工程量及单位建筑工程（以体积计或面积计）的造价，是一种计价定额。为了增加概算指标的适用性，也以房屋或构筑物的扩大的分部工程或结构构件为对象编制，称为扩大结构定额。

由于各种性质建设工程定额所需要的劳动力、材料和机械台班数量不一样，概算指标通常按工业建筑和民用建筑分别编制。工业建筑中又按各工业部门类别、企业规模、车间结构编制，民用建筑按照用途性质、建筑层高、结构类别编制。

概算指标的设定和初步设计的深度相适应。一般是在概算定额和预算定额的基础上编制的，比概算定额更加综合扩大。它是设计单位编制工程概算或建设单位编制年度任务计划、施工准备期间编制材料和机械设备供应计划的依据，也可供国家编制年度建设计划参考。

(5) 投资估算指标。它是在项目建议书和可行性研究阶段编制投资估算、计算投资需要量时使用的一种定额。它非常概略，往往以独立的单项工程或完整的工程项目为计算对象，编制内容是所有项目费用之和。它的概略程度与可行性研究阶段相适应。投资估算指标往往根据历史的预、决算资料和价格变动等资料编制，但其编制基础仍然离不开预算定额、概算定额。

3. 按定额的专业和费用性质分类

按定额的专业和费用性质不同，建设工程定额可分为建筑工程定额、设备安装工程定额、建筑安装工程费定额、工器具定额及工程建设其他费定额等。

4. 按定额专业性质划分类

按定额专业性质不同，建设工程定额可分为全国通用定额、行业通用定额和专业专用定额三种。全国通用定额是指在部门间和地区间都可以使用的定额；行业通用定额是指具有专业特点在行业部门内可以通用的定额；专业专用定额是特殊专业的定额，只能在指定的范围内使用。

5. 按定额的编制单位和管理权限分类

按定额的编制单位和管理权限不同，建设工程定额可分为全国统一定额、行业统一定额、地区统一定额、企业定额、补充定额五种。

(1) 全国统一定额，是由国家建设行政主管部门，综合全国工程项目建设中技术和施工组织管理的情况编制，并在全国范围内执行的定额。

(2) 行业统一定额，是考虑各行业部门专业工程技术特点，以及施工生产和管理水平编制的，一般只在本行业和相同专业性质的范围内使用。

(3) 地区统一定额，包括省、自治区、直辖市定额。地区统一定额主要是考虑地区性特点和全国统一定额水平做适当调整和补充编制的。

(4) 企业定额，由施工企业考虑本企业具体情况，参照国家、部门或地区定额的水平制定的定额。企业定额只在企业内部使用，是企业素质的一个标志。企业定额水平一般应高于国家现行定额，才能满足生产技术发展、企业管理和市场竞争的需要。

(5) 补充定额，是指随着设计、施工技术的发展，现行定额不能满足需要的情况下，为了补充缺陷所编制的定额。补充定额只能在指定的范围内使用，可作为修订定额的基础。

第二节 施工定额（基础定额）

一、概述

施工定额，也称为基础定额或行业定额，是指建设工程中，按照生产要素规定的，在正常施工条件和合理的劳动组织、合理使用材料及机械等条件下，完成单位合格产品所必须消耗的人工、材料、机械台班的数量标准。它由劳动定额、材料定额、机械定额组成。

按照国家建设行政主管部门的要求，建筑安装工程造价的项目内容、工程项目划分、计量单位及工程量计算规则应规范设置。编制建设工程人工、材料、机械预算的基础定额，主要是供确定招标控制价和投标报价时作参考，并作为宏观调控的手段。同时要引导施工企业以全国统一劳动定额或地区统一劳动定额为标准结合本企业实际情况，参照基础定额提供的预算来制定符合本企业实际的企业内部劳动定额，不能完全照搬照套，将劳动力、材料、机械台班等价格由市场调节，自主投标报价。

二、劳动定额

（一）工作时间分类

工作时间是指工作班延续时间。工人在工作班内消耗的工作时间，按其消耗的性质，基本可分为定额时间和损失时间（非定额时间）两大类。

工人工作时间分类如图 2-1 所示。

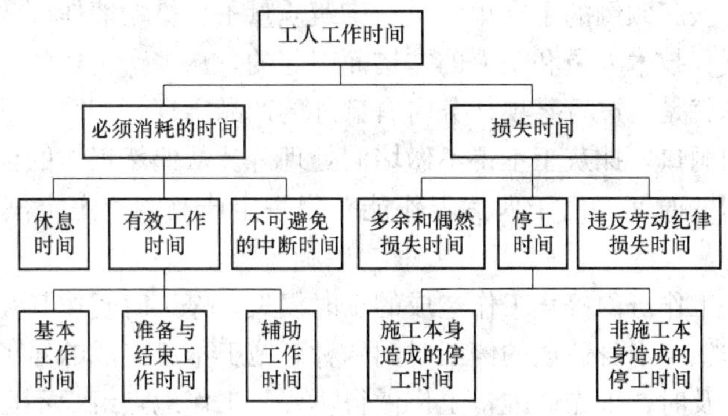

图 2-1 工人工作时间分类图

1. 必须消耗的时间

必须消耗的时间是指工人在正常施工条件下，为完成一定产品（工作任务）所消耗的时间。它是制定定额的主要根据。必须消耗的时间包括有效工作时间、休息时间和不可避免的中断时间。

（1）有效工作时间是指从生产效果来看与产品生产直接有关的时间消耗，包括基本工作时间、辅助工作时间、准备与结束工作时间。

1）基本工作时间是指生产工人完成能生产一定产品的施工工艺过程所消耗的时间。通过这些工艺过程可以使材料改变外形，如钢筋煨弯等；可以改变材料的结构与性质，如混凝土的浇筑、养护等；也可以改变产品外部及表面的性质，如粉刷、油漆等；还可以使预制构配件安装组合成型。基本工作时间所包括的内容依工作性质各不相同。基本工作时间的长短和工作量大小成正比。

2）辅助工作时间是指为保证基本工作能顺利完成所消耗的时间。在辅助工作时间里，不能使产品的形状大小、性质或位置发生变化。辅助工作时间的结束往往就是基本工作时间的开始。

3）准备与结束工作时间是指某工序施工前或施工完成后所消耗的工作时间，如工作地点、劳动工具和劳动对象的准备工作时间；工作结束后的整理工作时间等。准备与结束工作时间的长短与所担负的工作大小无关，但往往和工作内容有关。

（2）休息时间是指生产工人在工作过程中为恢复体力所必需的短暂休息和生理需要的时

间消耗。这种时间是为了保证工人精力充沛地进行工作，所以在定额时间中必须进行计算。

(3) 不可避免的中断时间是指由于施工工艺特点引起的工作中断所必需的时间。与施工过程工艺特点有关的工作中断时间，应包括在定额时间内，但应尽量缩短此项时间消耗。与施工过程工艺特点无关的工作中断时间，是由于劳动组织不合理引起的，属于损失时间，不能计入定额时间。

2. 损失时间

损失时间是指与产品生产无关，而与施工组织和技术上的缺点有关，与工人在施工过程中的个人过失或某些偶然因素有关的时间消耗。

损失时间包括多余和偶然工作损失时间、停工时间、违背劳动纪律损失时间。

(1) 多余工作，就是工人进行了任务以外的工作而又不能增加产品数量的工作，如产品质量不合格的返工、扶起倾倒的手推车、重新砌筑质量不合格的墙体等。多余工作的工时损失，一般都是由于工程技术人员和工人的差错而引起的，从多余工作的性质看，不应计入定额时间中。偶然工作就是在进行某项任务时有额外的产品出现，如墙面贴面砖时，对墙面上的脚手架钢管留下的洞口，抹灰工不得不做堵洞处理等。从偶然工作的性质看，在拟定定额时不应考虑它所占用的时间，由于偶然工作能获得一定产品，拟定定额时要适当考虑它的影响。

(2) 停工时间是工作班内停止工作造成的工时损失。停工时间按其性质可分为施工本身造成的停工时间和非施工本身造成的停工时间两种。施工本身造成的停工时间，是由施工组织不善、材料供应不及时、工作面准备工作做得不好、工作地点组织不良等情况引起的。非施工本身造成的停工时间，是由水源、电源中断引起的。前一种情况在拟定定额时不应该计算，后一种情况在拟定定额时则应给予合理的考虑。

(3) 违背劳动纪律损失时间，此项损失时间不允许存在。因此，在拟定定额时是不能考虑的。

(二) 劳动定额的表示方法

劳动定额（人工定额）按其表现形式有时间定额和产量定额两种。

1. 时间定额

时间定额是指在一定的生产技术和生产组织条件下，某工种、某技术等级的工人小组或个人，完成单位合格产品所必须消耗的工作时间。例如，普通工每挖 $1m^3$ 四类土用 0.33 工日。定额工作时间包括工人的有效工作时间、必需的休息时间和不可避免的中断时间。时间定额以工日为单位，每一个工日按 8h 计算。其表达式为

$$\text{单位产品的时间定额(工日)} = \frac{1}{\text{每工日产量}} \tag{2-1}$$

或

$$\text{单位产品的时间定额(工日)} = \frac{\text{小组成员工日数总和}}{\text{小组的工作班产量}} \tag{2-2}$$

时间定额是在实际工作中经常采用的一种劳动定额形式，它的单位单一，具有便于综合、累计的优点。在计划、统计、施工组织、编制预算中经常采用此种形式。

时间定额和产量定额是人工定额的两种表现形式，两者互为倒数关系，即

$$\text{产量定额} = \frac{1}{\text{时间定额}} \tag{2-3}$$

时间定额和产量定额虽然是同一劳动定额的不同表现形式，但其用途却不同。前者是以产品的单位和工日来表示，便于计算完成某一分部（分项）工程所需的总工日数，核算工资，编制施工进度计划和计算工期；后者是以单位时间内完成产品的数量表示，便于小组分配施工任务，考核工人的劳动效率和签发施工任务单。

【例 2-1】 某工程有 79m³ 一砖混水外墙，每天有 12 名工人在现场施工，时间定额为 1.09 工日/m³。试计算完成该工程所需施工天数（砖墙定额数据见表 2-1）。

表 2-1 砖墙

工作内容：包括砌墙面艺术形式、墙垛、平碹模板，梁板头砌砖，板下塞砖、楼梯间砌砖留楼梯踏步斜槽，留孔洞，砌各种凹进处，山墙泛水槽，安放木砖、铁件，安装 60kg 以内的预制混凝土门窗过梁、隔板、垫块及调整立好后的门窗框等。

编号		12	13	14	15	16	17	18	19	20
项目		混水内墙（工日/m³）				混水外墙（工日/m³）				
		0.5 砖	0.75 砖	1 砖	1.5 砖及 1.5 砖以外	0.5 砖	0.75 砖	1 砖	1.5 砖	2 砖及 2 砖以外
综合	塔吊	1.38	1.34	1.02	0.994	1.5	1.44	1.09	1.04	1.01
	机吊	1.59	1.55	1.24	1.21	1.71	1.65	1.3	1.25	1.22
砌砖		0.865	0.815	0.482	0.448	0.98	0.915	0.549	0.491	0.458
综合	塔吊	0.434	0.437	0.44	0.44	0.434	0.437	0.44	0.44	0.44
	机吊	0.642	0.645	0.645	0.654	0.642	0.645	0.652	0.652	0.653
调制砂浆		0.085	0.089	0.089	0.106	0.085	0.089	0.101	0.106	0.107

解 完成该工程所需劳动量＝79×1.09＝86.11（工日）

需要的施工天数＝86.11/12＝7（天）

2. 产量定额

产量定额是指在一定的生产技术和生产组织条件下，某工种、某技术等级的工人小组或个人，在单位时间（工日）内完成合格产品的数量。例如，普通工每工日挖四类土。其表达式为

$$\text{每工产量定额} = \frac{1}{\text{单位产品时间定额(工日)}} \tag{2-4}$$

或

$$\text{工作班产量定额} = \frac{\text{小组成员工日数总和}}{\text{单位产品时间定额(工日)}} \tag{2-5}$$

产量定额的计量单位，以单位时间的产品计量单位表示，如吨（t）、块、根等。

（三）劳动定额的确定方法

由于时间定额和产量定额互为倒数关系，定出时间定额，也就可以确定产量定额。

时间定额是在拟定基本工作时间、辅助工作时间、准备与结束工作时间、不可避免的中断时间和必需的休息时间的基础上制定的。测定时间消耗的基本方法是计时观察法。

所谓计时观察法，就是研究工作时间消耗的一种技术测定方法。它以研究工作时间消耗为对象，以观察测时为手段，通过密集抽样和粗放抽样等技术进行直接的时间研究。计时观

察法运用于建筑施工中，是以现场观察为特征，所以也称为现场观察法。计时观察法适用于研究人工手动过程和机手并动过程的工作时间消耗。计时观察法主要有3种：

（1）测时法。测时法主要适用于测定那些定时重复的循环工作的工作时间消耗，是精确度比较高的一种计时观察法。其有选择法和持续法两种。

（2）写实记录法。写实记录法是一种研究各种性质的工作时间消耗的方法。采用这种方法，可以获得分析工作时间消耗的全部资料，并且精确度较高。写实记录法的观察对象，可以是一个工人，也可以是一个工人小组。

（3）工作日写实法。这是一种研究整个工作班内的各种工作时间消耗的方法。

运用工作日写实法主要有两个目的：一个是取得编制定额的基础资料；另一个是检查定额的执行情况，找出缺点，改进工作。当它被用来达到第一个目的时，工作日写实的结果要获得观察对象在工作班内工作时间消耗的全部情况，以及产品数量和影响工作时间消耗的因素，其中工作时间消耗应该按其性质分类记录。当它被用来达到第二个目的时，通过工作日写实应该做到：查明工时损失量和引起工时损失的原因，制定消除工时损失的方法，改善劳动组织和工作地点组织的实施，查明熟练工人是否能发挥自己的专长，确定合理的小组编制和合理的小组分工；确定机械在时间利用和生产率方面的情况，找出使用不当的原因，制定改善机械使用情况的技术组织措施；计算工人或机械完成定额的实际百分比和可能百分比。

工作日写实法和测时法、写实记录法比较，具有技术简便、费力不多、应用面广和资料全面的优点，在我国是一种采用较广的编制定额的方法。

（四）劳动定额的确定

测定时间消耗的主要内容是工序作业时间的确定。通过对施工过程的工时研究，确定出施工过程的基本工作时间、辅助工作时间、准备与结束工作时间、不可避免的中断时间和休息时间，这些时间之和就是时间定额。

1. 拟定基本工作时间

基本工作时间在必须消耗的工作时间中占比最大。在确定基本工作时间时，必须细致、精确。基本工作时间消耗一般应根据计时观察资料来确定。其做法是，首先确定工作过程中每一组成部分的工作时间消耗，然后综合出工作过程的工作时间消耗。如果组成部分的产品计量单位和工作过程的产品计量单位不符，就需先求出不同计量单位的换算系数，进行产品计量单位的换算，然后相加，求得工作过程的工作时间消耗。

2. 拟定辅助工作时间和准备与结束工作时间

辅助工作时间和准备与结束工作时间的确定方法与基本工作时间相同。但是，如果这两项工作时间在整个工作过程中的工作时间消耗占比不超过5%～6%，则可归纳为一项，以工作过程的计量单位表示，确定出工作过程的工作时间消耗。

3. 拟定不可避免的中断时间

在确定不可避免的中断时间时，必须注意由施工工艺特点所引起的不可避免的中断时间才是列入工作过程的时间定额。不可避免的中断时间需根据测时资料通过整理分析获得数据，以占工作日的百分比表示此项工作时间消耗的时间定额。

4. 拟定休息时间

休息时间应根据工作班休息制度、经验资料、计时观察资料，以及对工作的疲劳程度做全面分析来确定。同时，应考虑尽可能利用不可避免的中断时间作为休息时间。

5. 拟定时间定额

确定人工定额预算主要包括拟定基本工作时间、拟定辅助工作时间和准备与结束工作时间、拟定不可避免的中断时间、拟定休息时间，最终确定时间定额。现有的工时规范已经给出了一些工程经验数据，如准备与结束工作时间、不可避免的中断时间、休息时间等，如果利用工时规范计算时间定额，可以参照下列公式

$$规范时间 = 准备与结束工作时间 + 不可避免的中断时间 + 休息时间 \quad (2-6)$$

$$工序作业时间 = 基本工作时间 + 辅助工作时间 = 基本工作时间 /(1 - 辅助时间占比) \quad (2-7)$$

$$定额时间 = 工序作业时间 /(1 - 规范时间占比) \quad (2-8)$$

【例 2-2】 人工挖土方，土壤是潮湿的黏性土，按土壤分类属二类土（普通土），测时资料表明，挖 1m^3 需消耗基本工作时间 60min，辅助工作时间占作业时间 2%，准备与结束工作时间占工作延续时间 2%，不可避免的中断时间占 1%，休息时间占 20%。试计算人工挖土（普通土）的时间定额和产量定额。

解 工序作业时间=基本工作时间/（1－辅助时间占比）= 60/0.98=61.22（min）

定额时间=工序作业时间/（1－规范时间占比）=61.22/（1－2%－1%－20%）= 79.51（min）

时间定额=79.51/（60×8）=0.17（工日/ m^3）

产量定额=1/时间定额=1/0.17=5.88（m^3/工日）

三、材料定额

（一）材料分类

材料定额是指在节约与合理使用材料的条件下，生产单位合格产品所必须消耗的一定规格的建筑材料、半成品或配件的数量标准。合理地确定材料消耗，必须研究和区分材料在施工过程中的类别。

（1）根据材料消耗的性质，施工中的材料可分为必须消耗的材料和损失的材料两类。必须消耗的材料是确定材料定额的基本数据，是施工过程中的合理消耗。必须消耗的材料包括直接用于建筑和安装工程的材料、不可避免的施工废料、不可避免的材料损耗。其中，直接用于建筑和安装工程的材料数量，称为材料净用量；不可避免的施工废料和材料损耗的数量，称为材料合理损耗量。也就是说，材料消耗量由材料净用量和材料合理损耗量组成，即

$$材料消耗量 = 材料净用量 + 材料合理损耗量 = 材料净用量 \times (1 + 材料损耗率) \quad (2-9)$$

$$材料损耗率 = 材料合理损耗量 / 材料净用量 \times 100\% \quad (2-10)$$

材料损耗率通过观测和现场统计确定。部分建筑材料的损耗率参考值见表 2-2。

表 2-2　部分建筑材料的损耗率参考值

材料名称	工程项目	损耗率（%）	材料名称	工程项目	损耗率（%）
普通砖	基础	0.4	混合砂浆	抹墙及墙裙	2
普通砖	实砖墙	1	砌筑砂浆	普通砖砌体	1
普通砖	方砖柱	3	砌筑砂浆	黏土空心砖	10

续表

材料名称	工程项目	损耗率（%）	材料名称	工程项目	损耗率（%）
多孔砖	墙	1	砌筑砂浆	加气混凝土砌块墙	2
硅酸盐砌块		2	混凝土	现浇地面	1
加气混凝土砌块		2	混凝土	现浇其余部分	1.5
砂		2	混凝土	预制桩基础、梁、柱	1
砂	混凝土工程	1.5	混凝土	预制其余部分	1.5
水泥		1	钢筋	现浇及预制混凝土	2
混合砂浆	抹天棚	3	钢材		6

（2）施工中的材料还可分为实体材料和非实体材料。实体材料是直接构成工程实体的主要材料，非实体材料是在施工过程中必须使用但又不构成工程实体的施工措施性材料，如模板、脚手架等。

（3）按照材料的用量和重要性不同，施工中的材料可分为主要材料和辅助材料。

（二）材料消耗量

材料定额中的材料消耗量按照必须消耗的实体材料计算，损耗量按照损耗率乘以实际净用量计算。

1. 实体材料消耗量的计算

（1）实体材料消耗量的计算方法。主要有现场观察法、实验室试验法、现场统计法和理论计算法。

1）现场观察法。在施工现场对产品数量、材料净用量和损耗量的观察与测定，从而确定材料定额的方法。这种方法主要是确定材料的损耗量、损耗率，也可以用于确定材料净用量。采用这种方法要求工程结构是典型的，施工符合技术规范，材料品种质量符合设计要求，测定时工人能合理节约材料和保证产品质量。

2）实验室试验法。在实验室利用仪器设备确定材料定额的方法。这种方法是对材料的结构、化学成分、物理性能，以及按强度等级控制的混凝土、砂浆配合比做出科学的结论，从而为材料定额的制定提供有技术根据的、比较精确的计算数据。这种方法主要适用于混凝土、砂浆、沥青、油漆涂料等材料净用量的测定。

3）现场统计法。对施工现场进料、用料的大量统计资料进行分析计算，获得材料消耗的各项数据，从而确定材料消耗量的一种方法。这种方法简单易行，但不能区分材料消耗的性质，得出材料消耗量的准确性也不高。

4）理论计算法。根据施工图纸，运用一定的数学公式计算材料定额的方法。这种方法主要用于制定板、块类材料的净用量定额。材料合理损耗量仍须通过现场观测得到。

（2）实体材料用料计算。

1）每立方米标准砖墙（普通黏土砖）的材料消耗量见图 2-2。

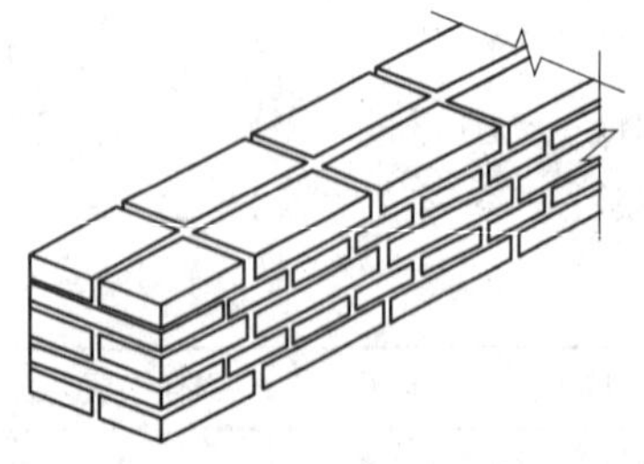

图 2-2 用单元体法计算砖墙中砖和砂浆用量示意图

$$砖净用量(块) = \frac{2 \times 墙厚砖数}{墙厚 \times (砖长 + 灰缝厚度)(砖厚 + 灰缝厚度)} \quad (2-11)$$

式中：2×墙厚砖数（墙厚用砖长的倍数表示）称为砌砖工艺系数，通常用 K 表示。灰缝厚度一般取 10mm。如半砖墙 $K=0.5\times2$；一砖墙 $K=1\times2=2$；一砖半墙 $K=1.5\times2=3$。墙厚一般半砖墙取 115mm，一砖墙取 240mm，一砖半墙取 365mm。

$$砖消耗量 = 砖净用量 \times (1 + 砖损耗率) \quad (2-12)$$

$$砂浆净用量(m^3) = 1 - 砖净用量 \times 每块砖体积 \quad (2-13)$$

$$砂浆消耗量 = 砂浆净用量 \times (1 + 砂浆损耗率) \quad (2-14)$$

式中：标准砖的尺寸为 240mm×115mm×53mm，标准砖墙的计算厚度见表 2-3。灰缝厚度为 10mm。

表 2-3　　标准砖墙的计算厚度

墙厚砖数	$\frac{1}{4}$	$\frac{1}{2}$	$\frac{3}{4}$	1	$1\frac{1}{2}$	2	$2\frac{1}{2}$	3
墙厚（mm）	53	115	180	240	365	490	615	740

各种厚度砖墙的每立方米净用砖数和砂浆的净用量计算如下（砂浆损耗率为 7%）：

半砖墙

$$砖净用量 = \frac{0.5 \times 2}{0.115 \times (0.24 + 0.01) \times (0.053 + 0.01)} = 552(块)$$

$$砂浆净用量 = (1 - 552 \times 0.0014628) \times 1.07 = 0.192 \times 1.07 = 0.206(m^3)$$

一砖墙

$$砖净用量 = \frac{1 \times 2}{0.24 \times (0.24 + 0.01) \times (0.053 + 0.01)} = 529(块)$$

$$砂浆净用量 = (1 - 529 \times 0.0014628) \times 1.07 = 0.226 \times 1.07 = 0.242(m^3)$$

一砖半墙

$$砖净用量 = \frac{1.5 \times 2}{0.365 \times (0.24 + 0.01) \times (0.053 + 0.01)} = 522(块)$$

$$砂浆净用量 = (1 - 522 \times 0.0014628) \times 1.07 = 0.237 \times 1.07 = 0.254(m^3)$$

2）块料面层（每 100m²）材料消耗量的计算。块料面层一般是指有一定规格尺寸的瓷砖、锦砖、花岗石板、大理石板及各种装饰板等，为了保证定额的精确度，通常以 100m² 为计量单位，计算公式为

$$面层净用量 = \frac{100}{(块料长 + 灰缝厚度) \times (块料宽 + 灰缝厚度)} \quad (2-15)$$

$$面层消耗量 = 面层净用量 \times (1 + 损耗率) \quad (2-16)$$

3）普通抹灰砂浆配合比用料量计算。抹灰砂浆的配合比通常是按砂浆的体积比计算的，每立方米砂浆各种材料消耗量计算公式为

$$砂消耗量(m^3) = [砂占比 / (总占比 - 砂占比 \times 砂空隙率)] \times (1 + 损耗率) \quad (2-17)$$

$$水泥消耗量(kg) = [水泥占比 \times 水泥密度 / 砂占比] \times 砂用量 \times (1 + 损耗率) \quad (2-18)$$

$$石灰膏消耗量(m^3) = [石灰膏占比 / 砂占比] \times 砂用量 \times (1 + 损耗率) \quad (2-19)$$

当砂用量超过 1m³ 时，因其空隙容积已大于灰浆数量均按 1m³ 计算。

2. 非实体材料消耗量的计算

施工过程中的非实体材料即通常所说的周转性材料，这种材料不构成工程实体，可以在多个施工过程中反复周转，多次使用。

周转性材料定额的制定应该是在对施工现场的观测和大量统计分析基础上，按照多次使用，分期摊销的方式计算得到。其计算公式为

$$摊销量=一次使用量\times(1+施工损耗率)\times\left[\frac{1+(周转次数-1)\times补损率}{周转次数}-\frac{(1-补损率)\times50\%}{周转次数}\right] \tag{2-20}$$

式中：一次使用量是指周转材料为完成每一次生产所需的周转材料净用量；补损率是指周转材料使用一次后因损坏不能重复使用的数量占一次使用量的百分比；50%是周转材料回收折价率。

（三）机械定额的确定

机械定额是指为完成一定数量的合格产品所规定的施工机械消耗的数量标准，是以台班为计量单位的，每一台班按 8h 计。

1. 机械工作时间分析

机械工作时间包括定额时间和非定额时间（损失时间），见图 2-3。

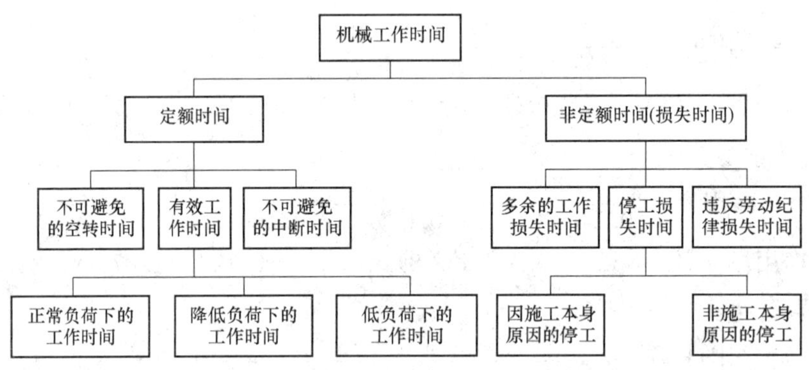

图 2-3 机械工作时间分析图

（1）定额时间。定额包括有效工作时间、不可避免的空转时间和不可避免的中断时间。

1）有效工作时间又包括正常负荷下的工作时间、降低负荷下的工作时间和低负荷下的工作时间。

a. 正常负荷下的工作时间，是指机械在其说明书规定的计算负荷相符的情况下进行工作的时间。

b. 降低负荷下的工作时间，是在个别情况下由于技术上的原因，机械在低于其计算负荷下工作的时间。例如，汽车运输质量轻而体积大的货物时，不能充分利用汽车的载重吨位因而不得不降低其计算负荷。

c. 低负荷下的工作时间，是指由于工人或技术人员的过错造成施工机械在降低负荷的情况下工作的时间。此项工作时间不能作为计算时间定额的基础。

2）不可避免的空转时间，是指由施工工艺过程和机械结构的特点造成的机械空转工作时间。例如，筑路机在工作区末端调头等，都属于此项工作时间的消耗。

3）不可避免的中断时间，与施工工艺过程的特点、机械的使用和保养、工人休息时间有关，可分为以下三种：

a. 与施工工艺过程的特点有关的不可避免的中断时间，有循环不可避免的中断和定期不可避免的中断两种。循环不可避免的中断，是在机械工作的每一个循环中重复一次，如汽车装货和卸货时的停车。定期不可避免的中断，是经过一定时间重复一次，如把灰浆泵由一个工作地点转移到另一工作地点时的工作中断。

b. 与机械的使用和保养有关的不可避免的中断时间，是出于工人进行准备与结束工作或辅助工作时，机械停止工作而引起的中断工作时间。

c. 工人休息时间。需注意的是，工人应尽量利用与施工工艺过程及机械的使用和保养有关的不可避免的中断时间进行休息，以充分利用工作时间。

（2）非定额时间（损失时间）。损失时间中，包括多余的工作损失时间、停工损失时间和违反劳动纪律损失时间。

2. 确定机械定额的步骤

（1）拟定正常的工作条件。指拟定工作地点的合理组织和合理的工人编制。工作地点的合理组织就是要科学合理地布置或安排施工地点的机械放置位置、工人从事操作的场所。合理的工人编制是指根据施工机械的性能和设计能力、工人的专业分工和劳动工效，合理确定操纵机械的工人和参加机械化施工过程的工人编制人数。

（2）确定机械纯工作 1h 的正常生产率。机械纯工作时间，就是机械的必须消耗时间。机械纯工作 1h 的正常生产率，就是在正常施工组织条件下，具有必需的知识和技能的技术工人操纵机械 1h 的生产率。

1）循环机械如塔式起重机、单斗挖土机等纯工作 1h 的正常生产率的确定：

a. 确定机械各循环组成部分的延续时间。

b. 计算机械一次循环的正常延续时间，即

$$\text{机械一次循环的正常延续时间} = \sum(\text{各组成部分的正常延续时间}) - \text{交叠时间} \tag{2-21}$$

c. 计算机械纯工作 1h 的正常循环次数，即

$$\text{机械纯工作 1h 的正常循环次数} = 60 \times 60(\text{s}) / \text{一次循环的正常延续时间} \tag{2-22}$$

d. 计算机械纯工作 1h 的正常生产率，即

$$\text{机械纯工作 1h 的正常生产率} = \text{机械纯工作 1h 的正常循环次数} \times \text{一次循环生产的数量} \tag{2-23}$$

2）连续动作机械纯工作 1h 的正常生产率的确定。连续动作机械纯工作 1h 的正常生产率主要根据机械性能来确定，按式（2-24）计算，即

$$\text{连续动作机械纯工作 1h 的正常生产率} = \frac{\text{工作时间内生产的产品数量}}{\text{工作时间(h)}} \tag{2-24}$$

（3）确定施工机械的正常利用系数。施工机械的正常利用系数是指机械在工作班内对工作时间的利用率。机械的利用率与机械在工作班内的工作状况有着密切的关系，因而，要确定施工机械的正常利用系数必须保证施工机械的正常状况，即保证工时的合理利用。其计算公式为

$$机械正常利用系数=\frac{机械在一个工作班内纯工作时间}{一个工作班延续时间} \tag{2-25}$$

（4）制定施工机械定额消耗量。在获得施工机械在正常条件下纯工作 1h 的正常生产率和正常利用系数之后，利用下列计算公式即可获得机械的定额消耗量

$$施工机械台班产量定额=机械纯工作 1h 的正常生产率\times工作班内纯工作时间 \tag{2-26}$$

$$\begin{aligned}施工机械台班产量定额=&机械纯工作 1h 的正常生产率\\&\times工作班延续时间\times机械正常利用系数\end{aligned} \tag{2-27}$$

$$施工机械时间定额=1/施工机械台班产量定额 \tag{2-28}$$

【例 2-3】 某工程现场采用出料容量 1000L 的混凝土搅拌机，每一次循环中，装料、搅拌、卸料、中断需要的时间分别是 1、3、1、1min，机械正常利用系数为 0.9，试确定该机械的产量定额及时间定额。

解 该搅拌机一次循环的正常延续时间=1+3+1+1=6（min）=0.1（h）

搅拌机纯工作 1h 的正常循环次数=1/0.1=10（次）

搅拌机纯工作 1h 的正常生产率=10×1000=10000（L）=10（m^3）

搅拌机台班产量定额=10×8×0.9=72（m^3/台班）

搅拌机台班时间定额=1/72=0.014（台班/m^3）

3. 机械定额的表现形式

按其表现形式不同，机械台班定额和劳动定额一样，也可分为机械时间定额和机械台班产量定额两种。

（1）机械时间定额。机械时间定额是指在合理的劳动组织与合理使用机械条件下，生产某一单位合格产品所必须消耗的机械台班数量，计算单位用“台班”或“台时”表示。

工人使用一台机械，工作一个班次（8h）称为一个台班。它既包括机械本身的工作时间，又包括使用该机械的工人的工作时间。

（2）机械台班产量定额。机械台班产量定额是指在合理的劳动组织与合理使用机械条件下，规定某种机械设备在单位时间（台班）内，必须完成合格产品的数量。其计量单位是以产品的计量单位来表示的。

机械时间定额与机械台班产量定额互为倒数关系，即

$$机械时间定额=1/机械台班产量定额 \tag{2-29}$$

或

$$机械台班产量定额=台班内小组成员工日数/人工时间定额 \tag{2-30}$$

由于机械必须由工人小组配合，所以列出单位合格产品的机械时间定额，同时列出人工时间定额，即

$$时间定额=机械时间定额+人工时间定额 \tag{2-31}$$

机械施工以考核台班产量定额为主，时间定额为辅。定额表示形式为

$$人工时间定额=小组成员工日数总和/机械台班产量 \tag{2-32}$$

【例 2-4】 计算斗容量为 4.76 台班/100m^3 的正铲挖土机，挖四类土装车，挖土深度 2m 以内小组成员 2 人的单位产品机械台班定额和人工时间定额，查表 2-4，每一台班产量为 4.76 台班/100m^3。

表 2-4　　**挖土机台班消耗定额**　　单位：$100m^3$

项目				装车			不装车			编号
				一、二类土	三类土	四类土	一、二类土	三类土	四类土	
正铲挖土机斗容量	0.5	挖土深度(m)	1.5 以内	$\frac{0.466}{4.29}$	$\frac{0.539}{3.71}$	$\frac{0.629}{3.18}$	$\frac{0.442}{4.52}$	$\frac{0.490}{4.08}$	$\frac{0.578}{3.46}$	94
			1.5 以外	$\frac{0.444}{4.50}$	$\frac{0.513}{3.90}$	$\frac{0.612}{3.27}$	$\frac{0.422}{4.74}$	$\frac{0.466}{4.29}$	$\frac{0.563}{3.55}$	95
	0.75		2 以内	$\frac{0.400}{5.00}$	$\frac{0.454}{4.41}$	$\frac{0.545}{3.67}$	$\frac{0.370}{5.41}$	$\frac{0.420}{4.76}$	$\frac{0.512}{3.91}$	96
			2 以外	$\frac{0.382}{5.24}$	$\frac{0.431}{4.64}$	$\frac{0.518}{3.86}$	$\frac{0.353}{5.67}$	$\frac{0.400}{5.00}$	$\frac{0.485}{4.12}$	97
	1.00		2 以内	$\frac{0.322}{6.21}$	$\frac{0.369}{5.42}$	$\frac{0.420}{4.76}$	$\frac{0.299}{6.69}$	$\frac{0.351}{5.70}$	$\frac{0.420}{4.76}$	98
			2 以外	$\frac{0.307}{6.51}$	$\frac{0.351}{5.69}$	$\frac{0.398}{5.02}$	$\frac{0.285}{7.01}$	$\frac{0.334}{5.99}$	$\frac{0.398}{5.02}$	99
序号				一	二	三	四	五	六	

注　定额表用复式形式表示，表中分子数据为人工时间定额，分母数据为每一台班产量定额，机械台班定额标志机械生产率的水平，同时反映出施工机械管理水平和机械化施工水平，是编制机械需用量计划、考核机械效率和签发施工任务书、评定超产奖励等的依据。

第三节　人工、材料、机械台班单价的确定方法

一、人工工日单价的确定

人工工日单价是指施工企业平均技术熟练程度的生产工人在每工作日（国家法定工作时间内）按规定从事施工作业应得的日工资总额。它基本上反映了建筑安装生产工人的工资水平和一个工人在一个工作日中可以得到的报酬。合理确定人工工日单价是正确计算人工费和工程造价的前提和基础。人工工日单价是一个建筑安装生产工人一个工作日在计价时应计入的全部人工费用，也称为人工日工资单价。

人工日工资单价的组成内容，在各部门、各地区并不完全相同，或多或少。人工日工资单价中的每一项内容都是根据有关法规、政策文件的精神，结合本部门、本地区的特点，通过反复测算最终确定的。

（一）人工日工资单价组成

人工日工资单价由计时工资（或计件工资）、奖金、津贴补贴、加班加点工资，以及特殊情况下支付的工资组成。

（1）计时工资或计件工资。按计时工资标准和工作时间或对已做工作按计件单价支付给个人的劳动报酬。

（2）奖金。对超额劳动和增收节支支付给个人的劳动报酬，如节约奖、劳动竞赛奖等。

（3）津贴补贴。为了补偿职工特殊或额外的劳动消耗和因其他特殊原因支付给个人的津贴，以及为了保证职工工资水平不受物价影响支付给个人的物价补贴，如流动施工津贴、特殊地区施工津贴、高温（寒）作业临时津贴、高空津贴等。

（4）加班加点工资。按规定支付的在法定节假日工作的加班工资和在法定日工作时间外延时工作的加点工资。

（5）特殊情况下支付的工资。根据国家法律、法规和政策规定，因病、工伤、产假、计划生育假、婚丧假、事假、探亲假、定期休假、停工学习、执行国家或社会义务等原因按计时工资标准或计时工资标准的一定比例支付的工资。

（二）人工日工资单价的确定方法

（1）年平均每月法定工作日。由于人工日工资单价是每一个法定工作日的工资总额，需要对年平均每月法定工作日进行计算，计算公式为

$$年平均每月法定工作日=\frac{全年日历日-法定假日}{12} \tag{2-33}$$

其中法定假日是指双休日和法定节日。

（2）人工日工资单价的计算。确定了年平均每月法定工作日后，将上述工资总额进行分摊，即形成人工日工资单价。其计算公式为

$$人工日工资单价=\frac{生产工人平均月工资(计时、计件)+平均月(奖金+津贴补贴+特殊情况下支付的工资)}{年平均每月法定工作日} \tag{2-34}$$

（3）人工日工资单价的管理。目前，虽然施工企业投标报价时可以自主确定人工费，但由于人工日工资单价在我国具有一定的政策性，工程造价管理机构也需要确定人工日工资单价。工程造价管理机构确定人工日工资单价应通过市场调查、根据工程项目的技术要求，参考实物工程量人工单价综合分析确定，最低人工日工资单价不得低于工程所在地人力资源和社会保障部门所发布的最低工资标准：普工1.3倍、一般技工2倍、高级技工3倍。

二、材料单价的确定

在建设工程中，材料费占总造价的60%～70%，在设备安装工程中其占比会更大，材料费是直接工程费的主要组成部分。因此，合理确定材料价格的构成，正确计算材料价格，有利于合理确定和有效控制工程造价。

（一）材料单价的构成

材料单价是指材料（包括构件、成品及半成品等）从其来源地（供应者仓库或提货地点）到达施工工地仓库（施工地点内存放材料的地点）后出库的综合平均价格。

（二）材料单价的分类

材料单价按适用范围可分为地区材料单价和限定某项工程使用的材料单价。地区材料单价是按地区（城市或建设区域）编制的，供该地区的所有工程使用；限定某项工程（一般指大中型重点工程）使用的材料单价，是以一个工程为编制对象，专供该工程项目使用。

地区材料单价和限定某项工程使用的材料单价的编制原理和方法是一致的，只是在材料来源地、运输数量等具体数据上有所不同。

（三）材料单价的编制方法

材料单价是由材料原价（或供应价格）、材料运杂费、运输损耗费，以及采购及保管费合计组成的。

（1）材料原价（或供应价格）。材料原价指材料的出厂价格，或进口材料抵岸价。在确定原价时，凡同一种材料因来源地、交货地、供货单位、生产厂家不同，而有几种价格（原

价）时，根据不同来源地供货数量比例，采取加权平均的方法确定其综合原价，即

$$加权平均原价 = \frac{K_1C_1 + K_2C_2 + \cdots + K_nC_n}{K_1 + K_2 + \cdots + K_n} \tag{2-35}$$

式中：K_1，K_2，…，K_n为各不同供应地点的供应量或各不同使用地点的需要量；C_1，C_2，…，C_n为各不同供应地点的原价。

（2）材料运杂费。运杂费是指材料自来源地运至施工现场的仓库或工地存放地点所发生的全部费用。含外埠中转运输过程中所发生的一切费用和过境过桥费用，包括调车和驳船费、装卸费、运输费及附加工作费等。

同一品种的材料有若干个来源地时，应采用加权平均法计算材料运杂费，计算公式为

$$加权平均运杂费 = \frac{K_1T_1 + K_2T_2 + \cdots + K_nT_n}{K_1 + K_2 + \cdots + K_n} \tag{2-36}$$

式中：K_1，K_2，…，K_n为各不同供应地点的供应量或各不同使用地点的需要量；T_1，T_2，…，T_n为各不同运距的运费。

（3）运输损耗费。材料运输损耗是指材料在运输装卸过程中不可避免的损耗。在材料运输中应考虑一定的厂外运输损耗费用。其计算公式为

运输损耗费＝（材料原价＋运杂费）×相应材料损耗率　（2-37）

（4）采购及保管费。采购及保管费是指在组织采购、供应和保管材料过程中所发生的费用，包括采购费、仓储费、工地管理费和仓储损耗。采购及保管费一般按照材料到岸价格以费率取定。其计算公式为

采购及保管费＝材料运到工地仓库价格×采购及保管费费率　（2-38）

或

采购及保管费＝（材料原价＋运杂费＋运输损耗费）×采购及保管费费率（2-39）

综上所述，材料单价的计算公式为

材料单价＝{（材料原价＋运杂费）×[1＋运输损耗费费率(%)]}×[1＋采购及保管费费率(%)]　（2-40）

由于我国幅员辽阔，建筑材料产地与使用地点的距离，各地差异很大，且材料的采购、保管运输方式也不尽相同，材料价格原则上按地区范围确定。

【例2-5】 某施工工地水泥从两个地方采购，其采购量及有关费用见表2-5，采购及保管费费率为2.5%，试确定该工地水泥的单价。

表2-5　某施工工地水泥采购量及有关费用表

加权平均原价	数量	单价（元/t）	运杂费	运输损耗费费率
甲地	500	230	30	0.5%
乙地	400	240	20	0.4%

解　加权平均原价$=\frac{500\times230+400\times240}{500+400}=234.44$（元/t）

加权平均运杂费$=\frac{500\times30+400\times20}{500+400}=25.56$（元/t）

甲地的运输损耗费＝（230＋30）×0.5%＝1.3（元/t）

乙地的运输损耗费＝（240＋20）×0.4％＝1.04（元/t）

$$加权运输损耗费=\frac{500\times1.3+400\times1.04}{500+400}=1.18（元/t）$$

水泥单价＝（234.44＋25.56＋1.18）×（1＋2.5％）＝267.71（元/t）

三、施工机械台班单价的确定

施工机械台班单价是指一台施工机械在正常运转条件下，一个工作班中所发生的全部费用。根据《2010年全国统一施工机械台班费用编制规划》的规定，施工机械台班单价由折旧费、大修理费、经常修理费、安拆费及场外运输费、燃料动力费、机上人工费及其他费用等组成。

（一）折旧费的组成和确定

折旧费是指施工机械在规定使用年限内，陆续收回其原值及购置资金的时间价值。其计算公式为

$$台班折旧费=\frac{机械预算价格\times(1-残值率)\times时间价值系数}{耐用总台班} \tag{2-41}$$

1. 机械预算价格

它分为国产机械预算价格和进口机械预算价格。

（1）国产机械预算价格。国产机械预算价格按照机械原价、供销部门手续费、一次运杂费及车辆购置税之和计算。机械原价按已购机械的成交价（或销售价或展销会发布的参考价格）询价确定；供销部门手续费和一次运杂费可按机械原价的5％计算；车辆购置税计算公式为

$$车辆购置税=计税价格+车辆购置税率 \tag{2-42}$$

其中

$$计税价格=机械原价+供销部门手续费和一次运杂费-增值税 \tag{2-43}$$

车辆购置税应执行编制期间国家的有关规定。

（2）进口机械预算价格。进口机械预算价格按照机械原价、关税、增值税、消费税、外贸部门手续费和国内一次运杂费、财务费、车辆购置税之和计算。机械原值按其到岸价格取定；关税、增值税、消费税及财务费应执行编制期间国家的有关规定，并参照实际发生的费用计算；外贸部门手续费和国内一次运杂费应按到岸价格的6.5％计算；车辆购置税的计税价格是到岸价格、关税和消费税之和。

2. 残值率

残值率是指机械报废时回收的残值占机械原价（机械预算价格）的百分比。按有关规定执行：运输机械为2％，特大型机械为3％，中小型机械为4％，掘进机械为5％。

3. 时间价值系数

时间价值系数是指购置施工机械的资金在施工生产过程中随着时间的推移而产生的单位增值。其计算公式为

$$时间价值系数=1+\frac{折旧年限+1}{2}\times年折现率(\%) \tag{2-44}$$

年折现率是指按编制期银行年贷款利率确定；折旧年限是指施工机械逐年计提固定资产折旧的期限（折旧年限应在财政部门规定的折旧年限范围内确定）。

4. 耐用总台班

耐用总台班是指施工机械从开始投入使用至报废前使用的总台班数。应按施工机械的技术指标及寿命期等相关参数确定。其计算公式为

$$耐用总台班 = 折旧年限 \times 年工作台班 = 大修间隔台班 \times 大修周期 \tag{2-45}$$

年工作台班是指根据有关部门对各类主要机械最近三年的统计资料分析确定。

大修间隔台班是指机械自投入使用起至第一次大修止或自上一次大修后投入使用起至下一次大修止，应达到的使用台班数。

大修周期是指机械在正常的施工作业条件下，将其寿命（即耐用总台班）按规定的大修理次数划分为若干个周期，即

$$大修周期 = 寿命期大修理次数 + 1 \tag{2-46}$$

（二）大修理费的组成和确定

大修理费是指机械设备按规定的大修间隔台班必须进行大修理，以恢复机械正常功能所需的费用。台班大修理是机械使用期限内全部大修理费之和在台班费用中的分摊额，它取决于一次大修理费用、寿命期大修理次数和耐用总台班的数量。其计算公式为

$$台班大修理费 = \frac{一次大修理费 \times 寿命期大修理次数}{耐用总台班} \tag{2-47}$$

一次大修理费是指按照机械设备规定的大修理范围和工作内容，进行一次全面修理所需消耗的工时、配件、辅助材料、油燃料，以及送修运输等全部费用。

寿命期大修理次数是指为恢复原机械功能按规定在寿命期内需要进行的大修理次数。

（三）经常修理费的组成和确定

经常修理费是指机械在寿命期内除大修理以外的各级保养和临时故障排除等所需费用，包括为保障机械正常运转所需的替换设备、随机工具、附具的摊销费用，机械运转及机械日常保养所需的润滑与擦拭材料费用及机械停滞期间的维修和保养费用等，各项费用分摊到台班中，即为台班维修费。其计算公式为

$$\begin{aligned}台班经常修理费 = & \frac{\sum(各级保养一次费用 \times 寿命期各级保养总次数) + 临时故障排除费}{耐用总台班} \\ & + 替换设备台班摊销费 + 工具、附具台班摊销费 + 例保辅料费\end{aligned} \tag{2-48}$$

或

$$台班经常修理费 = 台班大修费 \times K \tag{2-49}$$

$$K = \frac{机械台班经常修理费}{机械台班大修理费} \tag{2-50}$$

各级保养一次费用是指机械在各个使用周期内为保证机械处于完好状态，必须按规定的各级保养间隔周期、保养范围和内容进行的一、二、三级保养或定期保养所消耗的工时、配件、辅料、油燃料等费用。

寿命期各级保养总次数是指一、二、三级保养或定期保养在寿命期内各个使用周期中保养次数之和。

临时故障排除费是指机械除规定的大修理及各级保养以外，临时故障所需费用，以及机械在工作日以外的保养维护所需的润滑擦拭材料费，可按各级保养（不包括例保辅料费）费用之和的3%计算。

替换设备及工具、附具台班摊销费是指轮胎、电缆、蓄电池、运输皮带、钢丝绳、胶皮管、履带板等消耗性设备和按规定随机配备的全套工具、附具的台班摊销费。

例保辅料费是指机械日常保养所需的润滑擦拭材料的费用。

（四）安装拆卸费（简称安拆费）及场外运输费的组成和确定

安拆费是指机械在施工现场进行安装、拆卸所需的人工、材料、机械和试运转费用，包括机械辅助设施（如基础、底座、固定锚桩，行走轨道、枕木等）的折旧、搭设、拆除等费用。场外运输费是指机械整体或分体自停滞地点运至现场或某一工地运至另一工地的运输、装卸、辅助材料以及架线等费用。安拆费及场外运输费根据施工机械不同可分为计入台班单价、单独计算和不计算三种类型。

（1）工地间移动较为频繁的小型机械及部分中型机械，其安拆费及场外运输费应计入台班单价。台班安拆费及场外运输费计算公式为

$$台班安拆费及场外运输费=\frac{一次安拆费及场外运输费\times 年平均安拆次数}{年工作台班} \quad (2-51)$$

一次安拆费应包括施工现场机械安装和拆卸一次所需的人工、材料、机械费及试运转费；一次场外运输费应包括运输、装卸、辅助材料和架线等费用；年平均安拆次数应以《技术经济定额》为基础，由各地区（部门）结合具体情况确定；运输距离均应按 25km 计算。

（2）移动有一定难度的特、大型（包括少数中型）机械，其安拆费及场外运输费应单独计算。单独计算的安拆费及场外运输费除应计算安拆费、场外运输费外，还应计算辅助设施（包括基础、底座、固定锚桩、行走轨道枕木等）的折旧、搭拆和拆除费用。

（3）不需安装、拆卸，且自身又能开行的机械和固定在车间不需安装、拆卸及运输的机械，其安拆费及场外运输费不计算。

（4）自升塔式起重机安装、拆卸费用的超高起点及其增加费，各地区（部门）可根据具体情况确定。

（五）燃料动力费的组成和确定

燃料动力费是指在运转或施工作业中所耗用的固体燃料（煤炭、木材）、液体燃料（汽油、柴油）、电力、水和风力等作用。其计算公式为

$$燃料动力费=台班燃料动力消耗\times 各地区规定的相应单价 \quad (2-52)$$

$$台班燃料动力消耗量=\frac{实测次数\times 4+定额平均值+调查平均值}{6} \quad (2-53)$$

（六）机上人工费的组成和确定

机上人工费是指机上司机（司炉）和其他操作人员的工作日人工费及上述人员在施工机械规定的年工作台班以外的人工费。其计算公式为

$$台班人工费=人工消耗量\times\left(1+\frac{年度工作日-年工作台班}{年工作台班}\right)\times 人工日工资单价 \quad (2-54)$$

（七）其他费用的组成和确定

其他费用是指按照国家和有关部门规定应交纳的养路费、车船使用税、保险费及年检费用等。其计算公式为

$$台班其他费用=\frac{年养路费+年车船使用税+年保险费+年检费用}{年工作台班} \quad (2-55)$$

年养路费、年车船使用税、年检费用应执行编制期有关部门的规定；年保险费执行编制期有关部门强制性保险的规定；非强制性保险不应计算在内。

第四节　预算定额（消耗量定额）

一、预算定额（消耗量定额）的概念及作用

（一）预算定额的概念

预算定额（或称消耗量定额）是由建设行政主管部门根据合理的施工组织设计，正常施工条件制定的，生产一个规定计量单位合格产品所需的人工、材料、机械台班的社会平均预算标准。

预算定额（消耗量定额）是由国家或其授权单位统一组织编制和颁发的一种法令性指标，有关部门必须严格遵守执行，不得任意变动。预算定额中的各项指标是国家允许建筑企业在完成工程任务时工料消耗的最高限额，也是国家提供的物质资料和建设资金的最高限额，代表着行业的社会平均水平，从而使建设工程有一个统一核算尺度，对基本建设实行计划管理和有效的经济监督，也是保证建设工程施工质量的重要手段。统一的预算定额是一种社会的平均消耗，是一个综合性的定额，它适合一般的设计和施工情况。对一些设计和施工变化多，影响工程造价较大，往往与预算定额不相符的项目，预算定额规定可以根据设计和施工的具体情况进行换算，使预算定额在统一的原则下，又具有必要的灵活性。

（二）预算定额的作用

（1）预算定额是编制施工图预算，确定和控制建筑安装工程造价的基本依据。

（2）预算定额是计算分项工程单价的基础，也是编制招标控制价、投标报价的基础。

（3）预算定额是施工企业编制人工、材料、机械台班需要量计划、统计完成工程量，考核工程成本，实行经济核算的依据。

（4）预算定额是编制地区价目表、概算定额和概算指标的基础资料。

（5）预算定额是设计单位对设计方案进行技术经济分析比较的依据。

（6）预算定额是建设单位和银行拨付工程款、建设资金贷款和工程竣工结（决）算的依据。

总之，预算定额在基本建设中，对合理确定工程造价，推行以招标承包为中心的经济责任制，实行基本建设投资监督管理，控制建设资金的合理使用，促进企业经济核算，改善预算工作等均有重大作用。

二、预算定额的编制原则与依据

（一）预算定额的编制原则

预算定额的编制工作，实质上是一种标准的制定。在编制时应根据国家对经济建设的要求，贯彻勤俭建国的方针，坚持既要结合历年定额水平，也要照顾现实情况，还要考虑发展趋势，使预算定额符合客观实际。预算定额的编制应遵循以下原则：

1. 定额水平“平均合理”

预算定额应按社会平均水平编制，是确定和控制建筑安装工程造价的主要依据，因此它必须依据生产过程中所消耗的社会必要劳动时间来确定定额水平。所以预算定额所表现的平均水平，是在现有社会生产条件，以及正常的施工条件、合理的施工组织、平均劳动熟练程

度和劳动强度下，完成单位合格产品（分项工程）所需要的劳动时间。

作为确定建筑产品价格的预算定额，应遵循价值规律的要求，按照产品生产中所消耗的社会必要劳动时间来确定其水平，即社会平均水平。对于采用新技术、新结构、新材料的定额项目，既要考虑提高劳动生产率水平的影响，也要考虑施工企业由此而多付出的生产消耗，做到合理可行。

2. 内容形式“简明适用”

预算定额的内容和形式，既能满足不同用途的需要，具有多方面的适用性；又要简单明了，易于掌握和应用。两者既有联系又有区别，简明性应满足适用性的要求。

贯彻简明适用原则，有利于简化预算的编制工作，简化建筑产品的计价程序，便于群众参加经营管理，便于经济核算。为此，预算定额项目的划分通常是将建筑物分解为分部工程、分项工程，主要的项目及常用的、价值较高的分项工程宜细；要把已经成熟推广的新技术、新结构、新材料、新工艺的新项目编进定额，使预算定额满足预算、结算、编制招标控制价和经济核算的需要。对次要的、不常用的项目，可以适当综合、扩大，细算粗编。

贯彻简明适用原则，还应注意计量单位的选择，使工程量计算合理和简化。同时为了稳定定额水平，统一考核尺度和简化工作，除了变化较多和影响造价较大的因素允许换算外，定额要尽量减少换算工作量，确需换算工作量，也应该从实际出发，注意尽量明确规定换算方法，从而维护定额的严肃性。

3. “集中领导”和“分级管理”

坚持统一性和差别性相结合的原则。统一性是指计价定额的制定规划和组织实施由国务院建设行政主管部门归口管理，根据国家方针政策和发展经济的要求，对预算定额统一制定编制原则和编制方法，统一编制和颁发全国统一基础定额，颁发统一的实施条例和制度等，使建筑产品具有统一的计价依据，即集中领导。

差别性是指各部门和省、自治区、直辖市的主管部门可以在管辖范围内，根据本部门、本地区的具体情况，依据规定的编制原则，在全国统一基础定额的基础上，对地区性项目和尚未在全国普遍推行的新项目制定部门和地区性定额、颁发补充性的管理办法和条例制度，并对预算定额实行经常性管理。这就是分级管理。

（二）预算定额的编制依据

（1）现行的企业定额和全国统一建筑工程基础定额。

（2）现行的设计规范、施工及验收规范，质量评定标准和安全操作规程。

（3）通用标准图集和定型设计图纸，有代表性的典型工程的施工图及有关标准图集。

（4）新技术、新结构、新材料和先进的施工方法等资料。

（5）有关科学试验、技术测定的统计分析资料。

（6）本地区现行的人工工资水平、材料价格和施工机械台班单价。

（7）现行的预算定额、材料预算价格及以往积累的基础资料，包括有代表性的补充单位估价表。

三、预算定额中人工、材料、机械台班消耗指标的确定

人工、材料和机械台班消耗指标，是预算定额的重要内容。预算定额水平的高低主要取决于这些指标的合理确定。

预算定额是以工作过程或工序为标定对象，在基础定额的基础上，依据国家现行有关工程建设标准，结合地区实际情况编制而成的，代表行业的社会平均水平。在确定各项指标前，应根据编制方案所确定的定额项目和已选定的典型图纸，按定额子目和已确定的计算单位，按工程量计算规则分别计算工程量，在此基础上再计算人工、材料和施工机械台班的消耗指标。

（一）人工消耗量指标的构成及确定

1. 人工消耗量指标的构成

预算定额子目的用工数量，是根据它的工程内容范围及综合取定的工程数量，在劳动定额相应子目的人工工日基础上，经过综合，加上人工幅度差计算出来的。

预算定额人工消耗量指标中包括各种用工量，有基本用工、辅助用工、超运距用工和人工幅度差四项，其中后三项综合称为其他工。

(1) 基本用工是指完成子项工程的主要用工量，如砌墙工程中的砌砖、调制砂浆、运砖、运砂浆的用工量。

(2) 辅助用工是指在施工现场发生的材料加工等用工，如筛砂子、淋石灰膏等增加的用工。

(3) 超运距用工是指预算定额中材料及半成品的运输距离超过劳动定额规定的运距时所需增加的工日数。

(4) 人工幅度差是指在劳动定额中未包括，而在正常施工中又不可避免地必须计入的一些零星用工因素。这些因素很难准确计量用工量，各种工时损失又不好单独列项计算，一般是综合定出一个人工幅度差系数，即增加一定比例的用工量，纳入预算定额。国家现行规范规定人工幅度差系数为10%。

人工幅度差包括的因素有：

1) 土建各工种之间的工序搭接和土建与水、电、暖等工程交叉作业相互配合或影响所发生的停歇时间。

2) 机械的临时维护、小修、移动而发生的不可避免的损失时间。

3) 工程质量检查与隐蔽工程验收而影响工人操作时间。

4) 工种交叉作业，难免造成已完工程局部损坏而增加修理用工时间。

5) 施工中不可避免的少数零星用工所需要的时间。

2. 人工消耗量指标的确定

人工消耗量指标是用工日表示。确定人工工日数的方法有两种：一种方法是以施工定额中的劳动定额为基础确定，即预算定额子目的用工数量，是根据它的工程内容范围及综合取定的工程数量，在劳动定额相应子目的人工工日基础上，经过综合，加上人工幅度差计算出来的。其基本计算公式为

$$\begin{aligned}\text{工日数量(工日)} &= \text{基本工} + \text{超运距用工} + \text{辅助用工} + \text{人工幅度差用工} \\ &= (\text{基本工} + \text{超运距用工} + \text{辅助用工})(1 + \text{人工幅度差系数})\end{aligned} \tag{2-56}$$

其中

$$\text{超运距} = \text{预算定额规定的运距} - \text{劳动定额规定的运距} \tag{2-57}$$

$$\text{人工幅度差(工日)} = (\text{基本工} + \text{超运距用工} + \text{辅助用工}) \times \text{人工幅度差系数} \tag{2-58}$$

另一种方法是计时观测法，当遇到劳动定额缺项时，可采用现场工作日写实等测时方法确定和计算定额的人工预算。

（二）材料消耗量指标的构成及确定

1. 材料消耗量指标的构成

材料消耗量指标是指在正常施工条件下，为完成单位合格产品的施工任务所需的材料、成品、半成品、构配件及周转材料的数量标准。施工中的材料有若干种分类：

按照实体施工时的消耗情况，可分为直接构成工程实体的材料消耗、工艺性材料损耗和非工艺性材料损耗三部分。

（1）直接构成工程实体的材料消耗，是材料的有效消耗部分，即材料净用量。

（2）工艺性材料损耗，是材料在加工过程中的损耗（如边角余料）和施工过程中的损耗（如砌墙落地灰）。

（3）非工艺性材料损耗，如材料保管不善，大材小用、材料数量不足和废次品的损耗等。

前两部分构成施工消耗量指标，企业定额即属此类。加上第三部分，即构成综合消耗定额，预算定额即属此类。预算定额中的损耗量，要考虑整个施工现场范围内材料堆放、运输、制备及施工操作过程中的损耗，包括工艺性损耗和非工艺性损耗两部分。

按照施工中材料的使用特点，可分为主要材料、辅助材料、周转性材料和其他材料四项。

（1）主要材料是指构成工程实体的大宗性材料，如砖、水泥、砂子等。

（2）辅助材料是直接构成工程实体，但占比较少的材料，如铁钉、铅丝等。

（3）周转性材料是指在施工中能反复周转使用的工具性材料，如架杆、架板、模板等。

（4）其他材料是指在工程中用量不多、价值不大的材料，如线绳、棉纱等。

2. 材料消耗量指标的确定

预算定额中的主要材料消耗量，一般以基础定额中的材料消耗量为计算基础。如果某些材料没有消耗量，应当选择合适的计算分析方法，求出所需要的定额消耗量。

（1）主要材料净用量的计算。一般根据设计施工规范和材料规格采用理论方法计算后，再按定额项目综合的内容和实际资料适当调整确定。例如，定额砌一砖内墙所消耗的砖和砂浆（净用量）一般按取单元体方法计算，砖和砂浆的计算公式见本章第 3 节。

（2）材料损耗量的确定。材料损耗量，包括工艺性材料损耗和非工艺性损耗，即

$$\text{材料损耗率} = (\text{材料损耗量} / \text{材料净用量}) \times 100\% \tag{2-59}$$

材料损耗率应在正常条件下，采用比较先进的施工方法，合理确定。

（3）预算定额中次要材料消耗量的确定。在工程中用量不多，价值不大的材料，可采用估算等方法计算其用量后，合并为一个“其他材料费占材料费”的项目，以百分数表示。

（4）周转性材料消耗量的确定。周转性材料是指在施工过程中多次周转使用的工具性材料，如模板、脚手架、挡土板等。预算定额中的周转性材料消耗量是按多次使用，分次摊销的方法进行计算的。周转材料消耗量指标有一次使用量和摊销量两个。

一次使用量是指模板在不重复使用条件下的一次用量指标，它供建设单位和施工单位申请备料和编制施工作业计划使用。

摊销量是指分摊到每一计量单位分项工程或结构构件上的模板消耗数量。

周转性材料消耗量的计算见本章第2节。

(5) 辅助材料消耗量的确定。辅助材料如砌墙木砖、水磨石地面嵌条等，也是直接构成工程实体的材料，但占比较少，可以采用相应的计算方法计算或估算，列入定额内。它与次要材料的区别在于是否构成工程实体。

(6) 施工用水的确定。水是一项很重要的建筑材料，预算定额中应列有水的用量指标。预算定额中的用水量可以根据配合比和实际消耗量计算或估算。

(三) 机械台班消耗量的确定

预算定额中的机械台班消耗量是指在正常施工条件下，生产单位合格产品（分部分项或结构构件）必须消耗的某种型号的施工机械的台班数量。预算定额中的施工机械台班预算指标，是以基础定额中各种机械施工项目的台班产量为基础，考虑在合理的施工组织设计条件下机械的停歇因素，增加一定的机械幅度差来计算的，每台班按一台机械工作8h计算。

机械幅度差一般包括下列因素：

(1) 施工中作业区之间的转移及配套机械相互影响的损失时间。

(2) 在正常施工情况下，机械施工中不可避免的工序间歇。

(3) 工程结束时，工作量不饱满所损失的时间。

(4) 工程质量检查和临时停水停电等，引起机械停歇时间。

(5) 机械临时维修根据以上影响因素小修和水电线路移动所引起的机械停歇时间。

根据以上因素，在基础定额的基础上增加一个幅度差，这个幅度差用相对数表示，称为幅度差系数。大型机械的幅度差系数一般取1.3左右。

垂直运输用的塔吊、卷扬机及砂浆、混凝土搅拌机由于是按小组配用，以小组产量计算机械台班数量，不另增加机械幅度差。定额的机械化水平，应以多数施工企业采用和已推广的先进方法为标准。

四、预算定额的内容和项目的划分

(一) 预算定额手册的内容

全国各地的预算定额的构成基本相同。以《山东省建筑工程预算定额》（以下简称本定额）为例，预算定额手册主要由目录、总说明、分部说明、定额项目表及有关附录组成。

1. 总说明

总说明主要阐述定额的编制原则、指导思想、编制依据、适用范围及定额的作用。同时说明编制定额时已经考虑和没有考虑的因素、使用方法及有关规定等。因此，使用定额前应首先了解和掌握总说明。

2. 分部说明

它主要介绍分部工程所包括的主要项目及工作内容、编制中有关问题的说明、执行中的一些规定、特殊情况的处理等。它是定额手册的重要部分，是执行定额和进行工程量计算的基准，必须全面掌握。

3. 定额项目表

定额项目表是预算定额的主要构成部分，一般由工作内容（分节说明）、定额单位、项目表和附注组成。

分节（项）说明，是说明该分节（项）中所包括的主要内容，一般列在定额项目表的表头左上方。定额单位一般列在表头右上方。一般为扩大单位，如 $10m^3$、$10m^2$、10m 等。

定额项目表中，竖向排列为该子项工程定额编号、子项工程名称及人工、材料和施工机械预算指标，供编制工程预算单价表及换算定额单价等使用。横向排列着名称、单位和数量等。附注在定额项目表的下方，说明设计与定额规定不符时，进行调整的方法。定额项目表格式见表 2 - 6。

表 2 - 6 **找平层**

工作内容：1. 清理基层、调运砂浆、磨平、压实。2. 清理基层、混凝土搅拌、捣平、压实。3. 刷素水泥浆。

单位：$10m^3$

定额编号			9 - 1 - 1	9 - 1 - 2	9 - 1 - 3	9 - 1 - 4	9 - 1 - 5
项目			水泥砂浆			细石混凝土	
			混凝土或硬基层上	在填充材料上	每增减5mm	40mm	每增减5mm
			20mm				
名称		单位	数量				
人工	综合工日	工日	0.78	0.80	0.14	1.03	0.14
材料	水泥砂浆 1：3	m^3	0.202 0	0.253 0	0.051 0	—	
	素水泥浆	m^3	0.010 0	—	—	0.010 0	
	细石混凝土 C20	m^3	—	—	—	0.404 0	
	水	m^3	0.060 00	0.060 0	—	0.060 0	0.051 0
机械	灰浆搅拌机 200L	台班	0.034	0.042 0	—	—	—
	混凝土振捣器（平板式）	台班	—	—	0.009	0.024	0.004

4. 附录

它列在预算定额手册的最后，包括每 $10m^3$ 混凝土模板含量参考表和混凝土及砂浆配合比表，供定额换算、补充使用。

（二）预算定额的调整换算

工程项目要求与定额内容不完全相符合，不能直接套用定额，应根据不同情况分别加以换算，但必须符合定额中的有关规定，在允许范围内进行。

编制预算定额时，对那些设计和施工中变化多，影响工程量和价差较大的项目，例如，砌筑砂浆强度等级、混凝土强度等级、木龙骨（或铝合金龙骨）用量等均允许根据实际情况进行换算、调整。但调整换算要严格按分部说明或附注说明中的规定执行。一般而言，预算定额是发承包双方共同遵守、执行的预算定额标准，没有规定一般不允许调整。

预算定额的换算可分为强度等级换算、用量调整、系数调整、运距调整和其他换算。

1. 强度等级换算

在预算定额中，对砖石工程的砌筑砂浆及混凝土等均列几种常用强度等级，设计图纸的强度等级与定额规定强度等级不同时，允许换算。其换算公式为

$$\text{换算后定额基价}=\text{定额中基价}+(\text{换入的半成品单价}-\text{换出的半成品单价})\times\text{相应换算材料的定额用量} \quad (2-60)$$

2. 用量调整

在预算定额中，定额与实际消耗量不同时，允许调整其数量，如龙骨不同可以换算等。换算时不要忘记损耗量，因定额中已考虑了损耗，与定额比较也必须考虑损耗，才有可比性。

3. 系数调整

在预算定额中，由于施工条件和方法不同，某些项目可以乘以系数调整。调整系数分定额系数和工程量系数。定额系数是指人工、材料、机械等系数，工程量系数是用在计算工程量上的系数。

4. 运距调整

在预算定额中，对各种项目运输定额，一般可分为基础定额和增加定额，即超过基本运距时，另行计算。如人工运土方，定额规定基本运距是200m，超过的另按每增加50m运距计算增加费用。

5. 其他换算

预算定额中调整换算的项目很多，方法也不一样，如找平层厚度调整、材料单价换算、增减加费用调整等。总之，定额的换算调整都要按照定额的规定进行。掌握定额的规定和换算调整方法，是对工程造价工作人员的基本要求之一。

（三）预算定额的补充

当设计图纸中的项目，在定额中没有时，可作临时性的补充。补充方法一般有两种：

（1）定额代用法。利用性质相似、材料大致相同、施工方法又很接近的定额项目，考虑（估算）一定的系数进行使用。此种方法一定要在施工实践中加以观察和测定，以便对使用的系数进行调整，保证定额精确性，也为以后新编定额、补充定额项目做准备。定额代用法是补充定额编制的一种方法，不同于定额换算，定额编号处应写补1、补2等。

（2）补充定额法。材料用量按照图纸的构造做法及相应的计算公式计算，并加入规定的损耗率。人工及机械台班使用量可按劳动定额、机械台班定额及类似定额计算，并经有关技术、定额人员和工人讨论确定，然后乘上人工工资标准、材料价格及机械台班单价，即得到补充定额单价。

（四）工程单价

1. 工程单价的概念

（1）工程单价含义。所谓工程单价，一般是指单位假定建筑安装产品的不完全价格，通常是指建筑安装工程的预算单价和概算单价，所包含的仅仅是某一单位工程直接费中的直接工程费，由人工、材料和机械费组成。为了适应市场的需要，出现了建筑安装产品的综合单价，也称为全费用单价，不仅包含人工、材料和机械费，还包括间接费、利润和税金等内容。

（2）工程单价的种类。

1）按工程单价的适用对象可分为建筑工程单价、安装工程单价。

2）按用途划分：①预算单价。预算单价是通过编制单位估价表、地区单位估价表及设备安装价目表所确定的单价，用于编制施工图预算。它是以建筑安装工程预算定额所规定的人工、材料、施工机械台班的消耗数量指标为依据，按照本地区的人工工资标准、材料预算价格、施工机械台班费用和有关规定，计算出来的以货币形式表现的各分部分项工程单位预测价值，又称为基价。②概算单价。概算单价是通过编制扩大单位估价表所确定的单价，用于编制设计概算。

3）按适用范围可分为地区单价、个别单价。

4）按编制依据可分为定额单价、补充单价。

5）按单价的综合程度可分为工料单价、综合单价。

2. 分部分项工程单价的编制方法

分部分项工程基本直接工程费单价（基价）计算公式为

分部分项工程基本直接工程费单价（基价）＝分部分项工程人工费单价＋分部分项工程材料费单价＋分部分项工程机械使用费单价

其中

$$人工费 = \Sigma(人工工日数 \times 人工单价)$$

$$材料费 = \Sigma(材料耗用量 \times 材料基价)$$

$$机械使用费 = \Sigma(机械台班用量 \times 机械台班单价)$$

3. 工程单价的具体形式——单位估价表

单位估价表又称工程预算单价表，是以货币形式确定定额计量单位某分部分项工程或结构构件直接费用的文件。单位估价表的内容由两部分组成：一部分是预算定额规定的人工、材料、机械的数量；另一部分是地区预算价格，即与上述三种“量”相适应的人工工资单价、材料预算价格和机械台班预算价格。

单位估价汇总表的项目划分与预算定额和单位估价表是相互对应的，为了简化预算的编制，单位估价汇总表已纳入预算定额中一些常用的分部分项工程和定额中需要调整换算的项目。单位估价表格式见表2-7。

表2-7　　砖墙单位估价表　　单位：100m^3

定额编号及名称：半砖厚不加固内墙砌筑

序号	项目	单位	单价	数量	合计
1	砌砖工	工日			
2	普通工	工日			
	合计				
	工资平均等级（3.3级）				
3	红机砖	千块			
4	25号水泥白灰砂浆	m^3			
5	水	m^3			
6	卷扬机（15马力带塔）	台班			
7	200L砂浆搅拌机	台班			
	合计				

注　1马力＝735.499W。

第五节　概算定额、概算指标及投资估算指标

一、概算定额

（一）概算定额的概念

概算定额又称扩大结构定额，它是确定一定计量单位扩大分项工程或单位扩大结构构件所必须消耗的人工、材料和施工机械台班的数量及其费用标准。概算定额是以预算定额或预算定额（有些省份地区称为基础定额）和主要分项工程为基础，根据通用图和标准图等资料，经过适当综合扩大编制而成的定额。概算定额以建筑物的长度（m）、面积（m^2）、体积（m^3），小型独立构筑物等按“座”为计量单位进行计算。

概算定额将预算定额中有联系的若干个分项工程综合为一个概算项目，是预算定额项目的合并与综合扩大。因此概算定额的编制比预算定额的编制具有更大的综合性。按照《建设工程工程量清单计价规范》（GB 50500—2013）的要求，为适应工程招标投标的需求，有的地方预算定额中项目的综合已与概算定额项目一致，如挖土方只有一个项目，不再划分一、二、三、四类土。砖墙也只有一个项目，综合了外墙、半砖墙、一砖墙、一砖半墙、二砖墙、二砖半墙等。化粪池、水池等按“座”计算，综合了土方、砌筑或结构配件的全部项目。

由于建设程序设计精度和时间的限制，同一个工程概算的精确度低于预算定额，且概算定额数额要高于预算定额的数额，同时又由于概算定额中的项目综合了相同工程内容的预算定额的若干个分项，因而概算定额的编制很大程度上要比预算定额简化。

（二）概算定额的作用

概算定额对于合理使用建设资金、降低工程成本、充分发挥投资效益，具有极其重要的意义。概算定额的作用主要体现在以下几个方面：

（1）概算定额是初步设计阶段编制设计概算和技术设计阶段编制修正概算的依据。

（2）概算定额是对设计项目进行技术经济分析和比较的基础资料之一。

（3）概算定额是编制建设项目主要材料计划的参考依据。

（4）概算定额是编制概算指标的基础。

（三）概算定额编制的依据

（1）现行的设计标准和设计规范、施工标准和验收规范。

（2）现行的建设工程基础定额、预算定额。

（3）已建好的类似工程的施工图预算及有代表性的工程决算资料。

（4）具有典型性的标准设计图纸、标准图集和相关的设计资料。

（5）现行的人工工资标准、材料价格、机械台班使用单价及其他费用资料。

二、概算定额的内容

概算定额一般由文字说明（总说明、分部工程说明）、概算定额项目表和附录等组成。

（1）文字说明部分。文字说明部分有总说明和分部工程说明。总说明包含下列内容：

1）概算定额的性质和作用。

2）概算定额的编纂形式和应注意的事项。

3）概算定额编制的目的和适用范围。

4）有关定额使用方法的统一规定。

（2）概算定额项目表。

1）概算定额项目表定额项目的划分。定额项目一般按两种方法划分：一种是按工程结构划分，另一种是按工程部位（分部）划分。

2）概算定额项目表的组成。该表由若干分节定额组成。各节定额由工程内容、定额表和附注说明组成。概算定额项目的排序，是按施工程序，以建筑结构的扩大结构构件和形象部位等划分章节的。定额前面列有说明和工程量计算规则。

三、概算指标

（一）概算指标的概念

概算指标是在概算定额的基础上进一步综合扩大，以建筑物和构筑物为对象，以建筑面积、体积或成套设备装置的台或组为计量单位，规定所需的人工、材料及施工机械台班消耗数量指标及其费用指标。

例如，一栋办公楼，当其结构选型和主要构造已知时，它的消耗指标是多少？如果是公寓，每平方米的造价是多少？如果是工业厂房，每 1000m^3 的造价和消耗指标是多少？20m 宽的高速公路，每公里（km）的造价和消耗指标是多少？

概算指标比概算定额进一步综合和扩大，所以依据概算指标来编制设计概算，可以更为简单方便，但其精确度就会大打折扣了。

在内容的表达上，概算指标可分为综合形式和单项形式。综合概算指标是以一种类型的建筑物或构筑物为研究对象，以建筑物或构筑物的建筑面积或体积为计量单位，综合了该类型范围内各种规格的单位工程的造价和预算指标而成，它反映的不是具体工程的指标，而是一类工程的综合指标，指标概括性较强。

居住房屋概算指标见表 2-8，建筑工程每 100m^2 工料消耗指标见表 2-9。

表 2-8 **居住房屋概算指标** 单位：100m^2

<table>
<tr><td colspan="4">指标编号</td><td>FZ-63</td><td>FZ-63A</td><td>FZ-63B</td><td>FZ-64</td><td>FZ-64A</td><td>FZ-64B</td></tr>
<tr><td colspan="4">指标名称</td><td colspan="3">楼房住宅</td><td colspan="3">楼房宿舍、乘务员公寓</td></tr>
<tr><td colspan="4">外墙厚度</td><td>一砖</td><td>一砖半</td><td>二砖</td><td>一砖</td><td>一砖半</td><td>二砖</td></tr>
<tr><td colspan="4">主要技术特征</td><td colspan="3">片石带基，基深 0.8m；砖混六层，层高 2.8m</td><td colspan="3">片石带基及钢筋混凝土柱基，基深 1.2m；砖混三层，层高 3.3m</td></tr>
<tr><td rowspan="7">土建</td><td colspan="2">指标</td><td rowspan="6">元</td><td>51 362</td><td>54 125</td><td>59 335</td><td>45 368</td><td>47 610</td><td>52 221</td></tr>
<tr><td rowspan="5">其中</td><td>人工费</td><td>12 101</td><td>12 699</td><td>13 625</td><td>10 490</td><td>11 016</td><td>11 779</td></tr>
<tr><td>材料费</td><td>37 277</td><td>39 317</td><td>43 425</td><td>33 223</td><td>34 841</td><td>38 565</td></tr>
<tr><td>机械使用费</td><td>1984</td><td>2109</td><td>2285</td><td>1655</td><td>1753</td><td>1877</td></tr>
<tr><td>基础</td><td>6337</td><td>7121</td><td>8578</td><td>3100</td><td>3764</td><td>4854</td></tr>
<tr><td>门窗</td><td>4661</td><td>5204</td><td>6380</td><td>5990</td><td>6651</td><td>8119</td></tr>
<tr><td colspan="2">材料质量</td><td>t</td><td>212.20</td><td>238.05</td><td>268.44</td><td>214.08</td><td>236.72</td><td>265.82</td></tr>
<tr><td colspan="2">上下水</td><td rowspan="4">指标</td><td rowspan="4">元</td><td colspan="3">2987（2443）</td><td colspan="3">2987（2443）</td></tr>
<tr><td colspan="2">采暖</td><td colspan="3">2834（2417）</td><td colspan="3">2834（2417）</td></tr>
<tr><td colspan="2">电照</td><td colspan="3">2335（1681）</td><td colspan="3">2678（2074）</td></tr>
<tr><td colspan="2">通风</td><td colspan="3">—</td><td colspan="3">—</td></tr>
</table>

注 本概算指标中工程量及主要人工、材料、机械消耗指标略。

表 2-9 建筑工程每 $100m^2$ 工料消耗指标

项目	人工及主要材料												
	人工（工日）	钢材（t）	水泥（t）	模板（m^3）	成材（m^3）	砖（千块）	黄砂（t）	碎石（t）	毛石（t）	石灰（t）	玻璃（m^2）	油毡（m^2）	沥青（kg）
工业与民用建筑综合	315	3.04	13.57	1.69	1.44	14.76	44	46	8	1.48	18	110	240
工业建筑	340	3.94	14.45	1.82	1.43	11.56	46	51	10	1.02	18	133	300
民用建筑	277	1.68	12.24	1.50	1.48	19.58	42	36	6	2.63	17	67	160

（二）概算指标的作用

概算指标的主要作用有以下几点：

（1）概算指标是建设单位编制固定资产投资计划、确定投资额的依据。

（2）概算指标是设计单位编制初步设计概算、选择设计方案的依据。

（3）概算指标中的主要材料指标可以作为匡算主要材料用量的依据。

（4）概算指标是考核建设投资效果的依据。

（三）概算指标的内容

概算指标比概算定额更加综合扩大，其主要内容包括以下部分：

（1）总说明。总说明用来说明概算指标的作用、编制依据和使用方法。

（2）示意图。示意图表明工程结构的形式，工业项目还可以表示出起重机及其起重能力等。必要时，画出工程剖面图，或者加平面简图，借以表明结构形式和使用特点（有起重设备的，需要表明）。

（3）结构特征。结构特征说明结构类型，如单层、多层、高层；砖混结构、框架结构、钢结构和建筑面积等。

（4）主要构造。主要构造说明基础、内墙、外墙、梁、柱、板等构件情况。

（5）经济指标。经济指标说明该项目每 $100m^3$ 或每座构筑物的造价指标，以及其中土建、水暖、电气照明等单位工程的相应造价。

（6）分部分项工程构造内容及工程量指标。说明该工程项目各分部分项工程的构造内容，相应计量单位的工程量指标，以及人工、材料消耗指标。

（四）概算指标的编制依据

（1）国家颁发的建筑标准、设计规范、施工验收规范及其他有关规定。

（2）标准设计图集、各类典型工程设计和有代表性的标准设计图纸。

（3）现行的概算指标和预算定额、补充定额资料和补充单位估价表。

（4）现行的相应地区的人工工资标准、材料价格、机械台班使用单价等。

（5）积累的工程结算资料。

（6）现行的工程建设政策、法令和规章等（如颁发的各种有关提高建筑经济效果和降低造价方面的文件）。

【例 2-6】 某建筑物，建筑体积为 $1000m^3$，土建工程概算造价为 500 000 元，给排水工程概算造价为 50 000 元，汇总概算造价为 550 000 元，试根据以上资料计算单位工程造价和单项工程造价。

解 每立方米建筑物体积的给排水工程造价＝50 000/1000＝50（元）

每立方米建筑物体积的土建工程造价＝500 000/1000＝500（元）

每立方米建筑物体积的单项工程造价＝550 000/1000＝550（元）

四、投资估算指标

（一）投资估算指标的概念

投资估算指标是在编制项目建议书、可行性研究报告阶段进行投资估算、计算投资需要量时使用的一种定额。投资估算指标一般是以建设项目、单项工程、单位工程为对象进行计算，反映其建设总投资及其各项费用构成的经济指标，是一种比概算指标更为扩大的单位工程指标或单项工程指标。其概略程度与可行性研究阶段相适应。其范围涉及工程项目建设前期、建设实施期和竣工验收交付使用期等各个阶段的费用支出，内容因行业不同而各异，可作为编制固定资产长远投资额的参考。

在工程项目建设前期进行可行性研究编制投资估算时，因缺少指导性的依据资料，所以投资估算的准确性在很大程度上取决于编制人员的业务水平和经验。

（二）投资估算指标的作用

（1）投资估算指标是编制项目建议书、可行性研究报告等前期工作阶段项目决策的投资估算的依据，也可作为编制固定资产长远规划投资额的参考资料。

（2）投资估算指标在固定资产的形成过程中起着投资预测、投资控制、投资效益分析的作用。

（3）投资估算指标是工程项目投资的控制目标之一。投资估算不仅是编制初步设计概算的依据，同时还对初步设计概算起控制作用。

（4）投资估算对工程项目进行筹资决策和投资决策提供重要依据。对于确定融资方式、进行经济评价和方案优选都起着重要作用。

可见，投资估算指标的正确制定对于提高投资估算的准确度，对建设工程项目的合理评估、正确决策具有重大意义。

（三）投资估算指标的内容

投资估算指标是对建设工程项目全过程各项投资支出进行确定和控制的技术经济指标，其范围涉及建设工程项目的各个阶段的费用支出，内容因行业不同一般可分为建设工程项目综合指标、单项工程指标和单位工程指标三个层次。

（1）建设工程项目综合指标。建设工程项目综合指标是指按规定应列入建设工程项目总投资的、从立项筹建至竣工验收交付使用的全部投资额，包括单项工程投资、工程建设其他费和预备费等。建设工程项目综合指标一般以工程项目的综合生产能力单位投资表示，如“元/t”。

（2）单项工程指标。单项工程指标是指按照相关规定列入并能独立发挥生产能力和使用效益的单项工程内的全部投资额，包括建筑安装工程费、设备及工器具购置费和可能包含的其他费用。单项工程指标一般以单项工程生产能力单位投资如“元/t”或其他单位表示。如：变配电站“元/（kV·A)”；办公室、宿舍、住宅等房屋则区别不同结构形式以“元/m^2”表示。

（3）单位工程指标。单位工程指标是指按规定应列入能独立设计和施工，但不能独立发挥生产能力和使用效益的工程项目的费用，即建筑安装工程费用。单位工程指标一般以“元/m^2”表示；构筑物一般以“元/座”表示，如水塔；构筑管道一般以“元/m”表示。

（四）投资估算指标的编制依据

（1）影响建设工程投资的动态因素，如利率、汇率等。

（2）专门机构发布的建设工程造价及其费用组成、计算方去及其他相关估算工程造价的文件。

（3）专门机构发布的工程建设其他费用的计算方法，以及政府部门发布的物价指数。

（4）主要工程项目、辅助工程项目及其他单项工程的已完工程竣工数据。

（5）已建同类工程项目的投资档案资料。

第六节　工程造价指数

一、工程造价指数的概念

工程造价指数是反映一定时期，由于价格变化对工程造价影响程度的一种指标，是调整工程造价价差的依据。以合理的方法编制的工程造价指数，能较好地反映工程造价的变动趋势和变化幅度，正确反映建设工程市场的供求关系和生产力发展水平。工程造价指数反映了建设工程报告期与选定基期相比的价格变动趋势。

利用工程造价指数研究实际工作中的下列问题很有意义：

（1）分析价格变动趋势及其原因。

（2）估计工程造价变化对宏观经济的影响。

（3）作为业主控制投资、投标人确定报价的重要依据，也是工程承发包双方进行工程造价管理和结算的重要依据。

二、工程造价指数的分类

1. 按照工程范围、类别、用途分类

（1）单项价格指数。单项价格指数是分别反映各类工程的人工、材料、施工机械及主要设备报告期价格对基期价格的变化程度的指标，可利用它研究主要单项价格变化的情况及其发展变化的趋势，如人工价格指数、主要材料价格指数、施工机械台班价格指数、主要设备价格指数等。

（2）综合造价指数。综合造价指数是综合反映各类项目或单项工程人工费、材料费、施工方机械使用费和设备费等报告期价格对基期价格变化而影响工程造价程度的指标，是研究造价总水平变动趋势和程度的主要依据，如建设工程项目或单项工程造价指数、建筑安装工程造价指数、建筑安装工程直接费造价指数、其他直接费及间接费造价指数、工程建设其他费造价指数等。

2. 按不同基期分类

（1）定基指数。定基指数是指各时期价格与某固定时期的价格对比后编制的指数。

（2）环比指数。环比指数是指各时期价格以其前一期价格为基础编制的造价指数。例如，与上月对比计算的指数，为月环比指数。

3. 按造价资料期限长短分类

（1）时点造价指数。时点造价指数是不同时点（例如，2021 年 7 月 1 日 9 时对应于上一年同一时点）价格对比计算的相对数。

（2）月指数。月指数是不同月份价格对比计算的相对数。

（3）季指数。季指数是不同季度价格对比计算的相对数。

（4）年指数。年指数是不同年份价格对比计算的相对数。

在工程项目建设领域常用定基指数来测算工程造价变化趋势和进行工程结算。

三、工程造价指数的编制

工程造价指数由有管辖权的机构或单位编制。例如，政府或地方政府投资的工程，其工程造价资料和指数，由政府主管部门或委托的工程造价管理机构编制和使用；非政府或地方政府投资的工程，由选民管理法人或委托的工程造价咨询单位编制和使用；施工企业为了在建设工程市场投标竞争，也应该编制用于企业投标报价的工程造价资料和相应的工程造价指数。

编制完成的工程造价指数有很多用途，例如，可作为政府对建设工程市场宏观调控的依据，也可作为工程估算及概预算的基本依据。当然，其最重要的作用是在建设工程市场的交易过程中，为承包商提出合理的投标报价提供依据，此时的工程造价指数也可称为投标价格指数。

工程造价指数一般是按各主要构成要素（如建筑安装工程造价、设备及工器具购置费和工程建设其他费等）分别编制价格指数，然后经汇总得到工程造价指数。

1. 各种单项价格指数的编制

（1）人工费、材料费、施工机械使用费等价格指数的编制。其计算公式为

$$\text{人工费(材料费、施工机械使用费)价格指数} = \frac{P_n}{P_0} \tag{2-61}$$

式中：P_n为报告期人工工日工资单价（材料单价、机械台班单价）；P_0为基期人工工日工资单价（材料单价、机械台班单价）。

（2）措施费、间接费及工程建设其他费等费率指标的编制。其计算公式为

$$\text{措施费(间接费、工程建设其他费)费率指标} = \frac{P_n}{P_0} \tag{2-62}$$

式中：P_n为报告期措施费（间接费、工程建设其他费）费率；P_0为基期措施费（间接费、工程建设其他费）费率。

2. 设备及工器具价格指数的编制

设备及工器具的种类、品种和规格很多，其指数一般可选择其中用量大、价格高、变动多的主要设备及工器具的购置数量和单价进行登记。其计算公式为

$$\text{设备及工器具价格指数} = \frac{\sum(\text{报告期设备及工器具单价} \times \text{报告期购置数量})}{\sum(\text{基期设备及工器具单价} \times \text{基期购置数量})} \tag{2-63}$$

3. 建筑安装工程价格指数的编制

建筑安装工程价格指数是一种综合性极强的价格指数，其计算公式为

$$\begin{aligned}\text{建筑安装工程价格指数} = \frac{\text{报告期建筑安装工程费}}{\dfrac{\text{报告期人工费}}{\text{人工费指数}} + \dfrac{\text{报告期材料费}}{\text{材料费指数}} + \dfrac{\text{报告期施工机械使用费}}{\text{施工机械使用费指数}} + \dfrac{\text{报告期企业管理费}}{\text{企业管理费指数}} + \text{利润} + \text{规费} + \text{税金}}\end{aligned} \tag{2-64}$$

4. 建设工程项目或单项工程造价指数的编制

建设工程项目或单项工程造价指数的计算公式为

$$\text{建设工程项目或单项工程造价指数}=\frac{\text{报告期建设工程项目或单项工程造价}}{\frac{\text{报告期建筑安装工程费}}{\text{建筑安装工程造价指数}}+\frac{\text{报告期设备及工器具费}}{\text{设备及工器具价格指数}}+\frac{\text{报告期工程建设其他费}}{\text{工程建设其他费指数}}} \tag{2-65}$$

在工程项目建设的不同阶段，工程造价指数发挥不同的作用。工程造价指数可以用于编制拟建工程项目投资估算、工程概算、工程预算，也用于编制投标报价和调整工程造价价差，合理进行工程价款动态控制和动态结算。

【例 2-7】 某建设工程项目于 2019 年开工，2021 年竣工。其中基础工程部分耗用人工 1200 工日，毛石 160t，打夯机械 90 台班。选定 2019 年为基期，2021 年底为报告期。数据见表 2-10。问该工程报告期基础工程费用是多少？报告期基础部分造价指数是多少？

表 2-10　基础工程部分数据

项目	人工预算	毛石	打夯机械	其余费用
预算	1200 工日	150t	90 台班	
2019 年基期	118 元/工日	2500 元/t	430 元/台班	10.53 万元
报告期指数	115%	108%	125%	100%

解　报告期人工费＝人工工日预算×基期人工单价×报告期人工费指数＝1200×118×115%＝162 840（元）

报告期材料费＝材料预算×基期材料单价×报告期材料价格指数＝150×2500×108%＝405 000（元）

报告期机械费＝机械台班预算×基期机械台班单价×报告期机械台班指数＝90×430×125%＝ 48 375（元）

报告期基础工程费＝人工费＋材料费＋机械费＋其余费用＝162 840＋405 000＋48 375＋105 300＝721 515（元）

报告期建筑安装工程费指数＝721 515/（162 840÷115%＋405 000÷108%＋48 375÷125%＋105 300）＝721 515/（141 600＋375 000＋38 700＋105 300）＝721 575/660 600＝109.2%

第七节　案　例　分　析

【例 2-8】 某地区砖混住宅楼施工采用 370 砖墙，经测定的技术资料如下：

完成 1m³ 砖砌体需要的基本工作时间为 14h，辅助工作时间占工作延续时间的 2.5%，准备与结束时间占工作延续时间的 3%，不可避免的中断时间占工作延续时间的 3%，休息时间占工作延续时间的 10%。人工幅度差系数为 12%，超运距运砖每千块需要 2h。

砖墙采用 M5 水泥砂浆砌筑，实体积与虚体积之间的折算系数为 1.07，砖的损耗率为 1.2%，砂浆的损耗率为 0.7%，完成 1m³ 砖砌体需用水 0.85m³。砂浆采用 400L 搅拌机现场搅拌，水泥在搅拌机附近堆放，砂堆场距搅拌机 200m，需用推车运至搅拌机处。推车在砂堆场处装砂子时间为 20s，从砂堆场运至搅拌机的单程时间为 130s，卸砂时间为 10s（仅考虑一台推车）。往搅拌机装填各种材料的时间为 60s，搅拌时间为 80s（秒），从搅拌机卸下搅拌好的材料用时 30s，不可避免的中断时间为 15s，机械利用系数为 0.85，幅度差率为 0%。

若人工日工资单价为 118 元，M5 水泥砂浆单价为 450 元/m^3，砖单价为 450 元/千块，水价为 2.75 元/m^3，400L 砂浆搅拌机台班单价为 350 元/台班。试确定：

（1）砌筑 1$m^3$370 砖墙的施工定额。

（2）10m^3 砖墙的人工、材料、机械台班预算。

（3）预算定额单价。

【分析要点】

该案例主要考查施工定额与预算（预算）定额中人工、材料、机械消耗量的组成及计算方法；预算单价的确定等内容。该案例解题要点在于：计算机械消耗量时应分清楚搅拌机一次循环的工作时间。

解（1）计算施工定额中的人工、材料、机械台班消耗量。

1）人工消耗量。已知

砌筑 1$m^3$370 砖墙所需工作延续时间＝准备与结束时间＋基本工作时间＋辅助工作时间＋休息时间＋不可避免中断时间

设砌筑 1$m^3$370 砖墙所需工作延续时间为 x，则

$$x=3\%x+14+2.5\%x+10\%x+3\%x$$

解得

$$x=\frac{14}{1-3\%-2.5\%-10\%-3\%}17.18\text{（h）}$$

$$\text{时间定额}=\frac{17.18}{8}=2.15\text{（工日/m}^3\text{）}$$

$$\text{产量定额}=\frac{1}{\text{时间定额}}=0.47\text{（m}^3\text{/工日）}$$

2）各种材料消耗量

$$\text{砖净用量}=\left[\frac{1}{\text{（砖长＋灰缝厚度）}\times\text{（砖厚＋灰缝厚度）}}+\frac{1}{\text{（砖宽＋灰缝厚度）}\times\text{（砖厚＋灰缝厚度）}}\right]\frac{1}{\text{砖长＋砖宽＋灰缝厚度}}$$

$$=\left[\frac{1}{(0.24+0.01)\times(0.053+0.01)}+\frac{1}{(0.115+0.01)\times(0.053+0.01)}\right]\frac{1}{0.24+0.115+0.11}=522\text{（块）}$$

砖的消耗量＝522×（1＋1.2%）＝529（块）

砂浆净用量＝砖砌体体积－砌体中砖所占的体积

＝（1－522×0.24×0.115×0.053）×1.07

＝0.253（m^3）

砂浆消耗量＝0.253×（1＋1.2%）＝0.256（m^3）

水消耗量＝0.85（m^3）

3）机械消耗量。机械消耗产量定额的概念与人工消耗产量定额类似。求机械消耗量的关键是要清楚砂浆搅拌的整个工作运作过程。砂浆搅拌运作过程示意图如图 2-4 所示。

搅拌一罐砂浆一个完整的循环程序是，从搅拌机处去砂堆装砂、运砂至搅拌机处、往搅拌机里装填材料、搅拌、卸搅拌好的砂浆。

根据图 2-4 及循环程序，可知砂浆搅拌全过程的时间消耗可分为两大部分：第一部分是往返运砂及装卸砂，共 290s；第二部分是装填材料、搅拌、卸搅拌好的砂浆，共 185s。这是因为在做第一部分工作时，第二部分工作可同时进行。因此，搅拌一罐砂浆实际消耗的时间是 290s（即取两个独立部分时间组合中的大者）。

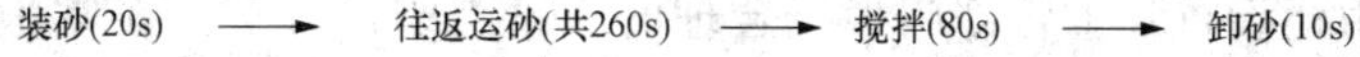

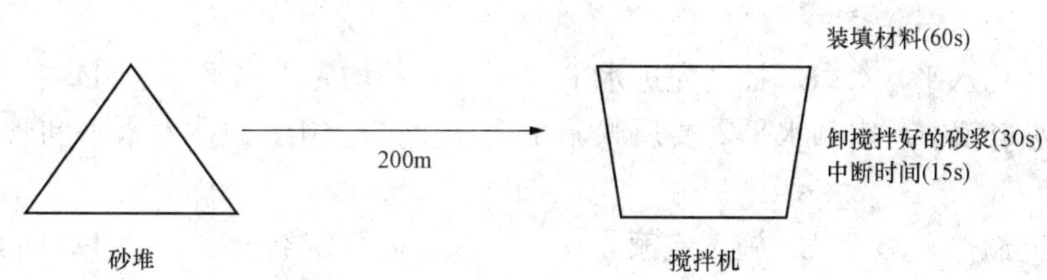

图 2-4　砂浆搅拌运作过程示意图

按照一台班 8h 考虑，则一台班可搅拌砂浆为

$$产量定额=\frac{8\times60\times60}{290}\times0.4\times0.85=33.77\ (m^3/台班)$$

搅拌 1m^3 砂浆所需要的台班数量为

$$时间定额=\frac{1}{产量定额}=\frac{1}{33.77}=0.0296\ (台班/m^3)$$

由于该案例要求的是砌筑 1m^{3}370 砖墙所需消耗的机械台班数量，而 1m^{3}370 砖墙所需消耗的砂浆是 0.256m^3，所以有

砌筑 1m^{3}307 砖墙的机械消耗量＝0.029 6×0.256＝0.007 6（台班）

（2）计算预算定额中的人工、材料、机械消耗量。根据已知要求，预算定额中的单位是 10m^3。确定预算定额实际上是以 10m^3 为单位，综合考虑预算定额与施工定额的差异确定人工、材料、机械消耗量。

1）预算定额中各种资源消耗量

$$人工消耗量=\left(2.15+0.529\times\frac{2}{8}\right)\times(1+12\%)\times10=25.56(工日/10m^3)$$

材料消耗量

$$砖=529\times10=5290(块)$$
$$砂浆=0.256\times10=2.56(m^3)$$
$$水=0.85\times10=8.5(m^3)$$
$$机械消耗量=0.0076\times10=0.076(台班/10m^3)$$

2）预算定额单价。砌筑 10m^{3}37 砖墙的人工费、材料费、机械台班单价分别为

人工费＝25.56×118＝3016.08（元）

材料费＝5.29×743＋2.56×450＋8.5×2.75＝3930.47＋1152＋23.375＝5105.85（元）

施工机械使用费＝0.076×350＝26.60（元）

预算定额单价＝3016.08＋5105.85＋26.6＝8148.53（元）

一、单选题

1. 时间定额与产量定额的关系是（　　）。

A. 正比　　B. 反比　　C. 倒数　　D. 没有关系

2. 预算定额是由建设行政主管部门根据合理的施工组织设计按照正常施工条件下制定的，生产一个规定计量单位工程合格产品所需的人工、材料、机械台班的（　　）数量标准。

A. 社会平均水平　　B. 社会先进水平　　C. 平均先进水平　　D. 社会最低水平

3. 在下列定额中，定额水平需要反映施工企业生产与组织的技术水平和管理水平的是（　　）。

A. 预算定额　　B. 施工定额　　C. 概算定额　　D. 概算指标

4. 在人工消耗量确定时，测定时间消耗的基本方法是（　　）。

A. 理论计算法　　B 实验室试验法　　C. 现场技术测定法　　D. 计时观察法

5. 运输汽车装载保温泡沫板，因其体积大但质量不足而引起的汽车在降低负荷的情况下工作的时间属于机器工作时间消耗中的（　　）。

A. 低负荷下的工作时间　　B. 不可避免的无负荷工作时间

C. 多余工作时间　　D. 有效工作时间

6. 通过计时观察资料得知：人工挖二类土 $1m^3$ 的基本工作时间为 6h，辅助工作时间占工序作业时间的 2%。准备与结束工作时间、不可避免的中断时间、休息时间分别占工作日的 3%、2%、18%，则该人工挖二类土的时间定额是（　　）。

A. 0.765 工日/m^3　　B. 0.994 工日/m^3

C. 1.006m^3/工日　　D. 1.307m^3/工日

7. 某工地水泥从两个地方采购，其采购量及有关费用见表 2-11，则该工地水泥的基价为（　　）。

表 2-11　　采购量及有关费用

采购处	采购量	供应价格	运杂费	运输损耗率	采购及保管费费率
来源一	300t	240 元/t	20 元/t	0.5%	3%
来源二	200t	250 元/t	15 元/t	0.4%	

A. 244.0 元/t　　B. 262.0 元/t　　C. 271.1 元/t　　D. 271.6 元/t

8. 在人工单价的组成内容中，生产工人探亲、休假期间的工资属于（　　）。

A. 基本工资　　B. 工资性津贴　　C. 辅助工资　　D. 职工福利费

9. 以独立的单项工程或完整的工程项目为计算对象编制确定的生产要素消耗的数量标准或项目费用标准是（　　）。

A. 概算定额　　B. 概算指标　　C. 投资估算指标　　D. 预算定额

10. 工人在工作班内消耗的工作时间可分为必须消耗的工作时间和损失时间。必须消耗的工作时间包括有效工作时间、休息时间和不可避免的中断时间。下列与休息时间长短有关的是（　　）。

A. 工作量　　B. 工作内容　　C. 劳动条件　　D. 工作班数量

二、多选题

1. 制定材料消耗量的基本方法有（　　）。

A. 现场技术测定法　　B. 实验室试验法

C. 理论计算法　　D. 现场统计法

E. 计时法

2. 因施工本身原因的停工属于（　　）。

A. 停工损失时间　　B. 不可避免的中断时间

C. 非定额时间　　D. 定额时间

E. 多余时间

3. 下列不属于施工企业定额编制原则的是（　　）。

A. 平均先进性原则　　B. 简明适用性原则

C. 独立自主的原则　　D. 以群众为主编制定额的原则

E. 专群结合原则

4. 工人工作时间的分类中定额时间包括（　　）。

A. 停工时间　　B. 有效工作时间

C. 休息时间　　D. 不可避免的中断时间

E. 多余和偶然时间

5. 工程计价的依据有多种不同类型，其中工程单价的计算依据有（　　）。

A. 材料价格　　B. 投资估算指标

C. 机械台班费　　D. 人工单价

E. 概算定额

三、简答题

1. 简述工程定额的定义和性质。

2. 施工定额与预算定额中的人工、材料、机械消耗量是如何确定的？有哪些区别？

3. 比较施工定额、预算定额、概算定额、概算指标和投资估算指标的编制对象、用途、项目划分、定额水平等有何不同？

4. 预算定额中的人工幅度差、机械幅度差有何意义？

5. 简述人工日工资单价的构成。

6. 简述材料预算价格的构成。

7. 简述施工机械台班单价的构成。

8. 简述工程造价指数的概念、分类和研究意义。

9. 就企业定额在工程投标报价中的作用及如何编制企业定额谈谈你的看法。

四、计算题

1. 某砌砖班组 20 名工人，用空心砖砌筑某住宅楼 240mm 厚外墙，施工 10 天，试确定

该班组完成的砌体体积。（查定额编号 AD0034，综合时间定额为 0.804 工日/m^3）

2. 某工程现场采用出料容量 1000L 的混凝土搅拌机，每一次循环中，装料、搅拌、卸料、中断需要的时间分别是 1、3、1、1min，机械利用系数为 0.9，确定该机械的产量定额及时间定额。

3. 某土建工程，合同规定结算款为 200 万元，合同原始计算日期为 2010 年 3 月，工程于 2021 年 4 月建成交付使用，工程的人工费、材料费构成比例及有关造价指数见表 2-12。

表 2-12　土建工程人工费、材料费构成比例以及有关造价指数表

项目	人工费	钢材	水泥	骨料	红砖	砂	木材	不调值费用
比例	45%	11%	11%	5%	6%	3%	4%	15%
2010 年 3 月指数	100	100.8	102.0	93.6	100.2	95.4	93.4	
2021 年 4 月指数	110.1	98.0	112.9	95.9	98.9	91.1	117.9	

试问：实际的结算款是多少？

第三章　工程量清单计价

第一节　概　　述

为了适应我国工程投资体制和建设管理体制改革的需要，维护建设市场秩序，保障工程项目建设过程中参与各方的合法权益，规范统一建设工程造价计价行为，统一建设工程工程量清单的编制和计价方法，更好地实现“政府宏观调控、部门动态监管、企业自主报价、市场决定价格”的目标，在总结工程量清单计价改革经验的基础上，住房和城乡建设部标准定额司颁布了《建设工程工程量清单计价规范》（GB 50500—2013），以及与之配套的《房屋建筑与装饰工程工程量计算规范》（GB 50854—2013）等九个专业的工程量计算规范，自2013年7月1日起实施。

工程量清单计价模式，是指在建设工程市场上建设工程的招标投标中，按照国家统一的工程量清单计价规范，以及招标文件中由招标人或其委托的有资质的咨询机构编制反映工程实体消耗和措施消耗的工程量清单，由投标人根据供求状况、各种渠道所获得的工程造价信息和经验数据，针对招标文件提供的工程量清单，结合企业定额自主报价，公平竞争，最终由建筑产品的买卖双方确定并签订工程合同价格的计价方式。

与定额计价模式相比，工程量清单计价是市场定价模式，为建设工程市场的交易双方提供了一个平等的竞争平台。这种模式能够反映出承建企业的工程个别成本，有利于企业自主报价和公平竞争，同时，实行工程量清单计价，工程量清单作为招标文件和合同文件的重要组成部分，对于规范招标人计价行为，在技术上避免招标中弄虚作假和暗箱操作，以及保证工程款的支付结算都会起到重要作用。

《建设工程工程量清单计价规范》（GB 50500—2013）包括总则、术语、一般规定、工程量清单编制、招标控制价、投标报价等16章内容，共58节330条（款）条文，其中强制性条文有15条。与此配套实施的还有《房屋建筑与装饰工程工程量计算规范》（GB 50854—2013）、《仿古建筑工程工程量计算规范》（GB 50855—2013）、《通用安装工程工程量计算规范》（GB 50856—2013）、《市政工程工程量计算规范》（GB 50857—2013）、《园林绿化工程工程量计算规范》（GB 50858—2013）、《矿山工程工程量计算规范》（GB 50859—2013）、《构筑物工程工程量计算规范》（GB 50860—2013）、《城市轨道交通工程工程量计算规范》（GB 50861—2013）、《爆破工程工程量计算规范》（GB 50862—2013）九大专业的工程量计算规范。

《建设工程工程量清单计价规范》（GB 50500—2013）（简称《计价规范》）对于合同价款约定、合同价款调整、合同价款中期支付、竣工结算支付，以及合同解除的价款结算与支付、合同争议的解决方法都进行了规定，与《建设工程施工合同（示范文本）》（GF—2013—0201）相配套，在工程量清单计价模式下进行造价管理的重要依据。

工程量清单计价模式下的建筑安装工程费的构成见图3-1。

建筑安装工程费按照工程造价形成过程可分为分部分项工程费、措施项目费、其他项目

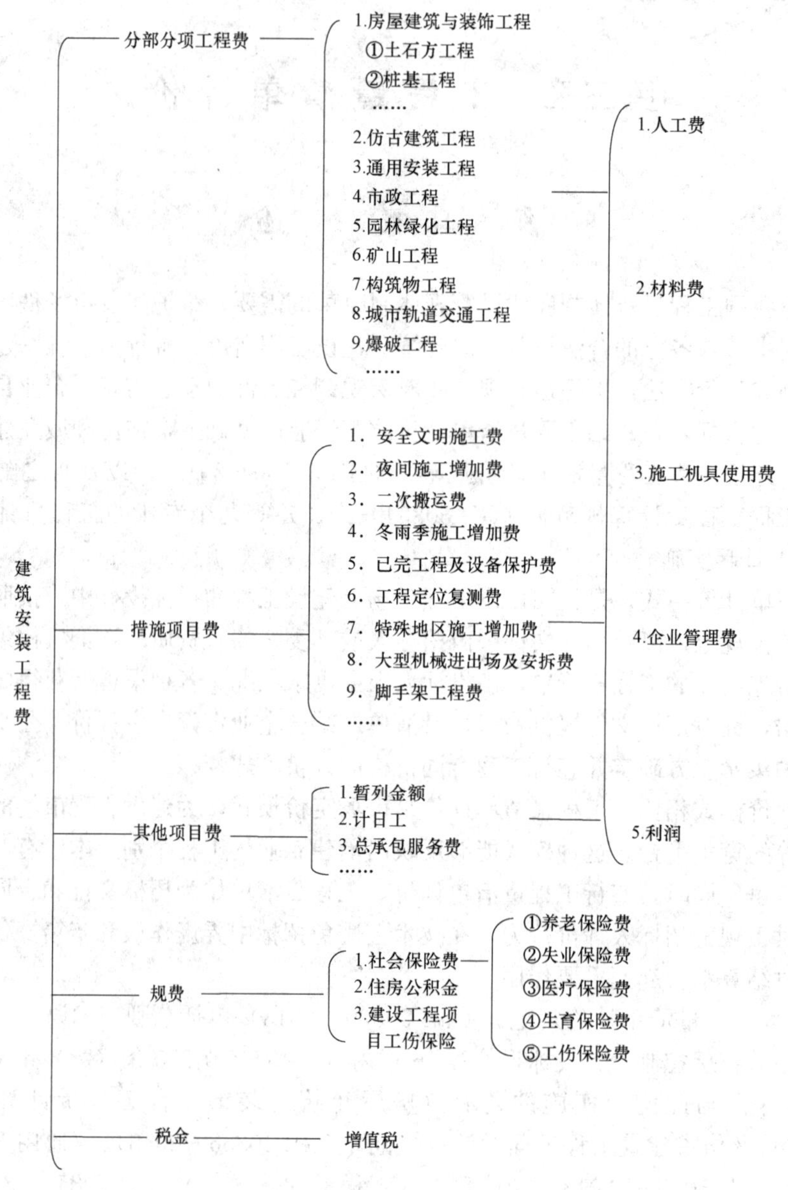

图 3-1　建筑安装工程费的构成（按造价形成划分）

费、规费、税金。

（一）分部分项工程费

分部分项工程费是指各专业工程的分部分项工程应予列支的各项费用。

1. 专业工程

专业工程是指按现行国家计量规范划分的房屋建筑与装饰工程、通用安装工程、市政工程、园林绿化工程等各类工程。

2. 分部分项工程

分部分项工程是指按现行国家计量规范或现行消耗量定额对各专业工程划分的项目，如房屋建筑与装饰工程划分的土石方工程、地基处理与边坡支护工程、桩基础工程、砌筑工程、钢筋及混凝土工程等。

（二）措施项目费

措施项目费是指为完成工程项目施工，发生于该工程施工准备和施工过程中的技术、生活、安全、环境保护等方面的费用。

1. 总价措施费

总价措施费是指建设行政主管部门根据建设工程市场状况和多数企业经营管理情况、技术水平等测算发布了费率的措施项目费。主要包括：

（1）夜间施工增加费。指因夜间施工所发生的夜班补助、夜间施工降效、夜间施工照明设备摊销及照明用电等费用。

（2）二次搬运费。指因施工场地条件限制而发生的材料、构配件、半成品等一次运输不能到达堆放地点，必须进行二次或多次搬运所发生的费用。

施工现场场地的大小，因工程规模、工程地点、周边情况等因素的不同而各不相同，一般情况下，场地周边围挡范围内的区域为施工现场。若确因场地狭窄，按经过批准的施工组织设计，必须在施工现场之外存放材料，或必须在施工现场采用立体架构形式存放材料，其由场外到场内的运输费用或立体架构所发生的搭设费用，按实另计。

（3）冬雨季施工增加费。指在冬季或雨季施工需增加的临时设施、防滑、排除雨雪，以及人工及施工机械效率降低等费用。冬雨季施工增加费不包括混凝土、砂浆的骨料炒拌、提高强度等级，以及掺加于其中的早强、抗冻等外加剂的费用。

（4）已完工程及设备保护费。指竣工验收前，对已完工程及设备采取的必要保护措施所发生的费用。

（5）工程定位复测费。指工程施工过程中进行全部施工测量放线和复测工作的费用。

（6）市政工程地下管线交叉处理费。指施工过程中对现有施工场地内各种地下交叉管线进行加固及处理所发生的费用，不包括地下管线改移发生的费用。

2. 单价措施费

单价措施费是指消耗量定额中列有子目并规定了计算方法的措施项目费。

（三）其他项目费

1. 暂列金额

暂列金额是指建设单位在工程量清单中暂定并包括在工程合同价款中的一笔款项，用于施工合同签订时尚未确定或不可预见的材料、设备、服务的采购，施工中可能发生的工程变更、合同约定调整因素出现时工程价款的调整，以及发生的索赔、现场签证等费用。它包含在投标总价和合同总价中，但只有施工过程中实际发生了，并且符合合同约定的价款支付程序，才能纳入竣工结算价款中。暂列金额，扣除实际发生金额后的余额，仍属于建设单位所有。

暂列金额包括以下含义：①包括在合同价之内，但并不直接属承包人所有，而是由发包人暂定并掌握使用的一笔款项；②由发包人用于在施工合同协议签订时，尚未确定或者不可预见的在施工过程中所需材料、工程设备、服务的采购；③由发包人用于施工过程中合同约定的各种合同价款调整因素出现时的合同价款调整，以及索赔、现场签证确认的费用；④其他用于该工程并由发承包双方认可的费用。

暂列金额一般可按分部分项工程费的10%～15%估列。

2. 专业工程暂估价

专业工程暂估价是指建设单位根据国家相应规定，预计需由专业承包人另行组织施工、实施单独分包（总承包人仅对其进行总承包服务），但暂时不能确定准确价格的专业工程价款。专业工程暂估价应区分不同专业，按有关计价规定估价，并仅作为计取总承包服务费的基础，不计入总承包人的工程总造价。

3. 特殊项目暂估价

特殊项目暂估价是指未来工程中肯定发生、其他费用项目均未包括，但由于材料、设备或技术工艺的特殊性，没有可参考的计价依据、事先难以准确确定其价格、对造价影响较大的项目费用。

4. 计日工

计日工是指在施工过程中，承包人完成建设单位提出的工程合同范围以外的、突发性的零星项目或工作，按合同中约定的单价计价的一种方式。计日工，不仅仅指人工，零星项目或工作使用的材料、机械，均应计列于本项之下。

5. 采购保管费

采购保管费是指企业材料物资供应部门及仓库为采购、验收、保管和收发材料物资所发生的各种费用。

6. 检验试验费

检验试验费不包括相应规范规定之外要求增加鉴定、检查的费用，新结构、新材料的试验费用，对构件做破坏性试验及其他特殊要求检验试验的费用，建设单位委托检测机构进行检测的费用。此类检测发生的费用，在该项中列支。建设单位对施工单位提供的、具有出厂合格证明的材料要求进行再检验、经检测不合格的，该检测费用由施工单位支付。

7. 总承包服务费

总承包服务费是指总承包人为配合发包人进行的专业工程发包，对发包人自行采购的材料、工程设备等进行保管，以及进行施工现场管理、竣工资料汇总整理等服务所需的费用。招标人应预计该项费用并按投标人的投标报价向投标人支付该项费用。其计算公式为

总承包服务费＝专业工程暂估价（不含设备费）×相应费率

8. 其他费用

其他费用包括工期奖惩、质量奖惩等，均可计列于该项中。

（四）规费和税金

1. 规费

规费是指根据国家法律、法规规定，由省级政府或省级有关权力部门规定施工企业必须缴纳的，应计入建筑安装工程造价的费用。

规费项目清单包括社会保险费（包括养老保险费、失业保险费、医疗保险费、工伤保险费、生育保险费）、住房公积金、工程排污费、建设工程项目工伤保险，出现计价规范未列项目，应根据省级政府或省级有关权力部门的规定列项。

2. 税金

税金是指国家税法规定的应计建筑安装工程造价内的增值税［根据《关于全面推开营业

税改征增值税试点的通知》（财税〔2016〕36 号）规定，自 2016 年 5 月 1 日起，建筑业纳入试点范围，由缴纳营业税改为缴纳增值税]，原来的城市维护建设税、教育费附加、地方教育费附加列入企业管理费。税前的人工费、材料费、施工机械使用费、企业管理费、利润和规费，均以不包含增值税（可抵扣进项税额）的价格计算。

第二节 工程量清单

一、工程量清单的概念

工程量清单是指建设工程的分部分项项目、措施项目、其他项目、规费项目和税金项目的名称和相应数量等的明细清单。工程量清单应由具有编制能力的招标人或受其委托具有相应资质的工程造价咨询人编制。采用工程量清单方式招标，工程量清单必须作为招标文件的组成部分，其准确性和完整性由招标人负责。

工程量清单是工程量清单计价的基础，应作为编制招标控制价、投标报价、计算工程量、支付工程款、调整合同价款、办理竣工结算及工程索赔等的依据之一。

二、工程量清单的组成

（一）分部分项工程量清单

分部分项工程量清单必须根据相关工程现行国家计量规范规定的项目编码、项目名称、项目特征、计量单位和工程量计算规则进行编制。项目编码、项目名称、项目特征、计量单位和工程量称为工程量清单编制的五个要件，在分部分项工程量清单的组成中缺一不可。

1. 分部分项工程量清单内容

（1）项目编码。分部分项工程量清单的项目编码以五级编码设置，一、二、三、四级编码统一，第五级编码为顺序码，由工程量清单编制人区分具体工程的清单项目特征而分别编码。项目编码应采用前 12 位阿拉伯数字表示，1～9 位应按附录的规定设置，10～12 位应根据拟建工程的工程量清单项目名称设置，同一招标工程的项目编码不得有重码。各级编码代表的含义如下：

1）第一级表示分类码（分两位）。01—房屋建筑与装饰工程；02—仿古建筑工程；03—通用安装工程；04—市政工程；05—园林绿化工程；06—矿山工程；07—构筑物工程；08—城市轨道交通工程；09—爆破工程，共九个专业。

2）第二级表示顺序码（分两位）。

3）第三级表示节顺序码（分两位）。

4）第四级表示清单项目码（分三位）。

5）第五级表示具体项目清单码（分三位）。

例如：01－04－02－001－×××

其中：01 为分类码，表示房屋建筑与装饰工程；

04 为附录分类顺序码，表示砌筑工程；

02 为分部工程顺序码，表示砌块砌体；

001 为分项工程项目名称顺序码，表示砌块墙；

×××为工程量清单项目名称顺序码（由工程量清单编制人编制，从 001 开始）。

（2）项目名称。分部分项工程量清单的项目名称应按各专业工程计量规范附录的项目名称结合拟建工程的实际确定。《计价规范》附录表中“项目名称”为分项工程项目名称，是形成分部分项工程量清单项目名称的基础，即在编制分部分项工程量清单时，以附录中的分项工程项目名称为基础，考虑该项目的规格、型号、材质等特征要求，结合拟建工程的实际情况，使其工程量清单项目名称具体化、细化，以反映影响工程造价的主要因素。

（3）项目特征。项目特征是构成分部分项工程项目、措施项目自身价值的本质特征。项目特征是对项目的准确描述，是影响价格的因素，是设置具体清单项目的依据，是履行合同义务的基础。分部分项工程量清单项目特征应按各专业工程计算规范附录中规定的项目特征，结合技术规范、标准图集、施工图纸，按照工程结构、使用材质及规格或安装位置等，予以详细而准确的表述和说明。项目特征按不同的工程部位、施工工艺或材料品种、规格等分别列项。凡项目特征中未描述到的其他独有特征，由清单编制人视项目具体情况确定，以准确描述清单项目为准。工程量清单的项目特征是确定一个清单项目综合单价不可缺少的重要依据，在编制工程量清单时，必须对项目特征进行准确和全面的描述，但有些项目特征用文字往往又难以准确和全面描述清楚。因此为达到规范、简洁、准确、全面描述项目特征的要求，在描述工程量清单项目特征时应按以下原则进行：

1）项目特征描述的内容应按附录中的规定，结合拟建工程的实际，能满足确定综合单价的需要。

2）若采用标准图集或施工图纸能全部或部分满足项目特征描述的需要，项目特征描述可直接采用详见××图集或××图号的方式。对不能满足特征描述要求的部分，仍应用文字描述。

（4）计量单位。以质量计算的项目——吨或千克（t 或 kg）；以体积计算的项目——立方米（m^3）；以面积计算的项目——平方米（m^2）；以长度计算的项目——米（m）；以自然计量单位计算的项目——个、套、块、樘、组、台等。

各专业有特殊计量单位的，再另外加以说明。当计量单位有两个或两个以上时，应根据所编工程量清单项目的特征要求，选择最适宜表现该项目特征并方便计量的单位。

（5）工程量计算。工程量主要通过工程量计算规则计算得到。分部分项工程量清单中所列工程量应按附录中规定的工程量计算规则计算。工程量计算规则是指对清单项目工程量的计算规定。除另有说明外，所有清单项目的工程量应以实体工程量为准，并以完成后的净值计算；投标人投标报价时，应在单价中考虑施工中各种损耗和需要增加的工程量。

根据《计价规范》的规定，工程量计算规则可分为房屋建筑与装饰工程、仿古建筑工程、通用安装工程、市政工程、园林绿化工程、矿山工程、构筑物工程、城市轨道交通工程、爆破工程九大类。

2. 分部分项工程量清单与计价表的标准格式

分部分项工程量清单与计价表除了包括项目编码、项目名称、项目特征描述、计量单位和工程量五个部分之外（称为五要件，投标人不得做任何更改），还包括有标明货币金额数的综合单价、合价、其中暂估价三项，综合单价由投标人根据企业情况竞报，暂估价按招标文件给定值计算合价，分部分项工程量清单与计价表见表 3-1。

表 3-1　**分部分项工程量清单与计价表**

工程名称：　　　　　　　　标段：　　　　　　　　第　页共　页

序号	项目编码	项目名称	项目特征描述	计量单位	工程量	金额（元）		
						综合单价	合价	其中 暂估价
	A.1	土石方工程						
1	010101001001	平整场地	1. 土壤类别：一、二类土 2. 取土运距：50m 3. 弃土运距：2km	m^2	505.95			
2	010101004001	挖基坑土方	1. 土壤类别：一、二类土 2. 挖土深度：5.5m 3. 弃土运距：1km	m^3	200.55			
3	010101004002	挖基坑土方	1. 土壤类别：一、二类土 2. 挖土深度：8m 3. 弃土运距：1km	m^3	300.00			
	……		分部小计					
			……					
			合　计					

编制工程量清单时如果出现相关工程量计算规范附录中未包括的项目，编制人应做补充，并报省级或行业工程造价管理机构备案，省级或行业工程造价管理机构应汇总报住房和城乡建设部标准定额研究所。

补充项目编码由相关工程量计算规范的代码××、B和三位阿拉伯数字组成，并应从××B001起顺序编制，同一招标工程的项目不得重码。补充的工程量清单中，需附有补充项目编码、项目名称、项目特征、计量单位、工程量计算规则、工程内容。

例如，钢管桩的补充项目见表 3-2。

表 3-2　**钢管桩的补充项目**

项目编码	项目名称	项目特征	计量单位	工程量计算规则	工程内容
01B001	钢管桩	1. 地层描述 2. 送桩长度/单桩长度 3. 钢管材质、管径、壁厚 4. 钢管填充材料种类 5. 桩倾斜度 6. 防护材料种类	m/根	按设计图示尺寸以桩长（包括桩尖）或根数计算	1. 桩制作、运输 2. 打桩、试验桩、斜桩 3. 送桩 4. 管桩填充材料、刷防护材料

（二）措施项目清单

措施项目清单是指为完成工程项目施工，发生于该工程施工前和施工过程中技术、生活、文明、安全等方面非工程实体项目清单。

1. 措施项目清单内容

措施项目清单应根据相关工程现行计算规范的规定编制，并应根据拟建工程的实际情况列项。相关工程量计算规范措施项目清单编制有以下规定：

（1）单价措施项目。措施项目中列出了项目编码、项目名称、项目特征、计量单位、工程量计算规则的项目，编制工程量清单时，应按照相关工程量计算规范中分部分项工程的规定执行。

（2）总价措施项目。措施项目仅列出项目编码、项目名称，未列出项目特征、计量单位和工程量计算规则的项目，编制工程量清单时，应按《房屋建筑与装饰工程工程量计算规范》（GB 50854—2013）中附录S规定的项目编码、项目名称确定。

2. 措施项目清单与计价表的标准格式

措施项目费用的发生与使用时间、施工方法或者两个以上的工序有关，如安全文明施工、夜间施工、夜间照明、二次搬运、冬雨季施工、地上/地下设施、建筑物的临时保护设施、已完工程及设备保护等。但是措施项目可以计算出工程量的项目，如模板工程、脚手架等，按照分部分项工程量确定的方式采用综合单价计价，其措施项目清单采用分部分项工程量清单的方式编制（见表3-3）。

表3-3　　单价措施项目清单与计价表

工程名称：　　　　　　　　标段：　　　　　　　　第　页共　页

序号	项目编码	项目名称	项目特征描述	计量单位	工程量	金额（元）	
						综合单价	合价
		外墙脚手架					

措施项目中对于不能计算出工程量的措施项目清单，以“项”为计量单位进行编制（见表3-4）。

表3-4　　总价措施项目清单计价表

工程名称：　　　　　　　　标段：　　　　　　　　第　页共　页

序号	项目编码	项目名称	计算基础	费率（%）	金额（元）	调整费率（%）	调整后金额（元）	备注
		安全文明施工费						
		夜间施工增加费						
		二次搬运费						
		冬雨季施工增加费						

续表

序号	项目编码	项目名称	计算基础	费率（%）	金额（元）	调整费率（%）	调整后金额（元）	备注
		已完工程及设备保护费						
		……						

注　1.“计算基础”中安全文明施工费可为“定额计价”“定额人工费”或“定额人工费+定额机械费”，其他项目可为“定额人工费”或“定额人工费+定额机械费”。

2. 按施工方案计算的措施费，若无“计算基础”和“费率”的数值，也可只填“金额”数值，但应该在备注栏说明施工方案出处或计算方法。

3. 实行营业税改增值税后，安全文明施工费由措施费移入规费中。

（三）其他项目清单

其他项目清单是指除分部分项工程量清单、措施项目清单所包含的内容以外，因招标人的特殊要求而发生的与拟建工程有关的其他费用项目和相应数量的清单。工程建设标准的高低、工程的复杂程度、工程的工期长短、工程的组成内容、发包人对工程管理要求等都直接影响其他项目清单的具体内容。其他项目清单的内容主要包括暂列金额、暂估价（包括材料暂估价、专业工程暂估价）、计日工和总承包服务费，在具体工程项目中可根据工程实际补充。其他项目清单与计价表的标准格式见表3-5。

表3-5　其他项目清单与计价表

工程名称：　　　　　　　　标段：　　　　　　　　第　页共　页

序号	项目名称	数量	金额/元	备注
1	暂列金额			
2	暂估价			
2.1	材料（工程设备）暂估价			
2.2	专业工程暂估价			
3	计日工			
4	总承包服务费			
5	索赔与现场签证			
合计				

注　材料（工程设备）暂估价计入清单项目综合单价，此处不汇总。

（1）暂列金额。暂列金额是招标人根据工程特点、工期长短，按有关计价规定估算列入工程量清单中，投标人只需把数字填入表3-6中。

表 3-6 **暂列金额明细表**

工程名称： 标段： 第 页 共 页

序号	项目名称	金额（元）	结算金额（元）	备注
1	设计变更	20 000.00		
2	物价上涨	20 000.00		
3	政策性调整	20 000.00		
	……			
合 计				

（2）暂估价。暂估价是指招标人在工程量清单中提供的用于支付必然发生但暂时不能确定价格的材料单价，以及专业工程的金额。暂估价包括材料暂估价和专业工程暂估价。

为方便合同管理，需要纳入分部分项工程量清单项目综合单价中的暂估价应只是材料、工程设备暂估单价，以方便投标人组价。

材料暂估价和专业工程暂估价可以采用共同招标的方式确定材料供应商及专业施工单位，进而确定材料的实际单价和专业工程的价格。

专业工程暂估价一般应是综合暂估价，同样包括人工费、材料费、施工机械使用费、企业管理费和利润，不包括规费和增值税。

暂估价中的材料、工程设备暂估单价应根据工程造价信息或参照市场价格估算，列出明细表（标准格式见表 3-7）；专业工程暂估价应分不同专业，按有关计价规定估算，列出明细表（标准格式见表 3-8）。

表 3-7 **材料（工程设备）暂估单价及调整表**

工程名称： 标段： 第 页 共 页

序号	材料（工程设备）名称、规格、型号	计量单位	数量		暂估（元）		确认（元）		差额（元）		备注
			暂估	确认	单价	合价	单价	合价	单价	合价	
1	聚氨酯外墙保温板	m^3	100.00		280.00	28 000.00					
	……										
小 计											

注 此表由招标人填写“暂估单价”，并在备注栏说明暂估价的材料、工程设备拟用在哪些清单项目上，投标人应将上述材料、设备暂估单价计入工程量清单综合单价报价中。

表 3-8 **专业工程暂估价及结算价表**

工程名称： 标段： 第 页 共 页

序号	工程名称	工程内容	暂估金额（元）	结算金额（元）	差额（元）	备注
1	入户防盗门	制作、安装	200 000.00			
	……					
	合 计					—

注 此表由招标人填写，投标人应将上述专业工程暂估价计入投标总价中。结算按合同约定结算金额填写。

(3) 计日工。计日工是指在施工过程中，完成发包人提出的施工图纸以外的零星项目或工作，按合同中约定的综合单价计价的一种方式（标准格式见表 3-9）。计日工对完成零星工作所消耗的人工工时、材料数量、施工机械台班进行计量，并按照计日工表中填报的适用项目的单价进行计价支付。计日工适用的所谓的零星工作一般是指合同约定之外的或者因变更而产生的、工程量清单中没有相应项目的额外工作，尤其是时间不允许事先商定价格的额外工作。

表 3-9 **计日工表**

工程名称： 标段： 第 页 共 页

编号	项目名称	单位	暂定数量	实际数量	综合单价（元）	合价（元）	
						暂定	实际
一	人工						
1	普工	工日	100.00				
	……						
人工小计							
二	材料						
	……						
材料小计							
三	施工机械						
	……						
施工机械小计							
四、企业管理费和利润							
总 计							

注 此表项目名称、暂定数量由招标人填写，编制招标控制价时，单价由招标人按有关规定确定；投标时，单价由投标人自主报价，按暂定数量计算合价计入投标总价中。结算时，按发承包双方确认的实际数量计算合价。

(4) 总承包服务费。总承包服务费是指总承包人为配合发包人进行的专业工程发包，对发包人自行采购的材料、工程设备等进行保管，以及进行施工现场管理、竣工资料汇总整理等服务所需的费用。招标人应预计该项费用并按投标人的投标报价向投标人支付该项费用。总承包服务费按照表 3-10 的格式列项。

表 3-10 **总承包服务费计价表**

工程名称： 标段： 第 页 共 页

序号	项目名称	项目价值(元)	服务内容	计算基础	费率(%)	金额(元)
1	发包人发包专业工程	200 000.00	总承包管理和协调			
2	发包人提供材料	100 000.00	对发包人供应的材料进行验收、保管和使用发放			
	……					
	合 计	—	—			—

注 此表项目名称、服务内容由招标人填写，编写招标控制价时，费率与金额由招标人按有关计价规定确定；投标时，费率与金额由投标人自主报价，按暂定数量计算计入投标总价中。

（四）规费、税金项目清单

1. 规费

规费是根据国家法律、法规规定，由省级政府或省级有关权力部门规定施工企业必须缴纳的，应计入建筑安装工程造价的费用。

规费项目清单包括社会保险费（包括养老保险费、失业保险费、医疗保险费、工伤保险费、生育保险费）、住房公积金、环境保护税、建设项目工伤保险，出现计价规范未列项目，应根据主管部门的规定列项。

2. 税金

国家税法规定的应计建筑安装工程造价内的增值税。

三、工程量清单编制依据

（1）《计价规范》和相关的工程量清单计算规范。

（2）国家或省级、行业建设主管部门颁发的计价定额和办法。

（3）建设工程设计文件及相关资料。

（4）与建设工程项目有关的标准、规范、技术资料。

（5）拟定的指标文件。

（6）施工现场情况、地质勘察水文资料、工程特点及常规施工方案。

（7）其他相关资料。

四、工程量清单的作用

工程量清单除了为潜在投标人提供必要的信息外，还具有以下主要作用：

1. 为投标人提供公平的竞争环境

工程量清单由招标人统一提供，将要求投标人完成的工程项目及相应工程实体数量全部列出，为投标人提供拟建工程的基本内容、实体数量和质量要求等的基础信息。这样，在建设工程的招投标中，投标人的竞争活动就有了相同的基础，投标人机会均等。

2. 有利于提高工程计价效率，实现快速报价

招标人和投标人用工程量清单计价方式，可避免传统定额计价在工程量计算上的重复工作，所有潜在投标人以招标人提供的工程量清单为统一平台，结合自己的管理水平和施工方案进行报价，促进各投标人企业定额的完善和工程造价信息的积累和整理，体现现代工程项目建设中快速报价的要求。

3. 为支付工程进度款和结算提供依据

在工程的施工阶段，发包人根据承包人是否完成工程量清单规定的内容，以及投标时在工程量清单中所报的单价作为支付工程进度款和进行结算的依据。工程结算时，发包人按照工程量清单计价表中的序号对已实施的分部分项工程计价项目，按合同单价和相关的合同条款计算应支付给承包人的工程款项。

第三节　工程量清单计价方法

一、概述

（一）工程量清单计价的基本概念

工程量清单计价是指在建设工程招标时，由招标人先计算工程量，编制出工程量清单并

根据工程量清单编制招标控制价或投标报价的一种计价行为。就招标单位而言，工程量清单计价可称为招标控制价；就投标单位而言，工程量清单计价可称为工程量清单报价。

（二）工程量清单计价的作用

1. 满足竞争的需要

招标过程本身就是一个竞争的过程，招标人给出的工程量清单，由投标人报价，报高了中不了标，报低了要赔本，这就体现出企业技术、管理水平的重要，形成企业整体实力的竞争。

2. 提供了一个平等的竞争条件

在工程量清单计价模式下，工程量由招标人提供，为投标人提供了一个平等竞争的条件，投标人根据自身实力来报不同的单价，符合商品交换的一般性原则。

3. 有利于工程款的拨付和工程造价的最终确定

投标人中标后，投标清单上的单价是拨付工程款的依据。业主根据投标人完成的工程量，可以很容易地确定进度款的拨付额。工程竣工后，根据实际工程量乘以相应的单价，业主很容易确定工程的最终造价。

4. 有利于实现风险的合理分担

采用工程量清单报价方式后，投标人只对自己所报的成本、单价等负责，而由业主承担工程量计算不准确的风险，这种格局符合风险合理分担与责权利关系对等的一般原则。

5. 有利于业主对投资的控制

在工程量清单计价模式下，设计变更、工程量的增减对工程造价的影响容易确定，业主能根据投资情况来决定是否变更或进行方案比较，以决定最恰当的处理方法。

（三）工程量清单计价的风险

（1）建设工程发承包，必须在招标文件、合同中明确计价中的风险内容及其范围，不得采用无限风险、所有风险或类似语句规定计价中的风险内容及范围。

根据风险共担的原则，在招标文件或合同中对发承包双方各自应承担的计价风险内容及其风险范围或幅度进行界定和明确，根据我国工程项目建设的特点，投标人应完全承担的风险是技术风险和管理风险，如管理费和利润；应有限度承担的风险是市场风险，如材料价格、施工机械使用费；应完全不承担的风险是法律、法规、规章和政策变化的风险。

（2）由于下列因素出现，影响合同价款调整的，应由发包人承担：

1）国家法律、法规、规章和政策发生变化；

2）省级或行业建设主管部门发布的人工费调整，但承包人对人工费或人工单价的报价高于发布的除外；

3）由政府定价或政府指导价管理的原材料等价格进行了调整。

（3）由于市场物价波动影响合同价款的，应由发承包双方合理分摊，当合同中没有约定，发承包双方发生争议时，应按《计价规范》的规定调整合同价款。

（4）由于承包人使用机械设备、施工技术及组织管理水平等自身原因造成施工费用增加的，应由承包人全部承担。

（5）当不可抗力发生影响合同价款时，应按《计价规范》的相关规定执行。

二、工程量清单计价的基本过程

站在不同的造价管理角度，工程量清单计价过程可分为投标报价的编制和招标控制价的编制，见图 3-2。

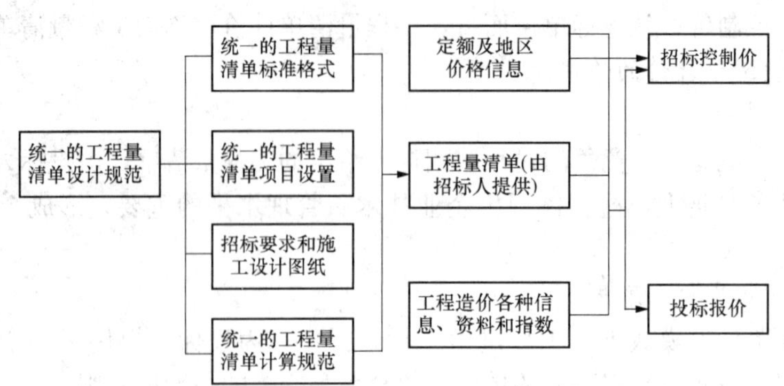

图 3-2 工程量清单计价过程

三、工程量清单计价的基本方法

（一）分部分项工程费

分部分项工程费的计算步骤如下：

1. 计算施工工程量

在工程量清单计价模式下，招标人提供的分部分项工程量是按施工图图示尺寸计算得到的工程净量。在计算直接工程费时，必须考虑施工方案等各种因素的影响。施工方案的不同，施工作业量的计算方法与计算结果也不相同。例如，某多层砖混住宅条形基础土方工程量，业主根据基础施工图，按清单工程量计算规则，以基础垫层底面积乘以挖土深度计算工程量，计算得到土方挖方量为 300m^3，根据分部分项工程量清单及地质资料，可采用两种施工方案进行，方案 1 的工作面各边宽 0.2m、放坡系数为 0.35；方案 2 则是考虑土质松散，采用挡土板支护开挖，工作面宽 0.3m。按预算定额计算工程量分别为：方案 1 的土方挖方总量为 735m^3；方案 2 的土方挖方总量为 480m^3；因此，同一工程，由于施工方案的不同，工程造价各异。投标单位可根据工程条件选择能发挥自身技术优势的施工方案，力求降低工程造价，确立在招标投标中的竞争优势。同时，必须注意工程量清单计算规则是针对清单项目的主项的计算方法及计量单位确定，对主项以外的工程内容的计算方法及计量单位不做规定，由投标人根据施工图及投标人的经验自行确定。最后综合处理形成分部分项工程量清单综合单价。

2. 人工、材料、机械数量测算

企业可以按反映企业水平的企业定额或参照政府消耗量定额确定人工、材料、机械的消耗量。

3. 市场调查和询价

根据工程项目的具体情况，考虑市场资源的供求状况，采用市场价格作为参考，考虑一定的调价系数，确定人工工资单价、材料预算价格和施工机械台班单价。

4. 计算清单项目分项工程的直接工程费单价

按确定的分项工程人工、材料和机械的消耗量及询价获得的人工工资单价、材料预算单价、施工机械台班单价，计算出对应分项工程单位数量的人工费、材料费和施工机械使用费。

5. 计算综合单价

计算综合单价中的管理费和利润时，可以根据每个分项工程的具体情况逐项估算。一般情况下，采用分摊法计算分项工程中的管理费和利润，即先计算出工程的全部管理费和利润，然后再分摊到工程量清单中的每个分项工程上。分摊计算时，投标人可根据经验确定一个适当的分摊系数来计算每个分项工程应分摊的管理费和利润。

6. 计算分部分项工程费

$$分部分项工程费 = \Sigma(分部分项工程量 \times 相应综合单价) \tag{3-1}$$

$$\begin{aligned}综合单价 = & 人工费 + 材料费 + 施工机械使用费 + 企业管理费 + 利润 \\ & + 由投标人承担的风险费用 + 其他项目清单中的材料暂估单价\end{aligned} \tag{3-2}$$

其中：综合单价是指投标人在投标文件中对应于招标文件中提供的分部分项工程量清单，所报出的对应的发包价格或承包价格，是完成每个分项工程每计量单位合格建筑产品所需的全部费用，包括人工费、材料费、施工机械使用费、企业管理费（含城市维护建设税、教育费附加、地方教育费附加）和利润，以及一定范围的风险费用。

这里的“全部费用”还有一层含义，就是包括该分项工程所需要的全部工作内容，即：

（1）完成每个分项工程所含全部工程内容的费用。

（2）完成每项工程内容所需的全部费用。

（3）工程量清单项目中没有体现的，施工中又必然发生的工程内容所需的费用。

（4）因招标人的特殊要求而发生的费用。

（5）考虑风险因素而增加的费用。

（二）措施项目费用的计算

《房屋建筑与装饰工程工程量计算规范》（GB 50854—2013）对措施项目清单的计量给出了以下两种清单计价方法：

1. 可以计算工程量的措施项目

对于可以计算工程量的措施项目，如模板、脚手架，宜采用分部分项工程量的列项方式，采用综合单价计价。

2. 不宜计算工程量的措施项目

对于不宜计算工程量的措施项目，如大型机械进出场费等，以“项”为单位计价，应包括除规费、税金外的全部费用。其费用的多少与使用时间、施工方法相关，与实体工程量关系不大，如安全文明施工费、夜间施工增加费、材料二次搬运费、大型机械进出场及安拆费等。

《计价规范》规定，措施费中的安全文明施工费（包括文明施工费、环境保护费、临时设施费、安全施工费）纳入国家强制性标准管理范围，其费用标准不予竞争。措施项目清单中的安全文明施工费应按国家或省级、行业建设主管部门的规定费用标准计价，招标人不得要求投标人对该项目费用进行优惠，投标人也不得将该费用参与市场竞争。

（三）其他项目费的计算

1. 暂列金额

暂列金额应由招标人根据工程特点、工期长短，按有关计价规定估算列入工程量清单中，投标人只需把数字填入其他项目清单与计价表中。

2. 暂估价

材料暂估价是甲方列出暂估价的材料单价及使用范围，乙方按照此价格来进行组价，并计入相应清单的综合单价中；其他项目合计中不包含，只是列项。专业工程暂估价是按项列支，如塑钢门窗、玻璃幕墙、防水等，价格中包含除规费、税金外的所有费用；此费用计入其他项目合计中；暂估价是国际上通用的规避价格风险的办法。

3. 计日工

招标人对完成零星工作所消耗的人工工时、材料数量、施工机械台班进行暂估，投标人只需报出相应的单价，结算时按照计日工表中填报的单价乘以实际完成数量结算。

4. 总承包服务费

总承包服务费要在招标文件中说明总包的范围，以减少后期不必要的纠纷；总承包服务费的参考计算标准为：招标人仅要求对分包专业工程进行总承包管理和协调时，按分包专业工程估算造价的1.5%计算；招标人要求对分包专业工程进行总承包管理和协调并要求提供配合服务时，根据招标文件中列出的配合服务内容和提出的要求按分包专业工程估算造价的3%～5%计算；招标人自行供应材料的，按招标人供应材料价值的1%计算。投标人可以参照以上标准，在允许范围内竞报。

5. 其他项目费

$$其他项目费 = 暂列金额 + 暂估价 + 计日工 + 总承包服务费 \tag{3-3}$$

（四）规费、税金的计算

规费可用计算基数乘以规费费率计算得到，计算基数可以是定额人工费一般按国家及有关部门规定的计算公式和费率标准进行计算。

建筑安装工程税金是指国家税法规定的应计入建筑安装工程造价内的增值税（城市维护建设税、教育费附加及地方教育附加已移入企业管理费），一般按国家有关部门规定的计算公式和费率标准进行计算。

（五）建筑安装工程造价的计算

$$单位工程报价 = 分部分项工程费 + 措施项目费 + 其他项目费 + 规费 + 税金 \tag{3-4}$$

$$单项工程报价 = \Sigma 单位工程报价 \tag{3-5}$$

$$建设工程项目总报价 = \Sigma 单项工程报价 \tag{3-6}$$

一、单选题

1. 下列关于工程计价的说法中，正确的是(　　)。

A. 工程计价包括计算工程量和套定额两个环节

B. 建筑安装工程费=Σ基本构造单元工程量×相应单价

C. 工程计价包括工程单价的确定和总价的计算

D. 工程计价中的工程单价仅指综合单价

2. 下列工程计价的标准和依据中，适用于工程项目建设前期各阶段对建设投资进行预测和估计的是(　　)。

A. 工程量清单计价规范　　B. 工程定额

C. 工程量清单计算规范　　D. 工程承包合同文件

3. 关于规费的计算，下列说法中正确的是(　　)。

A. 规费虽具有强制性，但根据其组成又可细分为可竞争性的费用和不可竞争性的费用

B. 规费由社会保险费和环境保护税组成

C. 社会保险由养老保险费、失业保险费、医疗保险费、生育保险费、工伤保险费组成

D. 规费由意外伤害保险费、住房公积金、环境保护税组成

4. 招标工程量清单编制时，在总承包服务费计价表中，应由招标人填写的内容是(　　)。

A. 服务内容　　B. 项目价值　　C. 费率　　D. 金额

5. 养老保险费属于(　　)。

A. 人工费　　B. 间接费　　C. 规费　　D. 税金

6. 工程项目的多次计价是一个（　　）的过程。

A. 逐步分解和组合，逐步汇总概算造价

B. 逐步深化和细化，逐步接近实际造价

C. 逐步分析和测算，逐步确定投资估算

D. 逐步确定和控制，逐步积累竣工结算价

7. 下列工程中，属于分部工程的是（　　）。

A. 既有工厂的车间扩建工程

B. 工业车间的设备安装工程

C. 房屋建筑的装饰装修工程

D. 基础工程中的土方开挖工程

8. 工程量清单计价中，施工排水降水属于(　　)。

A. 规费　　B. 企业管理费　　C. 直接工程费　　D. 措施费

9. 建设单位管理费列入(　　)。

A. 工程建设其他费　　B. 现场经费　　C. 企业管理费　　D. 其他直接费

10. 招标工程量清单编制时，在总承包服务费计价表中，应由招标人填写的内容是（　　）。

A. 服务内容　　B. 项目价值　　C. 费率　　D. 金额

二、多选题

1. 下列关于工程定额的说法中，正确的有（　　）。

A. 劳动定额的主要表现形式是产量定额

B. 按定额的用途，可以把工程定额分为劳动定额、机械台班消耗定额、材料消耗定额

C. 概算定额是编制扩大初步设计概算的依据

D. 机械台班消耗定额是以一台机械工作一个工作班为计量单位

E. 企业定额水平一般低于国家现行定额水平

2. 编制工程量清单时，可以依据施工组织设计、施工规范、验收规范确定的要素有（　　）。

A. 项目名称　　B. 项目编码　　C. 项目特征　　D. 计量单位

E. 工程量

3. 综合单价是完成每个分项工程每计量单位合格建筑产品所需的全部费用，包括（　　)和利润及一定范围的风险费用。

A. 人工费 B. 暂列金额
C. 材料费 D. 施工机具使用费
E. 企业管理费

4. 下面费用中，属于总价措施费的有（　　）。

A. 脚手架工程 B. 垂直运输工程
C. 二次搬运工程 D. 冬雨季施工增加费
E. 安全文明施工费

5.（　　）和工程量，被称为工程量清单编制的五个要件，在分部分项工程量清单的组成中缺一不可。

A. 项目编码 B. 项目名称 C. 项目特征 D. 计量单位
E. 暂估价

三、简答题

1. 阐述实行工程量清单计价现实意义。
2. 《建设工程工程量清单计价规范》（GB 50500—2013）具有哪些特点？
3. 分部分项工程量清单的五要件是什么？
4. 工程量清单的项目特征描述有什么重要意义？
5. 总价措施项目包括哪些内容？如何进行总承包服务费的报价？
6. 简述工程量清单的概念和组成。
7. 简述暂列金额、材料暂估价、计日工的概念和特点。
8. 招标工程量清单由哪些表格组成？
9. 规费和税金项目清单分别包括哪些内容？

第四章　投资决策阶段的工程造价管理

第一节　概　　述

项目投资决策是选择和决定投资行动方案的过程，是对拟建工程项目进行必要性和可行性的技术经济论证，是对不同建设方案进行技术经济比较，做出判断和决定的过程。项目决策正确与否，直接关系到工程项目建设的成败，关系到工程造价的高低及投资效果的好坏，决策阶段是工程造价管理的基础阶段，直接影响着决策阶段之后的各个建设阶段工程造价管理是否科学、合理的问题。

一、项目决策阶段影响工程造价的因素

1. 项目合理规模的确定

项目合理规模的确定，就是要合理选择拟建工程项目的生产规模，解决“生产多少”的问题。每一个建设工程项目都存在着一个合理规模的选择问题。生产规模过小，使资源得不到有效配置，单位产品成本较高，经济效益低下；生产规模过大，超过项目产品市场的需求量，则会导致开工不足、产品积压或降价销售，致使项目经济效益也会低下。因此，项目规模的合理选择问题关系着项目的成败，决定着工程造价支出的有效与否。当项目单位产品的报酬为一定时，项目经济效益与项目生产规模成正比。可以根据项目产品的市场需求量及项目经济技术环境，选择能取得最大收益的项目规模。但是，在许多工业生产中，当把所有投入量加倍时，由于通过更有效的方式来组织生产经营，从而使产出量的增加多于一倍。或者说，当需要增加一倍的产出量时，由于采用更有效的生产经营方式，从而并不需要增加一倍的投入量。在确定项目规模时，不仅要考虑项目内部各因素之间的数量匹配、能力协调，还要使所有生产力因素共同形成的经济实体（如项目）在规模上大小适应。这样可以合理确定和有效控制工程造价，提高项目的经济效益。但同时也须注意，规模扩大所产生的效益不是无限的，它受到技术进步、管理水平、项目经济技术环境等多种因素的制约。

2. 建设地区及建设地点（厂址）的确定

（1）建设地区的选择。建设地区的选择，在很大程度上决定着拟建工程项目的命运，影响着工程造价的高低、建设工期的长短、建设质量的好坏，以及项目建成后的经营状况。因此，建设地区的选择要充分考虑各种因素的制约，遵循靠近原料、燃料提供地和产品消费地、工业项目适当聚集的原则。

（2）建设地点（厂址）的选择 。建设地点的选择是一项极为复杂的、技术经济综合性很强的系统工程，涉及项目建设条件、产品生产要素、生态环境和未来产品销售等重要问题，受社会、政治、经济、国防等多因素的制约，还直接影响工程项目的建设投资、建设速度和施工条件，以及未来企业的经营管理及所在地点的城乡建设规划与发展。因此在确定厂址时，应进行方案的技术经济分析比较，选择最佳方案。

3. 技术方案

工程技术方案是指产品生产所采用的工艺流程和生产方法。技术方案的选择直接影响工

程项目的建设投资和运营成本的大小。

4. 设备方案

在施工工艺技术方案确定之后，要根据工厂生产规模和工艺程序的要求，选择设备的型号和数量。设备的选择与施工工艺技术密切相关。所选设备与工程项目建设规模、产品方案和技术方案之间要相互适应，设备之间的生产能力要相互匹配，设备质量可靠性能成熟，且符合政府部门或专门机构发布的技术标准要求，同时力求经济合理。

5. 工程方案

工程方案也称建筑工程方案，是构成工程项目的实体。工程方案是在已选定工程项目的建设规模、技术方案和设备方案的基础上，研究论证主要建筑物、构筑物的建造方案。

6. 节能节水工程

在研究工程方案、原料路线、设备选型的过程中，对能源、水消耗大的项目，提出节约能源、节水措施，并对产品及工艺的能耗指标进行分析，提出对工程项目建设的节能要求。节约能源是指要求通过技术进步、合理利用和科学管理等手段，以最小的能源消耗，取得最大的经济效益。

7. 环境保护措施

建设工程项目一般会引起项目所在地自然环境、社会环境和生态环境的变化，对环境状况、环境质量产生不同程度的影响。因此，在厂址方案或技术方案中，应调查识别拟建工程项目影响环境的因素，研究提出治理和保护环境的措施，比选和优化环境保护方案。建设工程项目应注意保护厂址及周围地区的水土资源、海洋资源、矿产资源、森林资源、文物古迹、风景名胜等自然环境和社会环境，坚持污染物排放总量控制和达标排放要求，在研究环境保护治理措施时，应从环境效益与经济效益相统一的角度进行分析论证，力求环境保护治理方案技术可行和经济合理。环境污染防治措施方案应从技术水平、治理效果、管理及监测方式、污染治理效果这几方面进行比较，提出推荐技术方案和环境保护设施（包括治理和监测设施）。同时要注重资源综合运用，对环境治理过程中产生的“三废”（废水、废气、固体废弃物）应提出回水处理和再利用方案。

二、项目决策阶段工程造价管理的主要内容

1. 做好投资决策阶段的准备工作

决策阶段前期的准备工作是工程造价管理的基础，工程造价管理贯穿于建设工程项目全过程，投资决策是产生工程造价的源头，是决定工程造价的基础阶段。要做好工程项目的投资预测，需要很多资料，如工程所在地的水电路状况、地质情况、主要材料设备的价格资料、大宗材料的采购地，以及现有已建的类似工程资料，对于做好工程项目的可行性研究还要收集更多资料，对资料的准确性、可靠性认真分析，可以保证投资预测、经济分析、方案评选的合理性、准确性。

2. 确定项目的资金来源

项目资金来源有多种渠道，不同的资金来源和资金筹集方法的成本不同，根据项目的实际情况正确、合理地确定资金的筹集方案，降低工程造价。合理处理影响项目投资决策的主要因素，认真做好市场调查，合理确定项目规模；根据可持续发展理念，做好建设标准和建设地点的选择；采用技术经济相结合的方法，做好方案评价和优化。

3. 确保投资估算的编制质量

投资估算是工程项目建设前期编制项目建议书和可行性研究报告的重要组成部分，是进行投资方案选择的重要依据之一，也是经济效果评价的基础。投资估算的准确与否直接影响可行性研究工作的质量和经济评价的结果，因而对建设工程项目的决策及成败起着十分重要的作用。由于造价控制存在前者控制后者的特点，投资估算作为造价管理的最高限额，一旦不准确或误差过大，必将导致决策失误，从而造成无可挽回的巨大经济损失。准确全面地估算建设工程项目的工程造价，是项目可行性研究乃至整个建设工程项目投资决策阶段造价管理的重要任务。

4. 建立财务评价标准体系，做好可行性研究报告

财务评价是根据国家现行财税制度和价格体系，分析、计算项目直接发行的财务效益和费用，编制财务报表，计算评价指标，考察项目的盈余能力、清偿能力等财务状况，据以判别项目的财务可行性。财务评价是项目可行性研究的核心内容，其评价结论是项目取舍的重要依据。

可行性研究是指对拟建工程项目相关的自然、社会、经济、技术等因素进行调研、分析比较，以及预测建成后的社会经济效益。在此基础上，综合论证工程项目建设的必要性、财务的盈利性、经济的合理性、技术的先进性和适应性，以及建设条件的可能性和可行性，从而为投资决策提供科学依据，是确定建设项目前具有决定性意义的工作。

第二节　工程项目投资估算

一、投资估算的概念

工程项目投资估算是指在项目投资决策过程中，依据现有资料和特定方法，对工程项目的投资数额进行的估计。它是工程项目建设前期编制项目建议书和可行性研究报告的重要组成部分，是工程项目建设与否的重要决策依据之一，批准的投资估算也是工程项目建设中的投资最高限额。投资估算的准确性不仅影响可行性研究工作的质量和经济评价结果，而且直接关系到下一阶段设计概算和施工图预算的编制，对工程项目的资金筹措方案也有直接的影响。投资估算的精度直接影响投资决策的正确性，对其后期的工程造价管理工作影响重大。

二、投资估算的作用

（1）项目建议书阶段的投资估算，是项目主管部门审批项目建议书的依据之一，并对项目的规划、规模起参考作用。

（2）项目可行性研究的投资估算，是项目投资决策的重要依据，也是研究、分析、计算项目投资经济效果的重要文件。

（3）项目投资估算对工程设计概算起控制作用，设计概算不得突破批准的投资估算额，并应控制在投资估算额以内。

（4）项目投资估算可作为项目资金筹措及制订建设贷款计划的依据，建设单位可根据批准的项目投资估算额，进行资金筹措和向银行申请贷款。

（5）项目投资估算是核算工程项目固定资产投资需要额和编制固定资产投资计划的重要依据。

三、工程项目投资估算阶段划分与精度要求

投资估算是在投资决策过程中所做的一项重要工作，由于投资决策过程可以进一步划分为项目规划阶段、项目建议书阶段、预可行性研究阶段、可行性研究阶段，所以投资估算的精度不同，进而每个阶段的投资估算所起的作用也不同。

各阶段投资估算的精度要求见表 4-1。

表 4-1　投资估算的精度要求

阶段	精度	编制意义
项目规划阶段	≥±30%	按照项目规划的要求和内容编制，粗略估算建设工程项目所需投资额
项目建议书阶段	≤±30%	可据此判断一个项目是否进入下阶段工作
预可行性研究阶段	≤±20%	用于确定是否进行详细可行性研究
可行性研究阶段	≤±10%	批准后列入项目年度基本建设计划

四、建设工程项目投资估算方法

建设工程项目的投资包括固定资产投资和流动资产投资。固定资产投资估算应考虑动态投资，即除了静态投资的内容以外，还需考虑涨价预备费、建设期贷款利息、外汇汇率变动等影响。静态投资估算方法有单位生产能力估算法、生产能力指数法、系数估算法、比例估算法、指标估算法，这几种估算方法估算精度相对不高，主要适用于投资机会研究和初步可行性研究阶段；详细可行性研究阶段应采用系数估算法和指标估算法。

1. 单位生产能力估算法

单位生产能力估算法是依据已建成的、性质类似的建设工程项目的单位生产能力投资额乘以拟建工程项目的生产能力，估算拟建工程项目所需投资额的方法。其计算公式为

$$C_2=\left(\frac{C_1}{Q_1}\right)Q_2 f \tag{4-1}$$

式中：C_1 为已建类似工程项目的投资额；C_2 为拟建工程项目的投资额；Q_1 为已建类似工程项目或装置的生产能力；Q_2 为拟建工程项目或装置的生产能力；f 为不同时期、不同地点的定额、单价、费用变更等的综合调整系数。

这种方法将工程项目的建设投资与其生产能力的关系视为简单的线性关系，估算简便迅速，但精确度低。使用这种方法要求拟建工程项目与已建工程项目类似，仅存在规模大小和时间上的差异。

【例 4-1】 已知 2013 年建设一座年产量 50 万 t 尿素的化肥厂的建设投资为 28 650 万元，2021 年拟建一座年产量 60 万 t 尿素的化肥厂，工程条件与 2013 年已建工程项目类似，工程价格综合调整系数为 1.25，试估算该项目所需的建设投资额为多少？

解 $C_2=\left(\frac{C_1}{Q_1}\right)Q_2 f=\left(\frac{28\ 650}{50}\right)\times 60\times 1.25=42\ 975$（万元）

2. 生产能力指数法

生产能力指数法是根据已建类似工程项目生产能力和投资额与拟建工程项目的生产能力，来估算拟建工程项目投资额的一种方法。其计算公式为

$$C_2 = C_1 \left(\frac{Q_2}{Q_1}\right)^n f \tag{4-2}$$

式中：n 为生产能力指数，其他符号同前。

式（4-2）表明，造价与规模（或容量）呈非线性关系，并且单位造价随工程规模（或容量）的增大而减小。在正常情况下，$0 \leqslant n \leqslant 1$。若已建类似工程项目的生产规模与拟建工程项目的生产规模相差不大，Q_1 与 Q_2 的比值在 0.5～2 之间，则 n 的取值近似为 1；若已建类似工程项目的生产规模与拟建工程项目的生产规模相差不大于 50 倍，且拟建工程项目生产规模的扩大仅靠增大设备规模来达到，则 n 的取值为 0.6～0.7；若是靠增加相同规格设备的数量达到，则 n 的取值为 0.8～0.9。

生产能力指数法计算简单、速度快，但要求类似工程项目的资料可靠，条件基本相同。其主要应用于拟建工程项目与用来参考的工程项目规模不同的场合。生产能力指数法的估算精度可以控制在±20%以内，尽管估价误差较大，但这种估价方法不需要详细的工程设计资料，只需依据工艺流程及规模就可以做投资估算，故使用较为方便。

【例 4-2】 2016 年建设一座年产量 50 万 t 的某生产装置，投资额为 10 000 万元，2021 年拟建一座 150 万 t 的类似生产装置，已知自 2016～2021 年每年平均造价指数递增 5%，生产能力指数为 0.9。试用生产能力指数法估算拟建生产装置的投资额。

解 $C_2 = C_1 \left(\frac{Q_2}{Q_1}\right)^n f = 1 \times \left(\frac{150}{50}\right)^{0.9} \times (1+5\%)^6 = 3.97$（亿元）

3. 系数估算法

系数估算法也称因子估算法，它是以拟建工程项目的主体工程费或主要设备购置费为基数，以其他工程费与主体工程费的百分比为系数估算项目静态投资的方法。这种方法简单易行，但是精度较低，一般用于项目建议书阶段。常用的系数估算法有设备系数法、主体专业系数法和朗格系数法。

（1）设备系数法。以拟建工程项目的设备购置费为基数，根据已建类似工程项目的建筑安装工程费和其他工程费等与设备价值的百分比，求出拟建工程项目的建筑安装工程费和其他工程费，进而求出项目的静态投资，其总和即为拟建工程项目的建设投资。其计算公式为

$$C = E(1 + f_1 P_1 + f_2 P_2 + f_3 P_3 + \cdots) + I \tag{4-3}$$

式中：C 为拟建工程项目的静态投资额；E 为拟建工程项目根据当时当地价格计算的设备购置费；P_1、P_2、P_3…为已建类似工程项目中建筑工程费、安装工程费及其他工程费等占设备费的比例；f_1、f_2、f_3…为由于时间因素引起的定额、价格、费用标准等变化的综合调整系数；I 为拟建工程项目的其他费用。

【例 4-3】 某拟建工程项目设备购置费为 12 000 万元，根据已建类似工程项目统计资料，建筑工程费占设备购置费的 21%，安装工程费占设备购置费的 12%，该拟建工程项目的其他费用估算为 2800 万元，调整系数 f_1、f_2 均为 1.1，试估算该项工程目的建设投资。

解 $C = E(1 + f_1 P_1 + f_2 P_2 + f_3 P_3) + I = 12\,000 \times (1 + 21\% \times 1.1 + 12\% \times 1.1) + 2800 = 19\,156$（万元）

（2）主体专业系数法。该法是以拟建工程项目中最主要、投资比例较大并与生产规模直接相关的工艺设备的投资（包括运杂费及安装费）为基数，根据已建类似工程项目的有关统计资料，计算出拟建工程项目的各专业工程（总图、土建、暖通、给排水、管道、电气、电

信及自动控制等）占工艺设备投资的百分比，求出各专业工程的投资额，然后汇总各部分的投资额（包括工艺设备投资），估算拟建工程项目所需的建设投资额。其计算公式为

$$C = E(1 + f_1P'_1 + f_2P'_2 + f_3P'_3 + \cdots) + I \quad (4-4)$$

式中：E为拟建工程项目根据当时当地价格计算的工艺设备投资；P'_1、P'_2、P'_3…为已建类似工程项目中各专业工程费用占工艺设备投资的百分比。

（3）朗格系数法。这种方法是工业项目中以设备购置费为基数，乘以适当系数来推算工程项目的建设投资。这种方法在国内不常见，世界银行在进行项目投资估算时常采用该方法。该方法的基本原理是将工程项目建设中总成本费用中的直接成本和间接成本分别计算，再合为项目的静态投资。其计算公式为

$$C = E(1 + \sum K_i)K_c \quad (4-5)$$

式中：C为建设投资；E为设备购置费；K_i为管线、仪表、建筑物等项费用的估算系数；K_c为管理费、合同费、应急费等项费用的总估算系数。其中，建设投资与设备购置费用之比称为朗格系数K_L，即

$$K_L = (1 + \sum K_i)K_c \quad (4-6)$$

朗格系数法比较简单、快捷，但没有考虑设备规格、材质的差异，所以精度不高，一般常用于国际上工业项目的项目建议书阶段或投资机会研究阶段的估算。

【例4-4】 某建设工程项目工艺设备及其安装费用估算为2800万元，厂房土建费用估计为3200万元，参照类似项目资料，其他各专业工程投资系数见表4-2、表4-3，其他有关费用估算为1800万元，试估算该工程项目的建设投资。

表4-2　与设备投资有关的各专业工程投资系数

加热炉	汽化冷却	余热锅炉	自动化仪表	起重设备	供电与传动
0.12	0.01	0.04	0.02	0.09	0.18

表4-3　与主厂房投资有关的辅助及附属设施投资系数

给排水	采暖通风	工业管道	电气照明
0.05	0.02	0.03	0.01

解　该工程项目的建设投资为

2800×（1+0.12+0.01+0.04+0.02+0.09+0.18）+3200×（1+0.3+0.02+0.03+0.01）+1800=9440（万元）

4. 比例估算法

比例估算法是根据统计资料，先求出已有同类企业主要设备投资占工程项目建设投资的比例，然后估算出拟建工程项目的主要设备投资，即可按比例求出拟建工程项目的静态投资。其表达式为

$$I = \frac{1}{K}\sum_{i=1}^{n} Q_iP_i \quad (4-7)$$

5. 指标估算法

指标估算法是把建设工程项目划分为建筑工程、设备安装工程、设备购置费及其他基本

建设费等费用项目或单位工程，再根据各种具体的投资估算指标，进行各项费用项目或单位工程投资的估算，在此基础上，计算每一单项工程的投资额。然后估算工程建设其他费及预备费，汇总求得建设工程项目总投资。

估算指标是一种比概算指标更为扩大的单位工程指标或单项工程指标，表现形式较多，如元/m、元/m^2、元/m^3、元/t、元/（kV·A）等表示。

使用估算指标法应根据不同地区、不同年代进行调整。因为地区、年代不同，设备与材料的价格均有差异，调整方法可以按主要材料消耗量或“工程量”为计算依据；也可以按不同的工程项目的“万元工料消耗定额”而定不同的系数。如果有关部门已颁布了有关定额或材料价差系数（物价指数），也可以据其调整。使用估算指标法进行投资估算决不能生搬硬套，必须对工艺流程、定额、价格及费用标准进行分析，经过实事求是的调整与换算后，才能提高其精度。

（1）单位面积综合指标估算法。该法适用于单项工程的投资估算，投资包括土建、给排水、采暖、通风、空调、电气、动力管道等所需费用。其计算公式为

$$\text{单项工程投资额}=\text{建筑面积}\times\text{单位面积造价}\times\text{价格浮动指数}\pm\text{结构和建筑标准部分的价差} \tag{4-8}$$

（2）单位功能指标估算法。该法在实际工作中使用较多，可按如下公式计算

$$\text{项目投资额}=\text{单元指标}\times\text{民用建筑功能}\times\text{物价浮动指数} \tag{4-9}$$

单元指标是指每个估算单位的投资额，如饭店单位客房间投资指标、医院每个床位投资估算指标等。

指标估算法精度高，一般用于可行性研究阶段详细的投资估算的确定。

五、建设投资估算表的编制

建设投资是工程项目费用的重要组成，是工程项目财务分析的基础数据，可根据工程项目前期研究不同阶段、对投资估算精度的要求及相关规定选用估算方法。建设投资的构成可按概算法和形成资产法进行分类，故可形成两种建设投资估算表，见表4-4、表4-5。

表4-4　建设投资估算表（概算法）

人民币单位：万元，外币单位：万美元

序号	工程或费用名称	建筑工程费	设备购置费	安装工程费	其他费用	合计	其中：外币	比例（%）
1	工程费用							
1.1	主体工程							
1.1.1	×××							
	……							
1.2	辅助工程							
1.2.1	×××							
	……							
1.3	公用工程							
1.3.1	×××							

续表

序号	工程或费用名称	建筑工程费	设备购置费	安装工程费	其他费用	合计	其中：外币	比例（%）
	……							
1.4	服务性工程							
1.4.1	×××							
	……							
1.5	场外工程							
1.5.1	×××							
	……							
1.6	×××							
2	工程建设其他费							
2.1	×××							
	……							
3	预备费							
3.1	基本预备费							
3.2	涨价预备费							
4	建设投资合计							
	比例（%）							

注 1.“比例”分别指主要科目的费用（包括横向和纵向）占建设投资的比例。

2. 本表适用于新设法人项目与既有法人项目的新增建设投资的估算。

3.“工程或费用名称”可依不同行业的要求调整。

表 4-5 建设投资估算表（形成资产法）

人民币单位：万元，外币单位：万美元

序号	工程或费用名称	建筑工程费	设备购置费	安装工程费	其他费用	合计	其中：外币	比例（%）
1	固定资产费用							
1.1	工程费用							
1.1.1	×××							
1.1.2	×××							
1.1.3	×××							
	……							
1.2	固定资产其他费用							
	×××							
	……							
2	无形资产费用							

续表

序号	工程或费用名称	建筑工程费	设备购置费	安装工程费	其他费用	合计	其中：外币	比例（%）
2.1	×××							
	……							
3	其他资产费用							
3.1	×××							
	……							
4	预备费							
4.1	基本预备费							
4.2	涨价预备费							
5	建设投资合计							
	比例（%）							

注　1. “比例”分别指主要科目的费用（包括横向和纵向）占建设投资的比例。

2. 本表适用于新设法人项目与既有法人项目的新增建设投资的估算。

3. “工程或费用名称”可依不同行业的要求调整。

六、建设期利息的估算

建设期利息是债务资金在建设期发生并应计入固定资产原值的利息，包括借款（或债券）利息及手续费、承诺费、发行费、管理费等融资费用。进行建设期利息估算必须先估算出建设投资及其分年投资计划，确定项目资本金数额及其分年投入计划，确定项目债务资金的筹措方式及债务资金成本率。

在估算建设期利息时需要编制建设期利息估算表，见表 4-6。

表 4-6　**建设期利息估算表**　人民币单位：万元

序号	项目	合计	计算期					
			1	2	3	4	…	*n*
1	借款							
1.1	建设期利息							
1.1.1	期初借款余额							
1.1.2	当期借款							
1.1.3	当期应计利息							
1.1.4	期末借款余额							
1.2	其他融资费用							
1.3	小计（1.1+1.2）							
2	债券							
2.1	建设期利息							
2.1.1	期初债务余额							

续表

序号	项目	合计	计算期					
			1	2	3	4	…	n
2.1.2	当期债务金额							
2.1.3	当期应计利息							
2.1.4	期末债务余额							
2.2	其他融资费用							
2.3	小计（1.1+1.2）							
3	合计（1.3+2.3）							
3.1	建设期利息合计（1.1+2.1）							
3.2	其他融资费用合计（1.2+2.2）							

注　1. 本表适用于新设法人项目与既有法人项目的新增建设期利息的估算。

2. 原则上应分别估算外汇和人民币债务。

3. 如有多种借款或债券，必要时应分别列出。

4. 本表与财务分析表“借款还本付息计划表”可二表合一。

七、流动资金的估算

流动资金是指生产经营性项目投产后，为进行正常生产运营，用于购买原材料、燃料动力、备品备件、支付工资及其他生产经营费用所必需的周转资金，通常以现金及各种存款、存货、应收及应付账款的形态出现。

流动资金是项目运营期内长期占用并周转使用的营运资金，不包括运营中需要的临时性营运资金。到项目寿命期结束，全部流动资金才能退出生产与流通，以货币资金的形式被收回。

流动资金的估算基础主要是营业收入和经营成本。因此，流动资金估算应在营业收入和经营成本估算之后进行。流动资金的估算按行业或前期研究的不同阶段，可选用扩大指标估算法或分项详细估算法。

（1）扩大指标估算法。扩大指标估算法是参照同类企业流动资金占营业收入的比例（营业收入资金率）或流动资金占经营成本的比例（经营成本资金率）或单位产量占用营运资金的数额来估算流动资金。

扩大指标估算法简便易行，但精度不高，在项目建议书阶段和初步可行性研究阶段可予以采用，某些流动资金需要量小的项目在可行性研究阶段也可采用扩大指标估算法。其计算公式为

$$\text{流动资金} = \text{年营业收入额} \times \text{营业收入资金率} \tag{4-10}$$

或

$$\text{流动资金} = \text{年经营成本} \times \text{经营成本资金率} \tag{4-11}$$

或

$$\text{流动资金} = \text{年产量} \times \text{单位产量占用流动资金额} \tag{4-12}$$

（2）分项详细估算法。分项详细估算法是对构成流动资金的各项流动资产和流动负债分别进行估算。流动资产的构成要素一般包括存货、现金、应收账款、预付账款；流动负债的

构成要素一般包括应付账款和预收账款，流动资金等于流动资产和流动负债的差额。

分项详细估算法虽然工作量较大，但精度较高，一般项目在可行性研究阶段应采用分项详细估算法。其计算公式为

$$流动资金 = 流动资产 - 流动负债 \tag{4-13}$$

其中

$$资产 = 应收账款 + 预付账款 + 存货 + 现金 \tag{4-14}$$

$$流动负债 = 应付账款 + 预收账款 \tag{4-15}$$

$$流动资金本年增加额 = 本年流动资金 - 上年流动资金 \tag{4-16}$$

流动资金估算的具体步骤是首先确定各分项的最低周转天数，计算出各分项的年周转次数，然后分项估算占用资金额。

1）确定各项流动资产和流动负债最低周转天数。分项详细估算法的精度取决于各项流动资产和流动负债的最低周转天数取值的合理性。在确定最低周转天数时，可参照同类企业的平均周转天数和项目的实际情况，并考虑适当的保险系数。例如，对于存货中的外购原材料、燃料的最低周转天数应根据不同品种和来源，考虑运输方式和运输距离，以及占用流动资金的比例大小等因素分别确定。

2）年周转次数的计算。年周转次数是指流动资金的各个构成项目在一年内完成多少个生产过程。年周转次数可用 1 年天数（通常按 360 天计算）除以流动资金的最低周转天数计算。其计算公式为

$$年周转次数=360天/流动资金最低周转天数 \tag{4-17}$$

3）应收账款估算。应收账款是指企业对外销售商品、提供劳务尚未收回的资金。其计算公式为

$$应收账款=年经营成本/应收账款周转次数 \tag{4-18}$$

4）预付账款估算。预付账款是指企业为购买各类材料、半成品或服务所预先支付的款项。其计算公式为

$$预付账款=外购商品或服务年费用金额/预付账款周转次数 \tag{4-19}$$

5）存货估算。存货是指企业在日常生产经营过程中持有以备出售，或者仍然处在生产过程，或者在生产或提供劳务过程中将消耗的材料或物料等，包括各类材料、商品、在产品、半成品和产成品等。为简化计算，项目评价中仅考虑外购原材料、燃料、其他材料、在产品和产成品，并分项进行计算。其计算公式为

$$存货 = 外购原材料、燃料 + 其他材料 + 在产品 + 产成品 \tag{4-20}$$

$$外购原材料、燃料费用 = 年外购原材料、燃料费用 / 外购原材料、燃料周转次数 \tag{4-21}$$

$$其他材料费用 = 年其他材料费用 / 其他材料周转次数 \tag{4-22}$$

$$在产品费用 = \frac{(年外购原材料、燃料动力费用 + 年工资及福利费 + 年修理费 + 年其他制造用)}{在产品周转次数} \tag{4-23}$$

$$产成品费用 = (年经营成本 - 年其他营业费用) / 产成品周转次数 \tag{4-24}$$

6）现金估算。项目流动资金中的现金是指为维持正常生产运营必须预留的货币资金，包括库存现金和银行存款。其计算公式为

现金 =（年工资及福利费 + 年其他费用）/ 现金周转次数 （4 - 25）

年其他费用 = 制造费用 + 管理费用 + 营业费用 −（制造费用、管理费用、营业费用 3 项费用中所含的工资及福利费、折旧费、摊销费、修理费） （4 - 26）

7）流动负债估算。流动负债是指将在一年或者超过一年的一个营业周期内，需要偿还的各种债务，包括短期借款、应付票据、应付账款、预收账款、应付工资、应付福利费、应付股利、应交税费、其他暂收应付款、预提费用和一年内到期的长期借款等。为简化计算，流动负债估算只考虑应付账款和预收账款两项。其计算公式为

应付账款=年外购原材料、燃料动力费及其他材料费用/应付账款周转次数 （4 - 27）

预收账款=预收的营业收入年金额/预收账款周转次数 （4 - 28）

（3）估算流动资金应注意的问题：

1）投入物和产出物采用不含增值税价格时，估算中应注意将销项税额和进项税额分别包括在相应的年费用金额中。

2）项目投产初期所需流动资金一般应在项目投产前开始筹措。为了简化计算，可从投产第一年开始按生产负荷安排流动资金需用量。借款部分按全年计算利息，流动资金利息应计入生产期间财务费用，项目计算期末收回全部流动资金（不含利息）。

3）用详细估算法计算流动资金，需以经营成本及其中的某些科目为基数，因此，实际上流动资金估算应在经营成本估算之后进行，不能简单地按 100%运营负荷下的流动资金乘以投产期运营负荷估算。

根据流动资金各项估算结果，编制流动资金估算表，见表 4 - 7。

表 4 - 7　　流动资金估算表　　单位：万元

序号	项目	最低周转次数	周转次数	计算期					
				1	2	3	4	…	n
1	流动资产								
1.1	应收账款								
1.2	存货								
1.2.1	原材料								
1.2.2	×××								
	……								
1.2.3	燃料								
	×××								
	……								
1.2.4	在产品								
1.2.5	产成品								
1.3	现金								
1.4	预付账款								
2	流动负债								
2.1	应付账款								

续表

序号	项目	最低周转次数	周转次数	计算期					
				1	2	3	4	…	n
2.2	预收账款								
3	流动资金（1-2）								
4	流动资金当期增加额								

注 1. 本表适用于新设法人项目与既有法人项目的“有项目”“无项目”和增量流动资金的估算。

2. 表中科目可视行业变动。

3. 如发生外币流动资金，应另行估算后予以说明，其数额应包括在本表数额内。

4. 不发生预付账款和预收账款的项目可不列此两项。

八、项目总投资与分年投资计划

按照投资估算内容和估算方法估算各项投资并进行汇总，分别编制项目总投资估算汇总表，见表4-8。

表4-8　　项目总投资估算汇总表

序号	费用名称	投资额（万元）		占项目总投资比例（%）	估算说明
		合计	其中：外汇		
1	建设投资				
1.1	工程费用				
1.1.1	建筑工程费				
1.1.2	设备购置费				
1.1.3	安装工程费				
1.2	工程建设其他费				
1.3	预备费				
1.4	建设期利息				
2	流动资金				
项目总投资（1+2）					

估算出项目建设投资、建设期利息和流动资金后，应根据项目计划进度的安排，编制分年投资计划表，见表4-9。该表的分年建设投资可作为安排融资计划，估算建设期利息的基础。分年投资计划表是编制项目资金筹措计划表的基础。

表4-9　　分年投资计划表

序号	费用名称	人民币（万元）			外币（万美元）		
		第1年	第2年	……	第1年	第2年	……
1	建设投资						
1.1	工程费用						
1.1.1	建筑工程费						

续表

序号	费用名称	人民币（万元）			外币（万美元）		
		第1年	第2年	……	第1年	第2年	……
1.1.2	设备购置费						
1.1.3	安装工程费						
1.2	工程建设其他费						
1.3	预备费						
1.4	建设期利息						
2	流动资金						
项目总投资（1+2）							

实际工作中往往将项目投资估算表、分年投资计划表和资金筹措表合而为一，编制“项目总投资使用计划与资金筹措表”，见表4-10。

表4-10　　项目总投资使用计划与资金筹措表

人民币单位：万元，外币单位：万美元

序号	项目	合计			1			…		
		人民币	外币	小计	人民币	外币	小计	人民币	外币	
1	总投资									
1.1	建设投资									
1.2	建设期利息									
1.3	流动资金									
2	资金筹措									
2.1	项目资本金									
2.1.1	用于建设投资									
	××方									
	……									
2.1.2	用于流动资金									
	××方									
	……									
2.1.3	用于建设期利息									
	××方									
	……									
2.2	债务资金									
2.2.1	用于建设投资									
	××借款									
	××债券									
	……									

续表

序号	项目	合计			1			…		
		人民币	外币	小计	人民币	外币	小计	人民币	外币	
2.2.2	用于建设期利息									
	××借款									
	××债券									
	……									
2.2.3	用于流动资金									
	××借款									
	××债券									
	……									
2.3	其他资金									
	××									
	……									

【例4-5】 拟建某建设工程项目，各项数据如下：

（1）主要生产项目7400万元（其中：建筑工程费2800万元，设备购置费3900万元，安装工程费700万元）。

（2）辅助生产项目4900万元（其中：建筑工程费1900万元，设备购置费2600万元，安装工程费400万元）。

（3）公用工程2200万元（其中：建筑工程费1320万元，设备购置费660万元，安装工程费220万元）。

（4）环境保护工程660万元（其中：建筑工程费330万元，设备购置费220万元，安装工程费110万元）。

（5）总图运输工程330万元（其中：建筑工程费220万元，设备购置费110万元）。

（6）服务性工程建筑工程费160万元。

（7）生活福利工程建筑工程费220万元。

（8）场外工程建筑工程费110万元。

（9）工程建设其他费用400万元。

（10）基本预备费费率为10%。

（11）建设期各年平均价格上涨率为6%。

（12）建设期为2年，每年建设投资相等，建设资金来源为：第1年贷款5000万元，第2年贷款4800万元，其余为自有资金，贷款年利率为6%（每半年计息一次）。

（13）项目正常年份流动资金估算额为900万元。

试编制该建设工程项目的投资估算表，见表4-11。

解　（1）首先根据题目背景资料填写有关内容，并汇总出该建设工程项目工程费用和工程建设其他费之和，如表4-11所示为16 380万元。

（2）计算基本预备费

基本预备费＝（工程费用＋工程建设其他费）×基本预备费费率＝16 380×10%＝1638（万元）

（3）计算涨价预备费

$$涨价预备费=\frac{16\ 380+1638}{2}(1+6\%)^{0.5}-1\Big]+\frac{16\ 380+1638}{2}\big[(1+6\%)^{1.5}-1\big]=$$

1089.18（万元）

则该项目预备费为 1638＋1089.18＝2727.18（万元）。

（4）计算建设期利息

$$年实际贷款利率=\left(1+\frac{6\%}{2}\right)^{2}-1=6.09\%$$

$$第1年贷款利息=\frac{1}{2}\times 5000\times 6.09\%=152.25（万元）$$

$$第2年贷款利息=\left(5000+152+\frac{1}{2}\times 4800\right)\times 6.09\%=460（万元）$$

则建设贷款利息为 152＋460＝612（万元）。

表 4-11　　项目总投资估算汇总表　　单位：万元

序号	工程费用名称	估算价值				
		建筑工程	设备购置	安装工程	其他费用	合计
1	工程费用	7060	7490	1430		15 980
1.1	主要生产项目	2800	3900	700		7400
1.2	辅助生产项目	1900	2600	400		4900
1.3	公用工程	1320	660	220		2200
1.4	环境保护工程	330	220	110		660
1.5	总图运输工程	220	110			330
1.6	服务性工程	160				160
1.7	生活福利工程	220				220
1.8	场外工程	110				110
2	工程建设其他费用				400	400
	1+2 合计	7060	7490	1430	400	16 380
3	预备费					3292
3.1	基本预备费					1638
3.2	涨价预备费					1089.18
4	建设期利息					612
5	流动资金					900
总计		7060	7490	1430	4304	20 619.18

第三节　工程项目经济评价

工程项目经济评价应根据国民经济和社会发展及行业、地区发展规划的要求，在工程项目初步方案的基础上，采用科学的分析方法，对拟建项目的财务可行性和经济合理性进行分析论证，为工程项目的科学决策提供经济方面的依据。

工程项目经济评价是工程项目决策阶段重要的工作内容，对于提高投资决策科学化水平，引导和促进各类资源合理配置，优化投资结构，减少和规避投资风险，充分发挥投资效益，具有十分重要的作用。

一、工程项目经济评价的内容

工程项目经济评价包括财务分析评价和经济分析评价。

(1) 财务分析评价。财务分析评价是在国家现行财税制度和市场价格的前提下，从工程项目的角度出发，计算工程项目范围内的财务效益和费用，测算工程项目的盈利能力和清偿能力，分析工程项目在财务上的可行性。

(2) 经济分析评价。经济分析评价是在合理配置社会资源的前提下，从国家经济整体利益的角度出发，计算工程项目对国民经济的贡献，测算工程项目的经济效率、效果和对社会的影响，分析工程项目在宏观经济上的合理性。

二、财务分析评价和经济分析评价的联系和区别

(1) 财务分析评价和经济分析评价的联系。

1) 财务分析评价是经济分析评价的基础。大多数经济分析评价是在工程项目财务分析评价的基础上进行的，任何一个工程项目财务分析评价的数据资料都是工程项目经济分析评价的基础。

2) 经济分析评价是财务分析评价的前提。对大型工程项目而言，国民经济效益的可行性与否决定了工程项目的最终可行性，它是决定大型工程项目决策的先决条件和主要依据之一。

因此，在进行工程项目投资决策时，既要考虑工程项目的财务分析结果，更要遵循使国家和社会获益的工程项目经济分析的原则。

(2) 财务分析评价和经济分析评价的区别。

1) 两种分析的出发点和目的不同。工程项目财务分析是站在企业或投资人立场上，从其利益角度分析评价工程项目的财务收益和成本，而工程项目经济分析则是站在国家或地区的角度分析评价工程项目对整个国民经济乃至整个社会所产生的效益和成本。

2) 两种分析中的费用和效益的组成不同。在工程项目财务分析中，凡是流入或流出的工程项目货币收支均视为企业或投资人的费用和效益，而在经济分析中，只有当工程项目的投入或产出能够给国民经济带来贡献时才被当作项目的费用或效益进行评价。

3) 两种分析的对象不同。工程项目财务分析的对象是企业或投资人的财务收益和成本，而工程项目经济分析的对象是由工程项目带来的国民收入增值情况。

4) 两种分析中衡量费用和效益的价格尺度不同。工程项目财务分析关注的是工程项目的实际货币效果，它根据预测的市场交易价格去计量工程项目收入和产出的价值，而工程项目经济分析关注的是对国民经济的贡献，采用体现资源合理有效配置的影子价格去计量工程

项目投入和产出物的价值。

5）两种分析的内容和方法不同。工程项目财务分析主要采用企业成本和效益的分析法，工程项目经济分析需要采用费用和效益分析、成本和效益分析及多目标综合分析等方法。

6）两种分析采用的评价标准和参数不同。工程项目财务分析的主要标准和参数是净利润、财务净现值、市场利率等，工程项目经济分析的主要标准和参数是净收益、经济净现值、社会折现率等。

7）两种分析的时效性不同。工程项目财务分析必须随着国家财务制度而做出相应的变化，而工程项目经济分析多数是按照经济原则进行评价。

三、工程项目经济评价内容和方法的选择

工程项目的类型、性质、目标和行业特点等都会影响工程项目评价的方法、内容和参数。

（1）对于一般工程项目，财务分析结果将对其决策、实施和运营产生重大影响，财务分析必不可少。由于这类工程项目产出品的市场价格基本上能够反映其真实价值，当财务分析的结果能够满足决策需要时，可以不进行经济分析。

（2）对于那些关系国家安全、国土开发、市场不能有效配置资源等具有较明显外部效果的工程项目（一般为政府审批或核准项目），需要从国家经济整体利益和角度来考察，并以能反映资源真实价值的影子价格来计算工程项目的经济效益和费用，通过经济评价指标的计算和分析，得出工程项目是否对整个社会有益的结论。

（3）对于特别重大的工程项目，除进行财务分析与经济费用效益分析外，还应专门进行工程项目对区域经济或宏观经济影响的研究和分析。

四、工程项目经济评价的基本原则

（1）“有无对比”原则。“有无对比”是指“有项目”相对于“无项目”的对比分析。“无项目”状态是指不对该项目进行投资时，在计算期内，与工程项目有关的资产、费用与收益的预计发展情况；“有项目”状态是指对该项目进行投资后，在计算期内，资产、费用与收益的预计发展情况；“有无对比”求出工程项目的增量效益，排除了工程项目实施以前各种条件的影响，突出工程项目活动的效果。在“有项目”与“无项目”两种情况下，效益和费用的计算范围、计算期应保持一致，具有可比性。

（2）效益与费用计算口径对应一致的原则。将效益与费用限定在同一个范围内，才有可能进行比较，计算的净效益才是工程项目投入的真实回报。

（3）收益与风险权衡的原则。投资人关系的是效益指标，但是，对于可能给工程项目带来风险的因素考虑的不全面，对风险可能造成的损失估计不足，结果往往有可能使工程项目失败。收益与风险权衡的原则提示投资者，在进行投资决策时，不仅要看到效益，也要关注风险，权衡得失利弊后再进行决策。

（4）定量分析与定性分析相结合，以定量分析为主的原则。经济评价的本质就是要对拟建工程项目在整个计算期的经济活动，通过效益与费用的计算，对工程项目经济效益进行分析和比较。一般来说，工程项目经济评价要求尽量采用定量指标，但对一些不能量化的经济因素，不能直接进行数量分析，为此，需要进行定性分析，并与定量分析结合起来进行评价。

（5）动态分析与静态分析相结合，以动态分析为主的原则。动态分析是指考虑资金的时

间价值对现金流量进行分析，静态分析是指不考虑资金的时间价值对现金流量进行分析。工程项目经济评价的核心是动态分析，静态指标与一般的财务和经济指标内涵基本相同，比较直观，只能作为辅助指标。

第四节　工程项目财务分析评价

财务效益和费用是进行财务分析和评价的基础，进行财务分析前必须找出工程项目体现效益和费用的指标，效益一般包括营业收入、补贴收入等；费用一般包括投资、建设期利息、经营成本、流动资金、税金等。财务效益和费用估算采用的价格体系应一致，应采用以市场价格体系为基础的预测价格；有要求时可以考虑价格变动因素；对适用增值税的项目，运营期内投入和产出的估算表格可采用不含增值税价格，若采用增值税价格应予以说明，并调整相关表格。

一、财务评价的指标

工程项目财务评价指标是衡量工程项目财务经济效果的尺度。通常，根据不同评价深度的要求和可获得资料的多少，以及工程项目本身所处条件的不同，可选用不同的指标，这些指标有主有次，可以从不同侧面反映工程项目的经济效果。

工程项目财务评价指标从不同的角度可以有不同的分类。从是否盈利角度看，评价指标包括财务盈利能力评价指标和工程项目清偿能力评价指标。

（一）财务盈利能力评价指标

财务盈利能力评价主要考察投资项目的盈利水平，主要包括计算财务净现值、财务内部收益率、投资回收期、总投资收益率和工程项目资本金净利润率等指标。

1. 财务净现值（FNPV）

财务净现值是把不同时间上发生的净现金流量，通过某个规定的利率 i，统一折算到计算期期初（第 0 期）的现值，然后求其代数和。财务净现值是考察工程项目在其计算新的盈利能力中的主要动态评价指标。其表达式为

$$\mathrm{FNPV}=\sum_{t=1}^{n}(\mathrm{CI}-\mathrm{CO})_t(1+i_c)^{-t} \tag{4-29}$$

式中：FNPV 为财务净现值；CI 为现金流入；CO 为现金流出；n 为项目计算期；i_c 为基准收益率（也称基准折现率）。

财务净现值是考察工程项目盈利能力的绝对量指标，它反映工程项目在满足按设定折现率要求的盈利之外所能获得的超额盈利的现值。如果 FNPV≥0，则表明工程项目在计算期内可获得不低于基准收益水平的收益额，工程项目是可行的。

2. 财务内部收益率（FIRR）

财务内部收益率是效率型指标，它反映工程项目所占用资金的盈利率，是考察工程项目资金使用效率的重要指标。使工程项目在整个计算期内净现值为零的折现率，就称工程项目的内部收益率，是考察工程项目盈利能力的一个主要动态指标。其表达式为

$$\sum_{t=0}^{n}(\mathrm{CI}-\mathrm{CO})_t(1+\mathrm{FIRR})^{-t}=0 \tag{4-30}$$

一般情况下，若给定基准收益率 i_c，用内部收益率指标评价单方案的判定准则为：若

FIRR≥i_c，则工程项目在经济效果上是可以接受的，工程项目是可行的。

财务内部收益率一般通过计算机软件中配置的财务函数进行计算，若需要手工计算可根据财务现金流量表中净现金流量，采用试算插值法（见图 4-1）进行计算，将求得的财务内部收益率与设定的判别标准 i_c 进行比较，当 FIRR≥i_c 时，即认为工程项目的盈利性能满足要求。

试算插值法表达式为

$$FIRR \approx i_1 + \frac{FNPV_1}{FNPV_1 + |FNPV_2|}(i_2 - i_1) \tag{4-31}$$

式（4-31）计算误差与 $i_2 - i_1$ 的大小有关，一般 $i_2 - i_1$ 最大不要超过 5%。

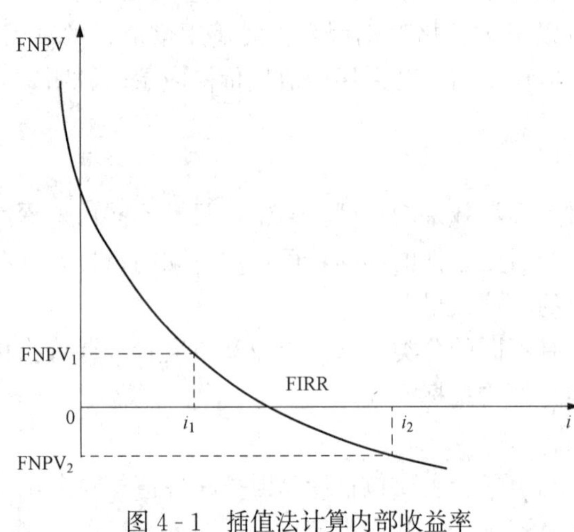

图 4-1 插值法计算内部收益率

3. 投资回收期

投资回收期是重要的时间性指标，是指用工程项目每年的净收益回收其全部投资所需要的时间，通常以年表示。根据是否考虑资金时间价值，投资回收期可分为静态投资回收期和动态投资回收期。

（1）静态投资回收期。静态投资回收期 P_t 是指以工程项目的净收益在不考虑资金的时间价值时抵偿全部投资所需的时间，是考察工程项目财务上投资回收能力的重要指标。其表达式为

$$\sum_{t=0}^{P_t}(CI - CO)_t = 0 \tag{4-32}$$

如果工程项目建成后各年的净收益（也即现金流量）不同，则静态投资回收期可以按照累计净现金流量用插值法求得，即

$$P_t = 累计净现金流量开始出现正值的年份 - 1 + \frac{|上年累计净现金流量|}{当年净现金流量} \tag{4-33}$$

当静态投资回收期小于或等于基准投资回收期时，工程项目可行。

（2）动态投资回收期。动态投资回收期是指考虑资金时间价值，在给定的基准收益率下，用方案各年净收益的现值来回收全部投资的现值所需的时间，这个指标克服了静态投资回收期没有考虑资金时间价值的缺点。其表达式为

$$\sum_{t=0}^{P'_t}(CI - CO)_t(1 + i_c)^{-t} = 0 \tag{4-34}$$

式中：P'_t 为动态投资回收期；CI 为第 t 年的现金流入量；CO 为第 t 年的现金流出量；i_c 为基准收益率。

非等额年收益回收投资，P'_t 可以用插值法求出，其表达式为

$$P'_t = \frac{累计折现值}{开始出现正值年份数} - 1 + \frac{上年累计折现值绝对值}{当年折现值} \tag{4-35}$$

动态投资回收期考虑了资金时间价值，因此，只要动态投资回收期不大于工程项目寿命期，工程项目可行。

4. 总投资收益率

总投资收益率是指工程项目在正常生产年份的净收益与投资总额的比值，即

$$ROI = EBIT/TI \times 100\% \tag{4-36}$$

式中：ROI 为投资收益率；EBIT 为工程项目正常年份的息税前利润或营运期内平均息税前利润；TI 为工程项目总投资。

设基准投资收益率为 R_b，则采用投资收益率法评价投资方案的标准为：若 $R \geqslant R_b$，方案可行；若 $R < R_b$，方案不可行，即总投资收益率高于同行业的收益率参考值，表明用工程项目总投资收益率表示的盈利能力满足要求。

5. 工程项目资本金净利润率（ROE）

资本金净利润率是指工程项目在正常年份的利润总额与工程项目资本金的比率，即

$$\text{工程项目资本金净利润率(ROE)} = \text{年利润总额(NP)}/\text{资本金(EC)} \times 100\% \tag{4-37}$$

工程项目资本金净利润率高于同行业的净利润率参考值，表明用工程项目资本金净利润率表示的盈利能力满足要求。

（二）工程项目清偿能力评价指标

工程项目清偿能力评价，主要是考察工程项目计算期内各年的财务状况及偿债能力。清偿能力评价是财务评价中的一项重要内容。评价指标包括利息备付率、偿债备付率、资产负债率、流动比率、速动比率等。

（1）利息备付率（ICR）。利息备付率是指投资方案在借款偿还期内的息税前利润与当期应付利息的比值。其表达式为

$$ICR = \frac{EBIT}{PI} \tag{4-38}$$

式中：EBIT 为息税前利润；PI 为计入总成本费用的应付利息。

对于正常营业的企业，利息备付率应大于 1，并结合债权人的要求确定。利息备付率高，表明利息偿付的保障程度高，偿债风险小。

（2）偿债备付率（DSCR）。偿债备付率是指在借款偿还期内，各年可用于还本付息的资金与当期应还本付息金额的比值。其表达式为

$$\text{偿债备付率(DSCR)} = \frac{\text{可用于还本付息资金}}{\text{当期应还本付息金额}} \tag{4-39}$$

正常情况下，偿债备付率应大于 1，越高越好；偿债备付率小于 1，表明当年资金来源不足以偿付当期借款本息。

（3）资产负债率（LOAR）。资产负债率负债总额与资产总额的比值是反映工程项目各年所面临的财务风险程度及偿债能力的指标。其表达式为

$$\text{资产负债率(LOAR)} = \frac{\text{负债总额}}{\text{资产总额}} \tag{4-40}$$

资产负债率越低，工程项目偿债能力越强。但是其高低还反映了工程项目利用负债资金的程度，因此该指标水平应适中。

（4）流动比率。反映企业偿还短期债务的能力。其表达式为

$$\text{流动比率} = \text{流动资产总额}/\text{流动负债总额} \tag{4-41}$$

流动比率越高，单位流动负债将有更多的流动资产作保障，短期偿债能力就越强。流动比率一般为 2∶1 较好。

（5）速动比率。反映企业在很短时间内偿还债务的能力。其表达式为

$$速动比率=速动资产总额/流动负债总额 \tag{4-42}$$

其中，速动资产=流动资产－存货，是流动资产中变现最快的部分，速动比率越高，短期偿债能力越强。速动比率一般为1左右较好。

在工程项目评价过程中，可行性研究人员应该综合考察以上盈利能力和偿债能力分析指标，分析工程项目的财务运营能力是否满足预期的要求和规定的标准要求，从而评价工程项目的财务可行性。

二、基础财务报表的编制与评价方法

（一）基础财务报表的编制

工程项目财务评价报表是进行工程项目动态和静态计算、分析和评价的必要报表。财务评价报表主要有现金流量表、利润和利润分配表、资产负债表、财务计划现金流量表等。

1. 现金流量表的编制

现金流量表是反映企业现金流入和流出的报表，是根据计算期内各年的现金流入和现金流出，计算各年净现金流量的财务报表。通过现金流量表可以计算动态和静态的评价指标，全面分析工程项目本身的财务盈利能力。现金流量表的编制基础是会计上的收付实现制（或称现金制）原则。按照计算基础，现金流量表可分为工程项目投资财务现金流量表、工程项目资本金现金流量表和投资各方财务现金流量表。

根据不同决策的需要，财务分析可分为融资前分析和融资后分析。财务分析一般宜先进行融资前分析，即不考虑债务融资条件或者不分投资资金来源，是从工程项目投资总获利能力角度，考虑工程项目方案设计的合理性的财务分析。可见，工程项目投资财务现金流量表是融资前编制的报表；工程项目资本金现金流量表和投资各方财务现金流量表属于融资后财务分析。

（1）工程项目投资财务现金流量表，见表4-12。

表4-12 工程项目投资财务现金流量表 单位：万元

序号	项目	合计	计算期					
			1	2	3	4	…	n
1	现金流入							
1.1	营业收入							
1.2	补贴收入							
1.3	回收固定资产余值							
1.4	回收流动资金							
2	现金流出							
2.1	建设投资							
2.2	流动资金							
2.3	经营成本							

续表

序号	项目	合计	计算期					
			1	2	3	4	…	n
2.4	营业税金及附加							
2.5	维持运营投资							
3	所得税前净现金流量（1—2）							
4	累计所得税前净现金流量							
5	调整所得税							
6	所得税后净现金流量（3—5）							
7	累计所得税后净现金流量							

计算指标：

工程项目投资财务内部收益率（所得税前）（%）

工程项目投资财务内部收益率（所得税后）（%）

工程项目投资财务净现值（所得税前）（i_c=　　%）（万元）

工程项目投资财务净现值（所得税后）（i_c=　　%）（万元）

工程项目投资回收期（所得税前）（年）

工程项目投资回收期（所得税后）（年）

注　计算所得税前指标的融资前分析是从息税前角度进行的分析；计算所得税后指标的融资前分析是从息税后角度进行的分析。

1）现金流入主要是营业收入，还包括补贴收入，在计算期最后一年，还包括回收固定资产余值及回收流动资金。营业收入的各年数据取自营业收入和营业税金及附加估算表。固定资产余值回收额为最后一年的固定资产期末净值，流动资金回收额为工程项目正常生产年份流动资金的占用额。

2）现金流出包括建设投资、流动资金、经营成本、营业税金及附加。应注意的是，工程项目投资财务现金流量表中的“所得税”应根据息税前利润乘以所得税率计算，称为“调整所得税”。当建设期利息占投资比例不是很大时，也可按利润表中息税前利润计算调整所得税。

3）工程项目计算期各年的净现金流量为各年现金流量减去对应年份的现金流出量，各年的累计净现金流量为本年及以前各年净现金流量之和。

4）按所得税前的净现金流量计算的相关指标，即所得税前指标是投资盈利能力的完整体现，用以考察工程项目由方案设计本身所决定的财务盈利能力，它不受融资方案和所得税的政策变化影响，仅仅体现工程项目本身的合理性。

（2）工程项目资本金现金流量表，见表4-13。工程项目资本金现金流量表，应在拟定的融资方案下，从工程项目资本金出资者角度出发，确定其现金流入和现金流出，编制的现金流量表。它是从投资者的角度出发，以投资者的出资额作为计算基础，把借款本金偿还和利息支出作为现金流出，用以计算工程项目资本金内部财务收益率、财务净现值等评价指标，考察工程项目所得税后资本金可能获得的收益水平。工程项目资本金盈利能力指标是投资者最终决定是否投资的重要指标，也是比较和取舍融资方案的重要依据。

表 4-13　　　　工程项目资本金现金流量表　　　　单位：万元

序号	项目	合计	计算期					
			1	2	3	4	…	n
1	现金流入							
1.1	营业收入							
1.2	补贴收入							
1.3	回收固定资产余值							
1.4	回收流动资金							
2	现金流出							
2.1	工程项目资本金							
2.2	借款本金偿还							
2.3	借款利息支付							
2.4	经营成本							
2.5	营业税金及附加							
2.6	所得税							
2.7	维持运营投资							
3	净现金流量（1—2）							

计算指标：
资本金财务内部收益率（%）

1）现金流入各项的数据来源与工程项目投资财务现金流量表相同。

2）现金流出项目包括工程项目资本金、借款本金偿还、借款利息支付、经营成本及营业税金及附加。其中，工程项目资本金取自项目总投资计划与资金筹措表中资金筹措项下的自由资金分项。借款本金偿还由两部分组成：一部分为借款还本付息计划表中本年还本额；另一部分为流动资金借款本金偿还，一般发生在计算期最后一年。借款利息支出数额来自总成本费用估算表中的利息支出项。现金流出中其他各项与工程项目投资财务现金流量表中相同。

3）工程项目计算期各年的净现金流量为各年现金流入量减去对应年份的现金流出量。工程项目资本金现金流量表中各年投入项目的项目资金作为现金流出，各年交付的所得税和还本付息也作为现金流出。因此，其净现金流量就包含了企业在缴税和还本付息之后所剩余的收益（含投资者应分得的利润），即企业的净收益，又是投资者的权益性收益，那么，根据这种净现金流量计算得到的资本金内部收益率指标应该能反映从投资者整体角度考察盈利能力的要求，也就是从企业角度对盈利能力进行判断的要求。因为企业只是一个经营实体，而所有权是属于全部投资者的。

（3）投资各方财务现金流量表，见表4-14。对于某些项目，为了考察投资各方的具体收益，还应从投资各方实际收入和支出的角度，确定企业现金流入和现金流出，分别编制投资各方财务现金流量表，计算投资各方的内部收益率指标。投资各方财务现金流量表主要考察投资各方的投资收益水平，通过计算投资各方的内部财务收益率和财务净现值，分析投资各方投入资本的盈利能力。

表4-14　投资各方财务现金流量表　单位：万元

序号	项目	合计	计算期					
			1	2	3	4	…	n
1	现金流入							
1.1	实分利润							
1.2	资产处置收益分配							
1.3	租赁费收入							
1.4	技术转让或使用收入							
2	现金流出							
2.1	实缴资本							
2.2	租赁资产支出							
2.3	其他现金流出							
3	净现金流量（1—2）							

计算指标：
投资各方财务内部收益率（%）

投资各方账务现金流量表中现金流入是指出资方因该项目的实施将实际获得的各种收入，现金流出是指出资方因该项目的实施将实际投入的各种支出。该表中应注意的问题包括：

1）实分利润是指投资者由工程项目获取的利润。

2）资产处置收益分配是指对有明确的合营期限或合资期限的工程项目，在期满时对资产余值按股比或约定比例的分配。

3）租赁费收入是指出资方将自己的资产租赁给工程项目使用所获得的收入，此时应将资产价值作为现金流出，列为租赁资产支出科目。

4）技术转让或使用收入是指出资方将专利或专有技术转让或允许该项目使用所获得的收入。

2. 利润和利润分配表的编制

除了进行信息流量分析以外，还应根据工程项目的具体情况进行静态分析，即非折现盈利能力分析。静态分析编制的报表是利润和利润分配表。利润和利润分配表是反映工程项目计算期内各年的利润总额、所得税计税后利润分配情况，用以计算投资利润率、投资利税率和资本金净利润率等静态指标。利润和利润分配表包括营业收入、总成本费用、营业税金及附加、利润总额、所得税、税后利润及税后利润分配等项目，见表 4-15。

表 4-15 **利润和利润分配表** 单位：万元

序号	项目	合计	计算期					
			1	2	3	4	…	*n*
1	营业收入							
2	营业税金及附加							
3	总成本费用							
4	补贴收入							
5	利润总额（1－2－3＋4）							
6	弥补以前年度亏损							
7	应纳税所得额（5－6）							
8	所得税							
9	净利润（5－8）							
10	期初未分配利润							
11	可供分配利润（9＋10）							
12	提取法定盈余公积金							
13	可供投资者分配利润（11－12）							
14	应付优先股股利							
15	提取任意盈余公积金							
16	应付普通股股利（13－14－15）							
17	各投资方利润分配							
	其中：××方							
	××方							
18	未分配利润（13－14－15－17）							
19	息税前利润（利润总额＋利息支出）							
20	息税折旧摊销前利润（息税前利润＋折旧＋摊销）							

可供投资者分配的利润根据投资方和股东的意见，在任意盈余公积金、应付利润和未分配利润之间进行分配。应付利润为向投资者分配的利润或向股东支付的股利，未分配利润主要是指用于偿还固定资产投资借款及弥补以前年度亏损的可供分配利润。

3. 资产负债表的编制

资产负债表的科目可以适当简化，反映的是各年年末的财务状况，见表 4-16。

表 4-16 **资产负债表** 单位：万元

序号	项目	合计	计算期					
			1	2	3	4	…	n
1	资产							
1.1	流动资产总额							
1.1.1	货币资金							
1.1.2	应收账款							
1.1.3	预付账款							
1.1.4	存货							
1.1.5	其他							
1.2	在建工程							
1.3	固定资产净值							
1.4	无形及其他资产净值							
2	负债及所有者权益（2.4+2.5）							
2.1	流动负债总额							
2.1.1	短期借款							
2.1.2	应付账款							
2.1.3	预收账款							
2.1.4	其他							
2.2	建设投资借款							
2.3	流动资金借款							
2.4	负债小计（2.1+2.2+2.3）							
2.5	所有者权益							
2.5.1	资本金							
2.5.2	资本公积金							
2.5.3	累计盈余公积金							
2.5.4	累计未分配利润							

计算指标：

资产负债率（%）

4. 财务计划现金流量表的编制

财务计划现金流量表是国际上通用的财务报表，用于反映工程项目计算期内各年的投资活动、融资活动和经营活动所产生的现金流入、现金流出和净现金流量，分析工程项目是否有足够的现金流量维持正常运营，是表示财务状况的重要财务报表，见表 4 - 17。

表 4 - 17　　财务计划现金流量表　　单位：万元

序号	项目	合计	计算期					
			1	2	3	4	…	n
1	经营活动净现金流量（1.1—1.2）							
1.1	现金流入							
1.1.1	营业收入							
1.1.2	增值税销项税额							
1.1.3	补贴收入							
1.1.4	其他流入							
1.2	现金流出							
1.2.1	经营成本							
1.2.2	增值税进项税额							
1.2.3	营业税金及附加							
1.2.4	增值税							
1.2.5	所得税							
1.2.6	其他流出							
2	投资活动净现金流量（2.1—2.2）							
2.1	现金流入							
2.2	现金流出							
2.2.1	建设投资							
2.2.2	维持运营投资							
2.2.3	流动资金							
2.2.4	其他流出							
3	筹集活动净现金流量（3.1—3.2）							
3.1	现金流入							
3.1.1	项目资本金投入							
3.1.2	建设投资借款							
3.1.3	流动资金借款							
3.1.4	债券							
3.1.5	短期借款							
3.1.6	其他流入							
3.2	现金流出							
3.2.1	各种利息支出							

续表

序号	项目	合计	计算期					
			1	2	3	4	…	n
3.2.2	偿还债务本金							
3.2.3	应付利润（股份分配）							
3.2.4	其他流出							
4	净现金流量（1＋2＋3）							
5	累积盈余公积							

（二）工程项目财务分析评价方法

财务评价是在预测估算工程项目财务效益和费用的基础上，编制财务报表，计算财务评价指标，进行工程项目财务盈利能力、偿债能力和财务生存能力分析，判断工程项目财务可行性。它是可行性研究的核心内容，其评价结论是决定工程项目取舍的重要决策依据。财务评价的基本原理是从基本财务报表中取得数据，计算评价指标，然后与目标值进行比较，判定工程项目财务上的可行性。财务评价的基本方法包括确定性评价方法与不确定性评价方法两类。按评价方法的性质又可分为定量分析和定性分析；按其是否考虑时间因素可分为静态分析和动态分析；按评价是否考虑融资可分为融资前分析和融资后分析。工程项目财务评价指标与基本报表的关系见表 4 - 18。

表 4 - 18　　工程项目财务评价指标与基本报表的关系

评价内容	基本报表	静态指标	动态指标
盈利能力分析	全部投资现金流量表	全部投资回收期	财务内部收益率 财务净现值
	自有资金现金流量表		财务内部收益率 财务净现值
	损益表	投资利润率 投资利税率 资本金利润率	
偿债能力分析	资金来源与运用表	借款偿还期	
	资产负债表	资产负债率 流动比率 速动比率	

第五节　工程项目经济分析评价

工程项目的经济分析和评价主要是站在国民经济效益的角度，按照经济原则通过经济费用效益对工程项目进行评价，判断工程项目的可行性，作为决策依据。经济费用效益分析应从资源合理配置的角度，分析工程项目投资的经济效益和对社会福利所做出的贡献，评价工程项目的经济合理性。对于财务现金流量不能全面、真实反映其经济价值，需要进行经济费用效益分析的工程项目，应将经济费用效益分析的结论作为工程项目决策的主要依据之一。

一、经济分析的范围

对于财务价格扭曲、不能真实反映工程项目产出的经济价值，财务成本不能包含工程项目对资源的全部消耗，财务效益不能包含工程项目产出的全部经济效果的项目，需要进行经济费用效益分析。下列类型的工程项目应进行经济费用效益分析：

（1）具有垄断特征的项目。

（2）产出具有公共产品特征的项目。

（3）外部效果显著的项目。

（4）资源开发项目。

（5）涉及国家经济安全的项目。

（6）受过度行政干预的项目。

二、经济效益和费用的识别和计算

工程项目经济效益和费用的识别应符合下列规定：

（1）遵循有无对比原则。

（2）对工程项目所涉及的所有成员及群体的费用和效益进行全面分析。

（3）正确识别正面和负面外部效果，防止误算、漏算或重复计算。

（4）合理确定效益和费用的空间范围和时间跨度。

（5）正确识别和调整转移支付，根据不同情况区别对待。

经济效益的计算应遵循支付意愿（WTP）原则和（或）接受补偿意愿（WTA）原则；经济费用的计算应遵循机会成本原则。经济效益和经济费用可直接识别，也可通过调整财务效益和财务费用得到。经济效益和经济费用应采用影子价格计算，具体包括货物影子价格、影子工资、影子汇率等。

所谓影子价格是指依据一定原则确定的，能反映投入物和产出物真实经济价值、市场供求状况、资源稀缺程度，使资源得到合理配置的价格。影子价格反映社会经济处于某种最优状态下的资源稀缺程度和对最终产品的需求状况，有利于资源的最优配置。影子价格是人为确定的，比交换价格更为合理的价格，计算方法主要有机会成本法、消费者支付意愿法、成本分析法等。

效益表现为费用节约的项目，应根据“有无对比”分析，计算节约的经济费用，计入工程项目相应的经济效益。

对于表现为时间节约的运输项目，其经济价值应采用“有无对比”分析方法，根据不同人群、货物、出行目的等，区别情况计算时间节约价值。

外部效果是指工程项目的产出或投入无意识地给他人带来费用或效益，且工程项目却没有为此付出代价或获得收益。为防止外部效果计算扩大化，一般只计算一次相关结果。

环境及生态影响的外部效果是经济费用效益分析必须加以考虑的一种特殊形式的外部效果，应尽可能对工程项目所带来的环境影响的效益和费用（损失）进行量化和货币化，将其列入经济现金流。环境和生态影响的效益和费用，应根据工程项目的时间范围和空间范围、具体特点、评价的深度要求及资料占有情况，采用适当的评估方法与技术对环境影响的外部效果进行识别、量化和货币化。

三、经济费用效益分析

经济费用效益分析应采用影子价格为基础的预测价格，不考虑价格总水平变动因素。工程项目经济费用效益分析采用社会折现率对未来经济效益和经济费用流量进行折现。

经济费用效益分析可在直接识别估算经济费用和经济效益的基础上，利用表格计算相关指标；也可在财务分析的基础上将财务现金流量转换为经济效益与费用流量，利用表格计算相关指标。如果工程项目的经济费用和效益能够进行货币化，应在费用效益识别和计算的基础上，编制经济费用效益流量表，计算经济费用效益分析指标，分析工程项目投资的经济效率，具体可以采用经济净现值、经济内部收益率、经济效益费用比等指标。

在完成经济费用效益分析之后，应进一步分析对比经济费用效益与财务现金流量之间的差异，并根据需要对财务分析与经济费用效益分析结论之间的差异进行分析，找出受益或受损群体，分析工程项目对不同利益相关者在经济上的影响程度，并提出改进资源配置效率及财务生存能力的政策建议。

四、费用效果分析

对于效益和费用可以货币化的工程项目应采用上述经济费用效益分析方法，对于效益难以货币化的工程项目，应采用费用效果分析方法；对于效益和费用均难以量化的工程项目，应进行定性经济费用效益分析。

费用效果分析是通过比较工程项目预期的效果与支付的费用，判断工程项目的费用有效性或经济合理性，效果难以或不能货币化，或货币化的效果不是工程项目目标的主体时，在经济评价中应采用费用效果分析法，其结论作为工程项目投资决策的依据之一。

五、区域经济与宏观经济影响分析

区域经济影响分析是指从区域经济的角度出发，分析工程项目对所在区域乃至更大范围的经济发展影响；宏观经济影响分析是指从国民经济整体的角度出发，分析工程项目对国家宏观经济各方面的影响，直接影响范围局限于局部区域的工程项目应进行区域经济影响分析，直接影响国家经济全局的工程项目应进行宏观经济影响分析。具备下列部分或全部特征的特大型建设工程项目应进行区域经济或宏观经济影响分析：①工程项目投资巨大、工期超长（跨五年计划或十年计划）；②工程项目实施前后对所在区域或国家的经济结构、社会结构，以及群体利益格局等有较大改变；③工程项目导致技术进步和技术改变，引发关联产业或新产业群体的发展变化；④工程项目对生态与环境影响大，范围广；⑤工程项目对国家经济安全影响较大；⑥工程项目对区域或国家长期财政收支影响较大；⑦工程项目的投入或产出对进出口影响较大；⑧其他对区域经济或宏观经济有重大影响的工程项目。

(1) 区域经济与宏观经济影响分析的内容。区域经济与宏观经济影响分析应立足于工程项目的实施能够促进和保障经济有序高效运行和可持续性发展，分析的重点应是工程项目与区域发展战略和国际长远规划的关系。分析内容应包括直接贡献和间接贡献和不利影响等方面。

1) 直接贡献。工程项目对区域经济和宏观经济的直接贡献通常表现在：促进经济增长，优化经济结构，提高居民收入，增加就业，减少贫困，扩大进出口，改善生态环境，增加地方或国家财政收入，保障国家经济安全等方面。

2) 间接贡献。工程项目对区域经济和宏观经济的间接贡献通常表现在：促进人口合理分布和流动，促进城市化，带动相关产业克服经济瓶颈，促进经济社会均衡发展，提高居民生活质量，合理开发、有效利用资源，促进技术进步，提高产业国际竞争力等方面。

3）不利影响。工程项目可能产生的不利影响包括：非有效占用土地资源、污染环境、损害生态平衡、危害历史文化遗产；出现供求关系与生产格局失衡，引发通货膨胀；冲击地方传统经济；产生新的相对贫困阶层及隐性失业；对国家经济安全可能带来不利影响等。

（2）区域经济与宏观经济影响分析的指标。区域经济与宏观经济影响分析应遵循系统性、综合性、定性分析与定量分析相结合的原则。分析的指标宜由经济总量指标、经济结构指标、社会与环境指标等构成。

1）经济总量指标。反映工程项目对国民经济总量的贡献，包括增加值、净产值、纯收入、财政收入等经济指标，总量指标可使用当年值、净现值总额和折现年值。

2）经济结构指标。反映工程项目对经济结构的影响，主要包括三次产业结构、就业结构、影响力系数等指标。

3）社会与环境指标。主要包括就业效果指标、收益分配效果指标、资源合理利用指标和环境影响效果指标等。为了分析工程项目对贫困地区经济的贡献，可设置贫困地区收益分配比例指标。

第六节 案 例 分 析

【例 4-6】 某企业拟使用自有资金建设一个市场急需产品的工程项目，建设期为 1 年，运行期为 6 年，该项目投产第 1 年收到当地政府扶持该产品的启动经费 100 万元，其他基本数据如下：

（1）建设投资为 1000 万元，预计全部形成固定资产，固定资产使用年限为 10 年，按直线法折旧，期末残值为 100 万元，固定资产余值在项目运营期末收回。投产当年又投入资本金 200 万元作为运营期的流动资金。

（2）正常年份营业收入为 800 万元，经营成本为 300 万元，产品营业税及附加税率为 6%，所得税率为 25%，行业基准收益率为 10%，基准投资回收期为 6 年。

（3）投产第 1 年仅达到生产能力的 80%，预计第一年的营业收入、经营成本和总成本均为正常年份的 80%。以后各年均达到设计生产能力。

（4）运营 3 年后，需要投入 20 万元更新自动控制设备备件。

试：（1）编制拟建工程项目投资现金流量表。

（2）计算拟建工程项目静态投资回收期。

（3）计算工程项目财务净现金流量。

（4）从财务角度分析工程项目的可行性。

解 （1）编制拟建工程项目投资现金流量表，见表 4-19。

固定资产折旧费＝（1000－100）÷10＝90（万元）

固定资产余值＝90×4＋100＝460（万元）

第 2 年所得税＝（640－38.4－240－90＋100）×25%＝92.90（万元）

第 3、4、6、7 年所得税＝（800－48－300－90）×25%＝90.50（万元）

第 5 年所得税＝（800－48－300－90－20）×25%＝85.50（万元）

表 4-19　　**项目投资现金流量表**　　单位：万元

序号	项目	计算期						
		1	2	3	4	5	6	7
1	现金流入	0.00	740.00	800.00	800.00	800.00	800.00	1460.00
1.1	营业收入		640.00	800.00	800.00	800.00	800.00	800.00
1.2	补贴收入		100.00					
1.3	回收固定资产余值							460.00
1.4	回收流动资金							200
2	现金流出	1000.0	571.30	438.50	438.50	453.50	438.50	438.50
2.1	建设投资	1000.0						
2.2	流动资金		200.00					
2.3	经营成本		240.00	300.00	300.00	300.00	300.00	300.00
2.4	营业税金及附加		38.40	48.00	48.00	48.00	48.00	48.00
2.5	维持运营投资					20.00		
3	调整所得税		92.90	90.50	90.50	90.50	90.50	90.50
4	净现金流量	－1000	168.70	361.50	361.50	346.50	361.50	1021.50
5	累计净现金流量	－1000	－831.30	－469.80	－108.30	238.20	599.70	1621.20

（2）计算拟建工程项目静态投资回收期

静态投资回收期＝（5－1）＋108.30/346.5＝4.31（年）

拟建工程项目静态投资回收期为 4.31 年。

（3）计算工程项目财务净现金流量，见表 4-20。

表 4-20　　**工程项目财务净现金流量计算表**　　单位：万元

序号	项目	1	2	3	4	5	6	7
1	净现金流量	－1000	168.70	361.50	361.50	346.50	361.50	1021.50
2	折现系数（i＝10%）	0.9091	0.8264	0.7531	0.6830	0.6209	0.5645	0.5132
3	折现后净现金流量	－909.10	139.41	271.59	246.90	215.14	204.07	524.23
4	累计净现金流量	－909.10	－769.69	－498.10	－251.20	－36.06	168.01	692.24

工程项目财务净现金流量是按照基准折现率折算到工程项目建设期初的现值之和，工程项目的财务净现金流量是 692.24 万元。

（4）分析工程项目的可行性。从财务角度分析拟建工程项目的可行性，该项目的静态投资回收期是 4.31 年，小于行业基准投资回收期 6 年；财务净现值是 692.24 万元，大于零；所以，从财务角度分析该项目可行。

【例 4-7】 某公司计划兴建某工程项目，有关资料如下：

1. 建设投资估算资料

（1）工程项目拟全套引进国外设备，设备总质量为 100t，离岸价 FOB 为 200 万美元

（假设美元对人民币汇率按 1∶6.6 计算）。海外运费费率为 6%，海外运输保险费费率为 0.266%，关税税率为 22%，增值税税率为 17%，银行财务费费率为 0.4%，外贸手续费费率为 1.5%；到货口岸至安装现场 500km，运输费为 0.6 元/tkm，装、卸费均为 50 元/t。现场保管费费率为 0.2%。

（2）除设备购置费以外的其他费用项目分别按设备投资的一定比例计算，见表 4-21，由于时间因素引起的定额、价格、费用标准等变化的综合调整系数为 1。

表 4-21 其他费用项目占设备投资比例

土建工程	36%	设备安装	12%	工艺管道	5%
给排水	10%	暖通	11%	电气照明	1%
自动化仪表	11%	附属工程	24%	总体工程	12%
其他投资	20%				

（3）其他投资估算资料：基本预备费按 5%计取；工程项目建设期 2 年，投资按等比例投入，预计年平均涨价率为 6%。

（4）工程项目自有资金投资 5000 万元，其余为银行借款，年利率为 10%，均按 2 年等比例投入。

2. 流动资金估算资料

工程项目达到设计生产能力之后，全场定员 1100 人，工资福利费按每人每年 7.2 万元计算；每年的其他费为 860 万元（其中：其他制造费用为 660 万元），年外购原材料、燃料动力费为 19 200 万元，年经营成本为 21 000 万元，年销售收入 33 000 万元，年修理费占年经营成本的 10%，年预付账款为 800 万元；年预收账款为 12 000 万元。各项流动资金最低周转天数：应收账款 30 天，现金 40 天，应付账款 30 天，存货 40 天，预付账款 30 天，预收账款 30 天。试：（1）估算设备购置费；

（2）估算建设投资；

（3）估算建设期利息及流动资金，并确定该项目建设总投资。

解 （1）设备购置费

货价＝200×6.6＝1320（万元）

国外运费＝1320×6%＝79.2（万元）

国外运输保险费＝（1320＋79.2）×0.266%/（1－0.266%）＝3.73（万元）

关税＝（1320＋79.2＋3.73）×22%＝308.64（万元）

增值税＝（1320＋79.2＋3.73＋308.64）×17%＝290.97（万元）

银行财务费＝1320×0.4%＝5.28（万元）

外贸手续费＝（1320＋79.2＋3.73）×1.5%＝21.04（万元）

进口设备抵岸价＝1320＋79.2＋3.73＋308.64＋290.97＋5.28＋21.04＝2028.89（万元）

国内运输费、装卸费＝100×（500×0.6＋50）/10 000＝3.5（万元）

现场保管费＝（2028.89＋3.5）×0.2%＝4.06（万元）

进口设备购置费＝2028.89＋3.5＋4.06＝2036.45（万元）

（2）建设投资估算

工程费用、工程建设其他费之和＝2036.45×（1＋36％＋12％＋5％＋10％＋11％＋1％＋11％＋24％＋12％＋20％）＝4928.21（万元）

基本预备费＝4928.21×5％＝246.41（万元）

涨价预备费＝（4928.21＋246.41）×50％×［$(1+6\%)^{0.5}$－1］＋（4928.21＋246.41）×50％×［$(1+6\%)^{1.5}$－1］＝312.81（万元）

建设投资＝4928.21＋246.41＋312.81＝5487.43（万元）

（3）建设期利息

第1年贷款利息＝（5487.43－5000）×50％×10％/2＝12.19（万元）

第2年贷款利息＝（487.43/2＋12.19＋487.43/4）×10％＝37.78（万元）

建设期利息＝12.19＋37.78＝49.97（万元）

（4）流动资金：

1）流动资产＝应收账款＋现金＋存货＋预付账款

应收账款＝21 000/（360÷30）＝1750（万元）

现金＝（11 000×7.2＋860）/（360÷40）＝975.56（万元）

存货：外购原材料、燃料、动力费＝19 200/（360÷40）＝2133.33（万元）

在产品＝（11 000×7.2＋660＋19 200＋21 000×10％）/（360÷40）＝3320（万元）

产成品＝21 000/（360÷40）＝2333.33（万元）

存货＝2133.33＋3320＋2333.33＝7786.66（万元）

预付账款＝800/（360÷30）＝66.67（万元）

流动资产＝1750＋975.56＋7786.66＋66.67＝10 578.89（万元）

2）流动负债＝应付账款＋预收账款

应付账款＝19 200/（360÷30）＝1600（万元）

预收账款＝1200/（360÷30）＝100（万元）

流动负债＝1600＋100＝1700（万元）

流动资金＝10 578.89－1700＝8878.89（万元）

（5）建设工程项目总投资

建设工程项目总投资＝5487.43＋49.97＋8878.89＝14 416.29（万元）

练习题

一、单选题

1. 投资决策阶段，建设工程项目投资方案选择的重要依据之一是（　　）。

A. 工程预算　　B. 投资估算C. 设计概算D. 工程投标报价

2. 下面各项中，可以反映企业偿债能力的指标是（　　）。

A. 投资利润率　　B. 速动比率C. 净现值率D. 内部收益率

3. 下列费用中，属于建设工程静态投资的是（　　）。

A. 涨价预备费　　B. 建设贷款利息C. 基本预备费D. 资金占用成本

4. 已知某工程设备、工器具购置费为2500万元，建筑安装工程费为1500万元，工程建设其他费用为800万元，基本预备费为500万元，建设期贷款利息为600万元，若该工程建设前期为2年，建设期为3年，其静态投资的各年计划额为：第1年30％，第2年50％，第 3 年 20%，假设在建设期年均价格上涨率为 5%，则该建设工程项目涨价预备费为（ ）万元。

A. 518.21　　B. 835.41　　C. 1114.57　　D. 959.98

5. 流动资产估算时，一般采用分项详细估算法，其正确的计算式是：流动资金=（ ）。

A. 应收账款+存货+现金-应付账款　　B. 流动资产-流动负债

C. 应收账款+存货-现金　　D. 应付账款+存货+现金-应收账款

6. 确定工程项目生产规模的前提是工程项目的（ ）。

A. 盈利能力　　B. 资金情况

C. 产品市场需求状况　　D. 原材料、原料供应情况

7. 建设工程项目总造价是指工程项目总投资中的（ ）。

A. 固定资产与流动资产投资之和　　B. 建筑安装工程投资

C. 建筑安装工程费和设备费之和　　D. 固定资产投资总额

8. 下列流动资金分项详细估算的计算公式中，正确的是（ ）。

A. 应收账款=年营业收/应收账款周转次数

B. 预收账款=年经营成本/预收账款周转次数

C. 产成品=（年经营成本—年其他营业费用）/产成品周转次数

D. 预付账款=存贷/预付账款周转次数

9. 采用设备原价乘以安装费率估算安装工程费的方法属于（ ）。

A. 比例估算法　　B 系数估算法　　C. 设备系数法　　D. 指标估算法

10. 关于工程项目决策与造价的关系，下列说法中错误的是（ ）。

A. 工程项目决策的正确是工程造价合理性的前提

B. 工程项目决策的内容是决定工程造价的基础

C. 造价的高低并不直接影响工程项目的决策

D. 工程项目决策的深度影响投资估算精确度，也影响工程造价的控制效果

二、多选题

1. 投资方案经济效果评价指标中，既考虑了资金的时间价值，又考虑了工程项目在整个计算期内经济状况的指标有（ ）。

A. 净现值　　B. 投资回收期　　C. 净年值　　D. 投资收益率

E. 内部收益率

2. 关于投资估算指标，下列说法中正确的有（ ）。

A. 应以单项工程为编制对象

B. 是反映建设总投资的经济指标

C. 概略程度与可行性研究工作深度相适应

D. 编制基础是预算定额

E. 可根据历史预算资料和价格变动资料等编制

3. 工程项目经济评价包括（ ）。

A. 投资决策评价　　B. 财务分析评价

C. 经济分析评价　　D. 环境评价

E. 投资效果评价

4. 工程项目决策阶段影响工程造价的因素有（　　）。

A. 工程项目的合理规模　　B. 技术方案

C. 设备方案　　D. 环境保护措施

E. 产业政策

5. 可行性研究报告应包括的内容有（　　）。

A. 市场需求预测　　B. 投资估算与融资方案

C. 主要原材料供应方案　　D. 经济评价

E. 工程项目实施进度安排

三、简答题

1. 工程项目经济评价的内容和应遵循的基本原则有哪些？何谓影子价格？

2. 工程项目财务评价包括哪些内容？对应的财务评价指标有哪些？

3. 工程项目融资前财务分析的基本报表有哪些？

3. 简述投资估算的作用。

4. 投资估算有哪些方法？每种方法的特点是什么？

5. 对投资估算进行审查，主要审查什么？

四、计算题

拟建年产 10 万 t 炼钢厂，根据可行性研究报告提供的主厂房工艺设备清单和询价资料估算出该项目主厂房设备投资约 4233 万元。主厂房的建筑工程费占设备投资的 18%，安装费占设备费的 12%，该厂房投资有关的辅助工程及附属设备投资系数见表 4-22。

表 4-22　与主厂房投资有关的辅助及附属设施投资系数

辅助生产项目	公用工程	服务性工程	环境保护工程	总图运输工程	工程建设其他费
9%	12%	0.7%	2.8%	1.5%	32%

该项目资金来源为自有资金和贷款，贷款总额 6000 万元，贷款利率 6%（按年计息）。建设期 3 年，第 1 年投入 30%，第 2 年投入 50%，第 3 年投入 20%。预计建设期物价平均上涨率 3%。基本预备费率 5%。

试：（1）用系数估算法估算该项目主厂房投资和项目建设的工程费用与工程建设其他费投资。

（2）估算该项目的建设投资。

（3）若建设投资资金率为 6%，用扩大指标法估算项目的流动资金，确定项目的总投资额。

第五章　设计阶段的工程造价管理

第一节　概　　述

一、工程设计的概念、阶段划分及设计程序

（一）工程设计的概念

工程设计是建设程序的一个环节，是指在可行性研究批准之后，工程开始施工之前，根据已批准的设计任务书，为具体实现拟建工程项目的技术、经济要求，拟定建筑、安装及设备制造等所需的规划、图样、数据等技术文件的工作。

工程设计是建设工程项目由计划变为现实的具有决定意义的工作阶段。设计文件是建筑安装施工的依据。拟建工程项目在建设过程中能否保证进度、质量和节约投资，在很大程度上取决于设计质量的优劣。工程建成后，能否获得满意的经济效果，除了项目决策之外，设计工作起着决定性的作用。设计工作的重要原则之一是保证设计的整体性，为此，设计工作必须按一定的程序分阶段进行。

（二）设计阶段划分

根据建设程序的进展，为保证工程项目建设和设计工作有机地配合和衔接，按照由粗到细将工程设计划分阶段进行。一般工业与民用建筑建设工程项目设计分为两个阶段，即初步设计和施工图设计；对于技术上复杂而又缺乏设计经验的工程项目，分三个阶段进行设计，即初步设计、技术设计和施工图设计。各设计阶段都需要编制相应的工程造价文件，三个阶段的造价文件分别是设计概算、修正概算和施工图预算。

（三）设计程序

设计程序是指设计工作的先后顺序，包括设计准备阶段、初步方案阶段、初步设计阶段、技术设计阶段、施工图设计阶段、设计交底和配合施工阶段，如图 5-1 所示。

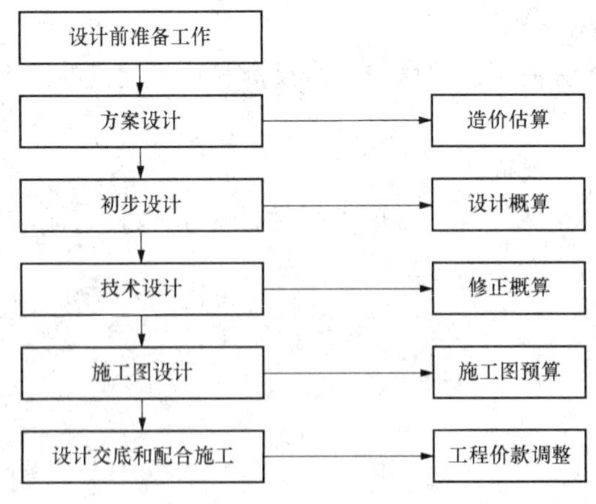

图 5-1　工程设计的全过程

二、设计阶段影响造价的因素

（一）影响工业建筑建设工程项目工程造价的主要因素

1. 总平面设计

总平面设计是指总图运输设计和总平面布置，主要内容包括厂址方案、占地面积和土地利用情况，总图运输、主要建筑物和构筑物及公用设施的布置，外部运输、水、电、气及其他外部协作条件等。

总平面设计是否合理对于整个设计方案的经济合理性有重大影响。正确合理的总平面设计可以大大减少建筑工程量，节约建设用地，节省建设投资，加快建设进度，降低工程造价和工程项目运行后的使用成本，并可以为企业创造良好的生产组织、经营条件和生产环境，还可为城市建设或工业区创造完美的建筑艺术整体。

总平面设计中影响工程造价的主要因素包括：

（1）现场条件。现场条件是制约设计方案的重要因素之一，对工程造价的影响主要体现在：地质、水文、气象条件等影响基础形式的选择、基础埋深；地形地貌影响平面及室外标高的确定；场地大小、邻近建筑物地上附着物等影响平面布置、建筑层数、基础形式及埋深。

（2）占地面积。占地面积的大小一方面影响征地费用的高低，另一方面也会影响管线布置成本及工程项目建成运营的运输成本。因此在满足建设工程项目基本使用功能的基础上，应尽可能节约用地。

（3）功能分区。工业建筑有许多功能，这些功能之间相互联系，相互制约。合理的功能分区既可以使建筑物的各项功能充分发挥，又可以使总平面布置紧凑、安全，避免大挖大填，减少土石方量和节约用地，降低工程造价。对于工业建筑，合理的功能分区还可以使生产工艺流程顺畅，从全生命周期造价管理考虑还可以使运输简便，降低工程项目建成后的运营成本。

（4）运输方式。不同的运输方式其运输效率和成本也不同。例如，有轨运输运量大，运输安全，但需要一次性投入大量资金；无轨运输无须一次性大规模投资，但是运量小，安全性较差。从降低工程造价的角度来看，应尽可能选择无轨运输，可以减少占地，节约投资。但如果运输量较大，则有轨运输往往比无轨运输成本低。

2. 工艺设计

工艺设计阶段影响工程造价的主要因素包括建设规模、标准和产品方案，工艺流程和主要设备的选择，主要原材料、燃料供应情况，生产组织及生产过程中的劳动定员情况，“三废”治理及环境保护措施等。

按照建设程序，建设工程项目的工艺流程在可行性研究阶段已经确定。设计阶段的任务就是严格按照批准的可行性研究报告的内容进行工艺技术方案的设计，确定具体的工艺流程和生产技术。在具体工程项目工艺设计方案的选择时，应以提高投资的经济效益为前提，深入分析、比较，综合考虑各方面的因素。

3. 建筑设计

进行建筑设计时，设计单位及设计人员应首先考虑业主所要求的建筑标准，根据建筑物、构筑物的使用性质、功能及业主的经济实力等因素确定；其次应在考虑施工条件和施工过程合理组织的基础上，决定工程的立体平面设计和结构方案的工艺要求。

建筑设计阶段影响工程造价的主要因素包括：

（1）平面形状。一般来说，建筑物平面形状越简单，单位面积造价就越低。当一座建筑物的形状不规则时，将导致室外工程、排水工程、砌砖工程及屋面工程等复杂化，增加工程费用。即使在同样的建筑面积下，建筑平面形状不同，建筑周长系数 K_z（建筑物周长与建筑面积之比，即单位建筑面积所占外墙的长度）便不同。通常情况下建筑周长系数越低，设计越经济。圆形、正方形、矩形、T 形、L 形建筑的 K_z 依次增大。但是圆形建筑施工复杂，施工费用一般比矩形建筑增加 20%～30%，所有墙体工程量节约的费用并不能使建筑工程造价降低。虽然正方形建筑既有利于施工，又能降低工程造价，但是若不能满足建筑物美观和使用要求，则毫无意义。因此，建筑物平面形状的设计应在满足建筑物使用功能的前提下，降低建筑周长系数，充分注意建筑平面形状的简洁、布局的合理，从而降低工程造价。

（2）流通空间。在满足建筑物使用要求的前提下，应将流通空间减少到最小，这是建筑物经济平面布置的主要目标之一。因为门厅、走廊、过道、楼梯及电梯井的流通空间并非为了获利目的设置，但采光、采暖、装饰、清扫等方面的费用却很高。

（3）空间组合。空间组合包括建筑物的层高、层数、室内外高差等因素。

1）层高。在建筑面积不变的情况下，建筑层高的增加会引起各项费用的增高，如墙与隔墙及有关粉刷、装饰费用提高；楼梯造价和电梯设备费用的增加；供暖空间体积的增加；卫生设备、上下水管道长度增加等。另外，由于施工垂直运输量增加，可能增加屋面造价；由于层高增加而导致建筑物总高度增加很多时，还可能增加基础造价。

据分析，单层厂房层高每增加 1m，单位面积造价增加 1.8%～3.6%，年度采暖费约增加 3%；多层厂房的层高每增加 0.6m，单位面积造价提高 8.3%左右。由此可见，随着层高的增加，单位建筑面积造价也在不断增加，见图 5-2。

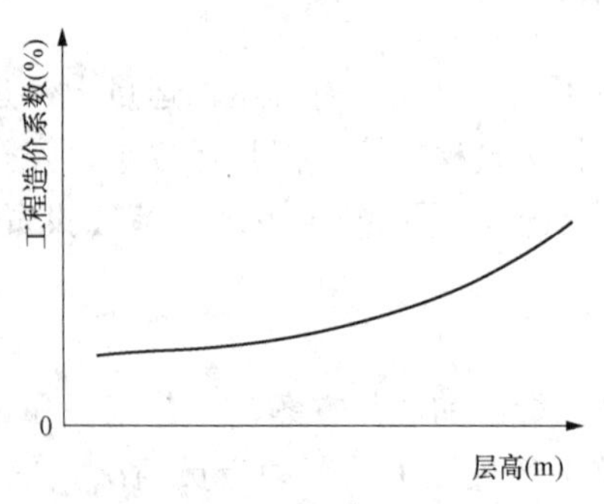

图 5-2　层高与每平方米造价关系

2）层数。建筑物层数对造价的影响，因建筑类型、结构形式的不同而不同。层数不同，则荷载不同，对基础的要求也不同，同时也影响占地面积和单位面积造价。如果增加一个楼层不影响建筑物的结构形式，单位建筑面积的造价可能会降低。但是当建筑物超过一定层数时，结构形式就要改变，单位造价通常会增加。建筑物越高，电梯及楼梯的造价将有提高的趋势，建筑物的维修费用也将增加，但是采暖费用有可能下降。

3）室内外高差。室内外高差过大，则建筑物的工程造价提高；高差过小又影响建筑物的使用及卫生要求。

4）建筑物的体积与面积。建筑物尺寸的增加，一般会引起单位面积造价的降低。对于同一项目，固定费用不一定会随着建筑体积和面积的扩大而有明显的变化，一般情况下，单位面积固定费用会相应减少。对于工业建筑，厂房、设备布置紧凑合理，可提高生产能力，采用大跨度、大柱距的平面设计形式，可提高平面利用系数，从而降低工程造价。

5）建筑结构。建筑结构的选择既要满足力学要求，又要考虑其经济学要求。对于 5 层以下的建筑物一般选用砌体结构；对于大中型工业厂房一般选用钢筋混凝土结构；对于多层房屋或大跨度结构，选用钢结构明显优于钢筋混凝土结构；对于高层或超高层结构，框架结构和剪力墙结构比较经济。由于各种建筑体系的结构各有利弊，在选用结构类型时应结合实际，因地制宜，就地取材，采用经济合理的结构形式。

6）柱网布置。对于工业建筑，柱网布置对结构的梁板配筋及基础的大小会产生较大的影响，从而对工程造价和厂房面积的利用效率有较大的影响。柱网的选择与厂房中有无起重机、起重机的类型及吨位、屋顶的承重结构及厂房的高度等因素有关。对于单跨厂房，当柱间距不变时，跨度越大则单位面积的造价越小。对于多跨厂房，当跨度不变时，中跨数量越多越经济。

4. 材料选用

建筑材料的选择是否合理，不仅直接影响工程质量、使用寿命、耐火抗震性能，而且对施工费用、工程造价有很大的影响。建筑材料一般占直接费的70%左右，降低材料费用，不仅可以降低直接费，而且也可以降低间接费。因此，设计阶段合理选择建筑材料，控制材料单价或工程量，是控制工程造价的有效途径。

5. 设备选用

现代建筑越来越依赖于设备。对于住宅，楼层越多设备系统越庞大，如高层建筑物内部空间的交通工具电梯，室内环境的调节设备、空调、通风、采暖等，各个系统的分布占用空间都在考虑之列，既有面积、高度的限额，又有位置的优选和规范的要求。因此，设备配置是否得当，直接影响建筑产品全生命周期的成本。

根据工程造价资料的分析，设备安装工程造价占工程总投资的20%～50%，设备的选用应充分考虑自然环境对能源节约的有利条件，如果能从建筑产品的全生命周期分析，能源节约是一笔不可忽略的费用。

（二）影响民用建筑建设工程项目工程造价的主要因素

民用建筑建设工程项目设计是根据建筑物的使用功能要求，确定建筑标准、结构形式、建筑物空间与平面布置及建筑群体的配置等。民用建筑设计包括住宅设计、公共建筑设计及住宅小区设计。住宅建筑是民用建筑中最大量、最主要的建筑形式。

（1）住宅小区建设规划中影响工程造价的主要因素。在进行住宅小区规划时，要根据小区基本功能和要求，确定各构成部分的合理层次与关系，据此安排住宅建筑、公共建筑、管网、道路及绿地的布局，确定合理的人口与建筑密度、房屋间距和建筑层数，布置公共设施项目、规模及其服务半径，以及水、电、热、燃气的供应等，并划分包括土地开发在内的上述各部分的投资比例。小区规划设计的核心问题是提高土地利用率。

1）占地面积。居住小区的占地面积不仅直接决定着土地费的高低，而且影响着小区内道路、工程管线长度和公共设备的多少，而这些费用对小区建设投资的影响通常很大。因而，用地面积指标在很大程度上影响小区建设的总造价。

2）建筑群体的布置形式。建筑群体的布置形式对用地的影响不容忽视，通过采取高低搭配、点条结合、前后错列，以及局部东西向布置、斜向布置或拐角单元等手法节省用地。在保证小区居住功能的前提下，适当集中公共设施，提高公共建筑的层数，合理布置道路，充分利用小区内的边角用地，有利于提高建筑密度，降低小区的总造价；或者通过合理压缩建筑的间距、适当提高住宅层数或高低层搭配，以及适当增加房屋长度等方式节约用地。

（2）民用住宅建筑设计中影响工程造价的主要因素。

1）建筑物平面形状和周长系数。与工业建筑设计类似，如按使用指标，虽然圆形建筑 K_z 最小，但由于施工复杂，施工费用较矩形建筑增加 20%～30%，故其墙体工程量的减少不能使建筑工程造价降低，而且使用面积有效利用率不高，用户使用不便。因此，一般都建造矩形和正方形住宅建筑，既有利于施工，又能降低造价和方便使用。在矩形住宅建筑中，又以长宽比为 2∶1 为佳。一般住宅建筑以 3～4 个单元，房屋长度为 60～80m 较为经济。

在满足住宅功能和质量的前提下，适当加大住宅进深（宽度）对降低造价也有明显的效果。这是由于宽度加大，墙体面积系数相应减小，有利于降低造价。

2）住宅的层高和净高。住宅的层高和净高，直接影响工程造价。根据不同性质的工程综合测算，住宅层高每降低 10cm，可降低造价 1.2%～1.5%。层高降低还可提高住宅区的建筑密度，降低土地成本及节约市政设施费。但是，层高设计中还需考虑采光与通风问题，层高过低不利于采光及通风。一般来说，住宅层高不宜超过 2.8m，可控制在 2.5～2.8m。

3）住宅的层数。在民用建筑中，多层住宅具有降低工程造价、使用费及节约用地的优点。房间内部和外部的设施、供水管道、排水管道、煤气管道、电力照明和交通道路等费用，在一定范围内都随着住宅层数的增加而降低。表 5-1 分析了砖混结构低、多层住宅层数与造价的关系。

表 5-1　　砖混结构低、多层住宅层数与造价的关系

住宅层数	1	2	3	4	5	6
单方造价系数（%）	138.05	116.95	108.38	103.51	101.68	100.00
边际造价系数（%）		−21.10	−8.57	−4.87	−1.83	−1.68

由表 5-1 可知，随着住宅层数的增加，单方造价系数在逐渐降低，即层数越多越经济。但边际造价系数也在逐渐减小，说明随着层数的增加，单方造价系数下降幅度减缓，当住宅超过 7 层时，就要增加电梯费用，需要较多的交通面积（过道、走廊要加宽）和补充设备（供水设备和供电设备等）。特别是高层住宅，要经受较强的风荷载，需要提高结构强度，改变结构形式，使工程造价大幅度上升。因此，中小城市建造多层住宅经济合理，大城市可沿主要街道建设一部分高层住宅，以合理利用空间，美化市容。对于土地特别昂贵的地区，为了降低土地费用，中、高层住宅是比较经济的选择。

4）住宅单元组成、户型和住户面积。据统计，三居室设计比两居室设计降低 1.5%左右的工程造价。四居室设计又比三居室设计降低 3.5%左右的工程造价。

衡量单元组成、户型设计的指标是结构面积系数（住宅结构面积与建筑面积之比），系数越小，设计方案越经济。因为结构面积小，有效面积就相应增加。该指标除与房屋结构有关外，还与房屋外形及其长度和宽度有关，同时也与房间平均面积大小和户型组成有关。房屋平均面积越大，内墙、隔墙在建筑面积中的占比就越低。

5）住宅建筑结构的选择。对同一建筑物，不同结构类型的造价是不同的。一般地，砖混结构比框架结构的造价低，因为框架结构的钢筋混凝土现浇构件的占比较大，其钢材、水泥的材料消耗量大，因而建设成本也高。

三、设计阶段工程造价管理的重要意义

在拟建工程项目经过投资决策阶段后，设计阶段就成为项目工程造价控制的关键环节。它对建设工程项目的建设工期、工程造价、工程质量及建成后能否发挥较好的经济效益，起着决定性的作用。

(1) 在设计阶段进行工程造价的计价分析可以使造价构成更合理，提高资金利用效率。设计阶段工程造价的计价形式是编制设计概预算，通过设计概预算可以了解工程造价的构成，分析资金分配的合理性，并可以利用价值工程理论分析工程项目各个组成部分功能与成本的匹配程度，调整工程项目功能与成本，使其更趋于合理。

(2) 在设计阶段进行工程造价的计价分析可以提高投资控制效率。编制设计概算并进行分析，可以了解工程项目各组成部分的投资比例。对于投资比例较大的部分应作为投资控制的重点，这样可以提高投资控制效率。

(3) 在设计阶段控制工程造价会使控制工作更主动。长期以来，一般把控制理解为目标值与实际值的比较，以及当实际值偏离目标值时分析产生差异的原因，确定下一步对策。这对于批量性生产的制造业而言，是一种有效的管理方法。但是对于建筑业而言，由于建筑产品具有单价性、价值量大的特点，这种管理方法只能发现差异，不能消除差异，也不能预防差异的产生，而且差异一旦产生，损失往往很大，这是一种被动的控制方法。而如果在设计阶段控制工程造价，可以先按一定的质量标准，开列新建建筑物每一部分或分项的估算造价，对照造价计划中所列的指标进行审核，预先发现差异，主动采取一些控制方法消除差异，使设计更经济。

(4) 在设计阶段控制工程造价便于技术与经济相结合。工程设计工作往往是由建筑师等专业技术人员来完成的。他们在设计过程中往往更关注工程的使用功能，力求采用比较先进的技术方法实现工程项目所需功能，而对经济因素考虑较少。如果在设计阶段就有造价工程师参与，使设计从一开始就建立在健全的经济基础之上，在做出重要决定时能充分认识其经济后果；另外，投资限额一旦确定，设计只能在确定的限额内进行，有利于建筑师发挥个人创造力，选择一种最经济的方式实现技术目标，从而确保设计方案能较好地体现技术与经济的结合。

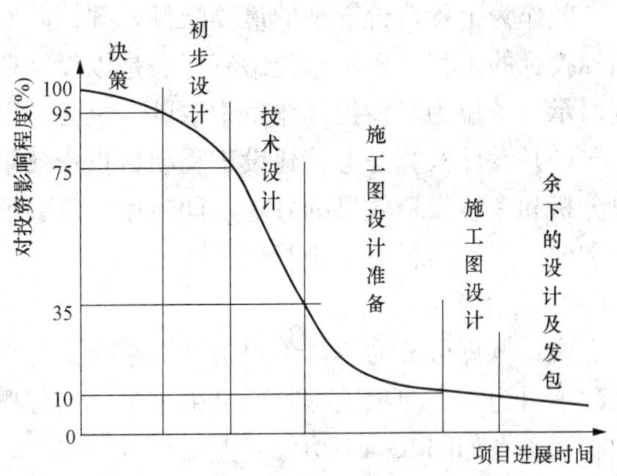

图 5-3　建设过程各阶段对投资的影响

(5) 在设计阶段控制工程造价效果最显著。工程造价控制贯穿于工程项目建设全过程，如图 5-3 所示，设计阶段对投资的影响为 75%～95%。很明显，控制工程造价的关键是在设计阶段。在设计一开始就将控制投资的思想根植于设计人员的头脑中，以保证选择恰当的设计标准和合理的功能水平。

第二节　设计阶段工程造价的确定

一、设计概算的编制与审查

（一）设计概算的编制

1. 设计概算的概念

设计概算是设计文件的重要组成部分，是在投资估算的控制下由设计单位根据初步设计图纸、概算定额（或概算指标）、各项费用定额或取费标准（指标），以及建设地区的自然、技术经济条件和设备、材料预算价格等资料，编制和确定的建设工程项目从筹建至竣工交付使用所需全部费用的文件。采用两阶段设计的建设工程项目，初步设计阶段必须编制设计概算；采用三阶段设计的建设工程项目，技术设计阶段必须编制修正概算。

设计概算的编制应包括编制期价格、费率、利率、汇率等确定的静态投资，以及编制期到竣工验收前的工程和价格变化等多种因素的动态投资两部分。静态投资作为考核工程设计和施工图预算的依据；动态投资作为筹措、供应和控制资金使用的限额。

2. 设计概算的作用

设计概算的主要作用在于控制以后阶段的投资，具体表现为：

（1）设计概算是编制建设工程项目投资计划、确定和控制建设工程项目投资的依据。

（2）设计概算是控制施工图设计和施工图预算的依据。经批准的设计概算是建设工程项目投资的最高限额，设计单位必须按照批准的初步设计及其总概算进行施工图设计，施工图预算不得突破设计概算。如确需突破总概算，应按规定程序报经审批。

（3）设计概算是衡量设计方案经济合理性和选择最佳设计方案的依据。设计概算可对不同的设计方案进行技术与经济合理性的比较，以便选择最佳的设计方案。

（4）设计概算是工程造价管理及编制招标控制价和投标报价的依据。设计总概算一经批准，就作为工程造价管理的最高限额，并据此对工程造价进行严格的控制。以设计概算进行招标投标的工程，招标单位编制标底是以设计概算造价为依据的，并以此作为评标定标的依据。承包单位为了在投标竞争中取胜，也必须以设计概算为依据，编制出合适的投标报价。

（5）设计概算是考核建设工程项目投资效果的依据。通过设计概算与竣工决算对比，可以分析和考核投资效果的好坏，同时还可以验证设计概算的准确性，有利于加强设计概算管理和建设工程项目的造价管理工作。

3. 设计概算的内容

设计概算可分为单位工程概算、单项工程综合概算和建设工程项目总概算三级。当建设工程项目为一个单项工程时，可采用单位工程概算、总概算两级概算编制形式。各级概算间的相互关系如图 5-4 所示。

（1）单位工程概算。单位工程概算是确定各单位工程建设费用的文件，是编制单项工程综合概算的依据，是单项工程综合概算的组成部分。

（2）单项工程综合概算。单项工程综合概算是确定一个单项工程所需建设费用的文件，它是由单项工程中各单位工程概算汇总编制而成的，是建设工程项目总概算的组成部分。单项工程综合概算的组成如图 5-5 所示。

（3）建设工程项目总概算。建设工程项目总概算是确定整个建设工程项目从筹建到竣工

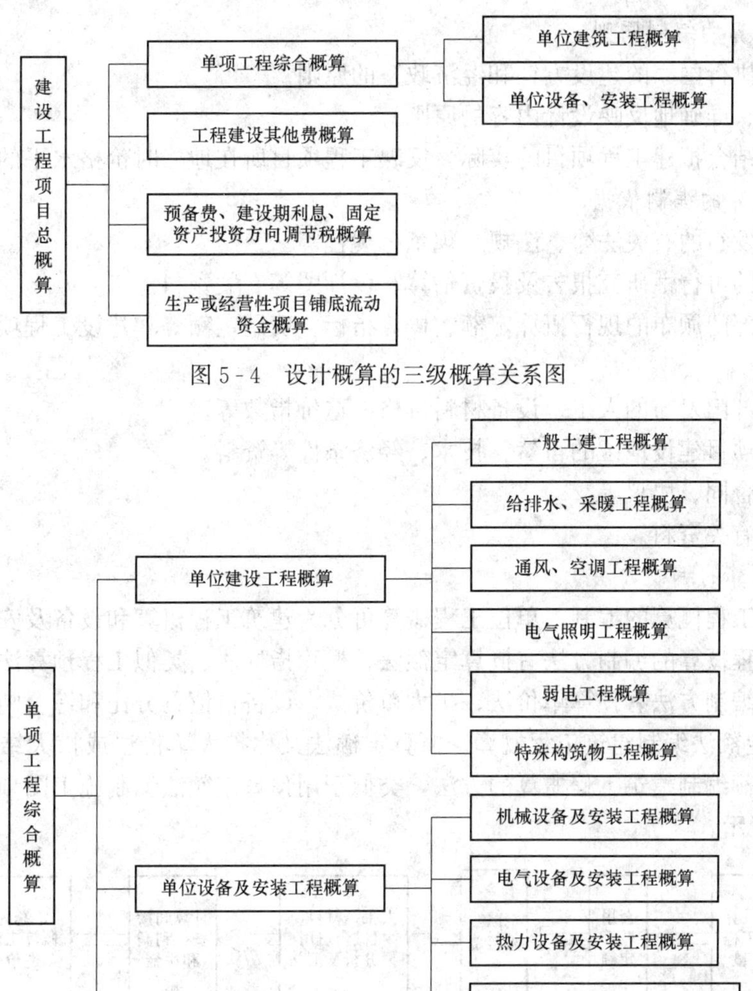

图 5-4　设计概算的三级概算关系图

图 5-5　单项工程综合概算的组成

验收所需全部费用的文件，它是由各单项工程综合概算、工程建设其他费概算，以及预备费、建设期利息和铺底流动资金概算汇总编制而成的，如图 5-6 所示。

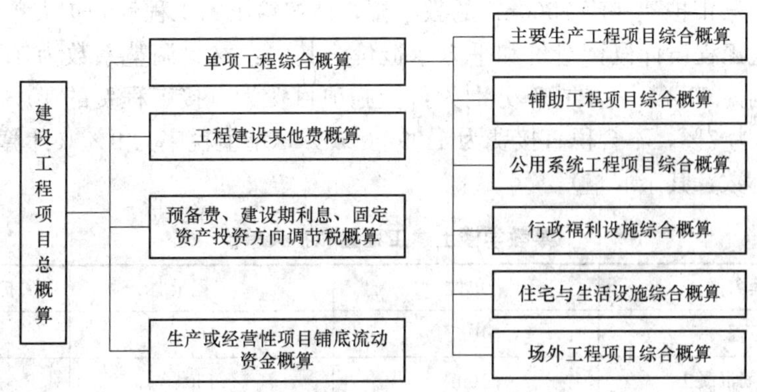

图 5-6　建设工程项目总概算的组成内容

4. 设计概算的编制原则

（1）严格执行国家的建设方针和经济政策的原则。

（2）完整、准确地反映设计内容的原则。

（3）坚持结合拟建工程项目的实际，反映工程项目所在地当时价格水平的原则。

5. 设计概算的编制依据

（1）国家发布的有关法律、法规、规章、规程等。

（2）批准的可行性研究报告及投资估算、设计图等有关资料。

（3）有关部门颁布的现行概算定额、概算指标、费用定额等和建设工程项目设计概算编制办法。

（4）有关部门发布的人工、设备材料价格、造价指数等。

（5）工程项目建设地区的自然、技术、经济条件等资料。

（6）有关合同、协议等。

（7）其他有关资料。

6. 设计概算的编制方法

（1）单位工程概算的编制。单位工程概算可分为建筑工程概算和设备及安装工程概算两大类。建筑工程概算的编制方法有概算定额法、概算指标法、类似工程预算法等；设备及安装工程概算的编制方法有预算单价法、扩大单价法、设备价值百分比和综合吨位指标法等。

1）概算定额法编制建筑工程概算。概算定额法又称扩大单价法或扩大结构定额法。它是采用概算定额编制建筑工程概算的方法，类似于用预算定额法编制施工图预算。其主要步骤如图 5-7 所示。

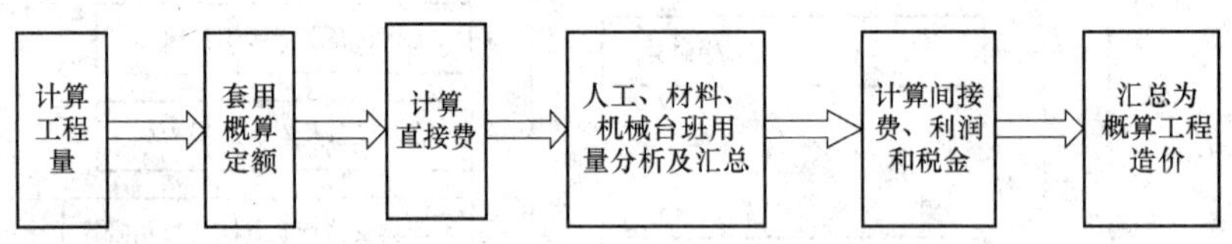

图 5-7　概算定额法编制建筑工程概算的步骤

概算定额法要求初步设计达到一定深度，建筑结构比较明确，能按照初步设计的平面图、立面图、剖面图计算出楼地面、墙身、门窗和屋面等扩大分项工程（或扩大结构构件）项目的工程量时，才可采用。

【例 5-1】 某市拟建一座 7560m² 的教学楼，请按给出的工程量和扩大单价表 5-2 编制出该教学楼土建工程设计概算造价和平方米造价。其中：材料调整系数为 1.10，材料费占直接工程费比例为 60%。各项费率分别为：措施项目费为直接工程费的 10%，间接费费率为 5%，利润率为 7%，不含税直接费为 1 097 000 元，增值税率为 9%（计算结果：平方米造价保留一位小数，其余取整）。

表 5-2　某教学楼土建工程量和扩大单价

分部工程名称	单位	工程量	扩大单价（元）
基础工程	10m³	160	2500
混凝土及钢筋混凝土	10m³	150	6800

续表

分部工程名称	单位	工程量	扩大单价（元）
砌筑工程	$10m^3$	280	3300
地面工程	$100m^2$	40	1100
楼面工程	$100m^2$	90	1800
卷材屋面	$100m^2$	40	4500
门窗工程	$100m^2$	35	5600
脚手架	$100m^2$	180	600

解　根据已知条件和表 5-2 中的数据，求得该教学楼土建工程造价，见表 5-3。

表 5-3　　某教学楼土建工程概算造价计算表

序号	分部工程或费用名称	单位	工程量	扩大单价（元）	合价（元）
1	基础工程	$10m^3$	160	2500	400 000
2	混凝土及钢筋混凝土	$10m^3$	150	6800	1 020 000
3	砌筑工程	$10m^3$	280	3300	924 000
4	地面工程	$100m^2$	40	1100	44 000
5	楼面工程	$100m^2$	90	1800	162 000
6	卷材屋面	$100m^2$	40	4500	180 000
7	门窗工程	$100m^2$	35	5600	196 000
8	脚手架	$10m^2$	180	600	108 000
A	直接工程费小计		以上 8 项之和		3 034 000
B	措施项目费		$A\times10\%$		303 400
C	间接费		$(A+B)\times5\%$		166 870
D	利润		$(A+B+C)\times7\%$		245 299
E	材料价差		$A\times60\%\times10\%$		182 040
F	计税基础		$1\ 097\ 000+D+E$		1 524 339
G	增值税		$F\times9\%$		137 191
	概算造价		$A+B+C+D+E+G$		4 068 800
	平方米造价		$4\ 065\ 795\div7560$		538.20

2）概算指标法编制建筑工程概算。当设计图较简单，无法根据设计图计算出详细的实物工程量时，可以选择恰当的概算指标来编制建筑工程概算。其主要步骤见图 5-8。

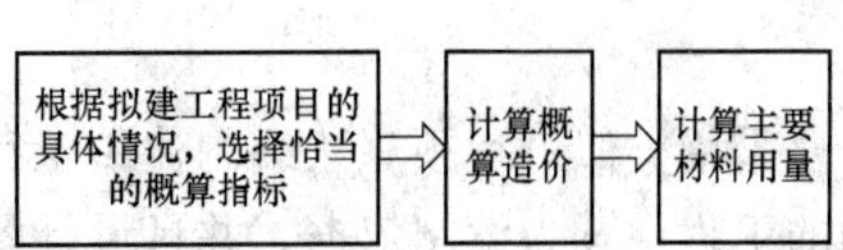

图 5-8　概算指标法编制建筑工程概算的主要步骤

概算指标法的适用范围是，当初步设计深度不够，不能准确地计算出工程量，但工程设计是采用技术比较成熟而又有类似工程概算指标时可以利用的情况。

由于拟建工程项目往往与类似工程的概算指标的技术条件不尽相同，而且概算指标编制年份的设备、材料、人工等价格与拟建工程项目当时当地的价格也不会一样。因此，必须对其进行调整。其调整方法是：

a. 设计对象的结构特征与概算指标有局部差异时的调整，即

$$结构变化修正概算指标(元/m^2) = J + Q_1P_1 - Q_2P_2$$

或

结构变化修正概算指标人工材料机械数量＝原概算指标的人工、材料、机械数量＋换入结构构件工程量×相应定额人工、材料、机械消耗量－换出结构构件工程量×相应定额人工、材料、机械消耗量

式中：J 为原概算指标；Q_1为换入新结构的含量；Q_2为换出旧结构的含量；P_1为换入新结构的单价；P_2为换出旧结构的单价。

以上两种方法，前者是直接修正结构构件指标单价，后者是修正结构构件指标人工、材料、机械数量。

b. 设备、人工、材料、机械台班费用的调整，即

设备、人工、材料、机械修正概算费用＝原概算指标设备、人工、材料、机械费＋Σ（换入设备、人工、材料、机械数量×拟建地区相应单价）－Σ（换出设备、人工、材料、机械数量×原概算指标的设备、人工、材料、机械单价）

【例 5-2】 某市一栋普通办公楼为框架结构 2700m²，建筑工程直接费为 378 元/m²，其中：毛石基础为 39 元/m²，现拟建一栋办公楼 3000m²，采用钢筋混凝土带形基础为 51 元/m²，其他结构相同。试求该拟建新办公楼建筑工程直接工程费造价。

解 调整后的概算指标＝378－39＋51＝390（元/m²）

拟建新办公楼建筑工程直接费＝3000×390＝1 170 000（元）

然后按上述概算定额法的计算程序和方法，计算出措施项目费、间接费、利润和税金，便可求出新建办公楼的建筑工程造价。

3）类似工程预算法编制建筑工程概算。如果找不到合适的概算指标，也没有概算定额，可以考虑采用类似工程预算来编制建筑工程概算。其主要编制步骤见图 5-9。

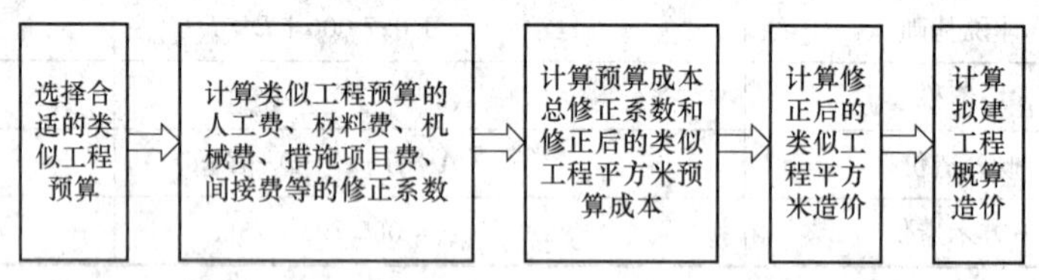

图 5-9 类似工程预算法编制建筑工程概算的步骤

采用类似工程预算法编制建筑工程概算时应选择与所编概算结构类型、建筑面积基本相同的工程预算为编制依据，并且设计图应能满足计算工程量的要求，只需个别项目按设计图调整，由于所选工程预算提供的各项数据较齐全、准确，概算编制的速度就较快。

采用类似工程预算法编制建筑工程概算的计算公式为

$$D = AK$$

$$K = aK_1 + bK_2 + cK_3 + dK_4 + eK_5$$

$$拟建工程项目概算造价 = DS$$

式中：D为拟建工程单方概算造价；A为类似工程单方预算造价；K为综合调整系数；S为拟建工程建筑面积a、b、c、d、e为类似工程预算的人工费、材料费、机械台班费、措施项目费、间接费占预算造价的比例，如$a=\frac{类似工程人工费（或工资标准）}{类似工程预算造价}\times 100\%$，$b$、$c$、$d$、$e$类同。$K_1$、$K_2$、$K_3$、$K_4$、$K_5$为拟建工程地区与类似工程预算造价在人工费、材料费、机械台班费、措施项目费和间接费之间的差异系数，如

$$K_1=\frac{拟建工程概算的人工费（或工资标准）}{类似工程预算人工费（或地区工资标准）}$$

K_2、K_3、K_4、K_5类同。

4）设备购置费概算。设备购置费是根据初步设计的设备清单计算出设备原价，并汇总求出设备原价，然后按有关规定的设备运杂费费率乘以设备原价，两项相加即为设备购置费概算，其计算公式为

$$设备购置费概算 = \sum(设备清单中的设备数量 \times 设备原价) \times (1 + 运杂费费率)$$

或

$$设备购置费概算=\sum（设备清单中的设备数量\times设备预算价格）$$

国产标准设备原价可根据设备型号、规格、性能、材质、数量及附带的配件，向制造厂家询价或向设备、材料信息部门查询或按主管部门规定的现行价格逐项计算。非主要标准设备和工器具、生产家具的原价可按主要标准设备原价的百分比计算，百分比指标按主管部门或地区有关规定执行。

5）设备安装工程费概算。设备安装工程费概算的编制方法是根据初步设计深度和要求明确的程度来确定的，其主要编制方法有：

a. 预算单价法。当初步设计较深，有详细的设备清单时，可直接按安装工程预算定额单价编制设备安装工程概算，概算编制程序基本同安装工程施工图预算。该法具有计算比较具体、精度较高的优点。

b. 扩大单价法。当初步设计深度不够，设备清单不完备，只有主体设备或仅有成套设备质量时，可采用主体设备、成套设备的综合扩大安装单价来编制概算。

上述两种方法的具体操作与建筑工程概算相类似。

c. 设备价值百分比法。又称安装设备百分比法。当初步设计深度不够，只有设备出厂价而无设备详细规格、质量时，安装费可按占设备费的百分比计算。其百分比值（即安装费费率）由主管部门制定或由设计单位根据已完类似工程确定。该法常用于价格波动不大的定型产品和通用设备产品。其计算公式为

$$设备安装费 = 设备原价 \times 安装费费率(\%)$$

d. 综合吨位指标法。当初步设计提供的设备清单有规格和设备质量时，可采用综合吨位指标法编制设备安装工程概算，其综合吨位指标由主管部门或由设计单位根据已完类似工程资料确定。该法常用于设备价格波动较大的非标准设备和引进设备的安装工程概算。其计算公式为

$$设备安装费 = 设备质量 \times 每吨设备安装费指标(元)$$

（2）单项工程综合概算的编制方法。单项工程综合概算文件一般包括编制说明（不编制总概算时列入）和综合概算表（含其所附的单位工程概算表和建筑材料表）两大部分。当建设工程项目只有一个单项工程时，此时综合概算文件（实为总概算）除包括上述两大部分外，还应包括工程建设其他费、建设期贷款利息、预备费和固定资产投资方向调节税的概算。

1）编制说明。应列在综合概算表的前面，其内容为：

a. 编制依据。包括国家和有关部门的规定、设计文件、现行概算定额或概算指标、设备材料的预算价格和费用指标等。

b. 编制方法。说明设计概算是采用概算定额还是采用概算指标法。

c. 主要设备、材料（钢材、木材、水泥）的数量。

d. 其他需要说明的有关问题。

2）综合概算表。综合概算表的形式是根据单项工程所辖范围内的各单位工程概算等基础资料，按照国家或部委所规定的统一表格进行编制。工业建筑建设工程项目综合概算表由建筑工程和设备及安装工程两大部分组成；民用建筑建设工程项目综合概算表只有建筑工程一项。

3）综合概算的费用组成。一般应包括建筑工程费、安装工程费、设备购置及工器具和生产家具购置费。当不编制总概算时，还应包括工程建设其他费、建设期贷款利息、预备费和固定资产投资方向调节税等费用项目。

（3）建设工程项目总概算的编制方法。建设工程项目总概算是设计文件的重要组成部分，是确定整个建设工程项目从筹建到竣工交付使用所预计花费的全部费用的文件。它是由各单项工程综合概算、工程建设其他费、建设期贷款利息、预备费、固定资产投资方向调节税和经营性项目的铺底流动资金概算所组成，是按照主管部门规定的统一表格进行编制而成的。

建设工程项目设计概算文件一般应包括封面及目录、编制说明、总概算表、工程建设其他费概算表、单项工程综合概算表、单位工程概算表、工程量计算表、分年度投资汇总表、分年度资金流量汇总表、主要材料汇总表与工日数量表等。

1）封面、签署页及目录。封面、签署页格式如图5-10所示。

建设工程项目设计概算文件

建设单位: ____________________

建设工程项目名称: ____________________

设计单位(或工程造价咨询单位): ____________________

编制单位: ____________________

编制人(资格证号): ____________________

审核人(资格证号): ____________________

项目负责人: ____________________

总工程师: ____________________

单位负责人: ____________________

年　　月　　日

图5-10　建设工程项目设计概算封面、签署页格式

2）编制说明。编制说明应包括工程概况（简述建设工程项目的性质、特点、生产规模、

建设周期、建设地点等主要情况。引进项目要说明引进内容，以及与国内配套工程等主要情况)、资金来源及投资方式、编制依据及编制原则、编制方法（说明设计概算是采用概算定额还是采用概算指标法等)、投资分析（主要分析各项投资的占比、各专业投资的占比等经济指标)、其他需要说明的问题等内容。

3）总概算表。总概算表应反映静态投资和动态投资两个部分。静态投资是按设计概算编制期价格、费率、利率、汇率等确定的投资；动态投资是指概算编制时期到竣工验收前因价格变化等多种因素所需的投资。

4）工程建设其他费概算表。工程建设其他费概算按国家、地区或部委所规定的项目和标准确定，并按统一格式编制。

5）单项工程综合概算表和建筑安装单位工程概算表。

6）工程量计算表和人工、材料数量汇总表。

7）分年度投资汇总表和分年度资金流量汇总表，见表5-4和表5-5。

表5-4　　分年度投资汇总表

序号	主项号	工程项目或费用名称	总投资（万元）		分年度投资（万元）						备注
			总计	其中外币	第一年		第二年		…		
					总计	其中外币	总计	其中外币	总计	其中外币	
编制：					核对：					审核：	

表5-5　　分年度资金流量汇总表

序号	主项号	工程项目或费用名称	资金总供应量（万元）		分年度资金供应量（万元）						备注
			总计	其中外币	第一年		第二年		…		
					总计	其中外币	总计	其中外币	总计	其中外币	
编制：					核对：					审核：	

（二）设计概算的审查

设计概算审查是确定建设工程造价的一个重要环节。通过审查，能使概算更加完整、准确，促进工程设计的技术先进性和经济合理性。

1. 设计概算审查的意义

（1）有利于合理分配投资资金、加强投资计划管理，有助于合理确定和有效控制工程造价。设计概算编制偏高或偏低，不仅影响工程造价的控制，也会影响投资计划的真实性，影响投资资金的合理分配。

（2）有利于促进概算编制单位严格执行国家有关概算的编制规定和费用标准，从而提高概算的编制质量。

(3) 有利于促进设计的技术先进性与经济合理性。概算中的技术经济指标，是概算的综合反映，与同类工程对比，便可看出它的先进与合理程度。

(4) 有利于核定建设工程项目的投资规模，可以使建设工程项目总投资力求做到准确、完整，防止任意扩大投资规模或出现漏项，最后导致实际造价大幅度地突破概算。

(5) 经审查的概算，有利于为建设工程项目投资的落实提供可靠的依据。

2. 设计概算审查的内容

设计概算审查包括概算编制依据、概算编制深度及概算主要内容。

(1) 审查设计概算编制依据。

1) 依据和合法性。采用的各种编制依据必须经过国家和授权机关的批准，符合国家的编制规定，未经批准的不能采用。不得擅自提高概算定额、指标或费用标准。

2) 依据的时效性。各种依据，如定额、指标、价格、取费标准等，都应根据国家有关部门的现行规定进行，注意有无调整和新的规定，如有，应按新的调整办法和规定执行。

3) 依据的适用范围。各种编制依据都有适用范围，各主管部门规定的各类专业定额及其取费标准，仅适用于该部门的专业工程；各地区规定的各种定额及其取费标准，只适用于该地区范围内，特别是地区的材料预算价格应按工程所在地区的具体规定执行。

(2) 审查设计概算编制说明、编制深度和编制范围。

1) 审查编制说明。审查编制说明可以检查概算的编制方法、深度和编制依据等重大原则问题，若编制说明有差错，具体概算必有差错。

2) 审查编制深度。一般大中型建设工程项目的设计概算，应有完整的编制说明和"三级概算"(即总概算表、单项工程综合概算表、单位工程概算表)，并按有关规定的深度进行编制。审查其编制深度是否到位，有无随意简化的情况。

3) 审查概算的编制范围。审查概算编制范围及具体内容与主管部门批准的建设工程项目范围及具体工程内容是否一致；审查分期建设工程项目的建设范围及具体工程内容有无重复交叉，是否重复计算或漏项；审查其他费用应列的项目是否符合规定，静态投资、动态投资和经营性项目铺底流动资金是否分别列出等。

(3) 审查设计概算的具体内容。

1) 审查概算的编制是否符合法律、法规及相关规定，是否根据工程项目所在地的自然条件编制。

2) 审查建设规模（投资规模、生产能力等）、建设标准（用地标准、建筑标准等）、配套工程、设计定员等是否符合原批准的可行性研究报告或立项批文的标准。对总概算投资超过批准投资估算10%以上的，应进行技术经济论证，查明原因，重新上报审批。

3) 审查编制方法、计价依据和程序是否符合规定，包括定额或指标的适用范围和调整方法是否正确。

4) 审查工程量是否正确。工程量的计算是否根据初步设计图、概算定额、工程量计算规则和施工组织设计的要求进行，有无多算、重算和漏算，尤其对工程量大、造价高的工程项目要重点审查。

5) 审查材料用量和价格。审查主要材料（钢材、木材、水泥、砖）的用量数据是否正确，材料预算价格是否符合工程项目所在地的价格水平，材料价差调整是否符合规定及其计算是否正确等。

6）审查设备规格、数量和配置是否符合设计要求，是否与设备清单相一致；设备原价和运杂费是否正确；非标准设备原价的计价方法是否符合规定，进口设备各项费用的组成及其计算程序、方法是否符合相关规定。

7）审查建筑安装工程各项费用的计取是否符合国家或地方有关部门的规定，计算程序和取费标准是否正确。

8）审查综合概算、总概算的编制内容、方法是否符合规定和设计文件的要求，有无设计文件外项目，有无将非生产性项目以生产性项目列入。

9）审查总概算文件的组成内容，是否完整地包括了建设工程项目从筹建到竣工投产为止的全部费用组成。

10）审查工程项目建设其他各项费用。这部分费用内容多、弹性大，占工程项目总投资的25%以上，要按国家和地区规定逐项审查，不属于总概算范围的费用项目不能列入概算，具体费率或计取标准是否按国家、行业有关部门的规定计算，有无随意列项，有无多列、交叉计列和漏项等。

11）审查项目的“三废”治理。拟建工程项目必须同时安排“三废”（废水、废气、废渣）的治理方案和投资，对于未做安排、漏项或多算、重算的项目，要按国家有关规定核实投资，以达到“三废”排放国家标准。

12）审查技术经济指标。技术经济指标计算方法和程序是否正确，综合指标和单项指标与同类型工程指标相比，是偏高还是偏低，其原因是什么，并予以纠正。

13）审查投资经济效果。设计概算是初步设计经济效果的反映，要按照生产规模、工艺流程、产品品种和质量，从企业的投资效益和投产后的运营效益全面分析，是否达到了先进可靠、经济合理的要求。

3. 设计概算审查的方法

采用适当方法审查设计概算，是确保审查质量、提高审查效率的关键，常用方法有以下几种：

（1）对比分析法。对比分析法主要是通过建设规模、标准与立项批文对比；工程数量与设计图对比；综合范围、内容与编制方法、规定对比；各项取费与规定标准对比；材料、人工单价与统一信息对比；引进设备、技术投资与报价要求对比；技术经济指标与同类工程对比等。通过以上对比，容易发现设计概算存在的主要问题和偏差。

（2）查询核实法。查询核实法是对一些关键设备和设施、重要装置、引进工程图纸不全、难以核算的较大投资进行多方查询核对、逐项落实的方法。主要设备的市场价可向设备供应部门或招标公司查询核实；重要生产装置、设施可向同类企业（工程）查询了解；引进设备价格及有关费税可向进出口公司调查落实；复杂的建筑安装工程可向同类工程的建设、承包、施工单位征求意见；深度不够或不清楚的问题可直接询问原概算编制人员、设计者。

（3）联合会审法。联合会审前，可先采取多种形式分头审查，包括设计单位自审，主管、建设、承包单位初审，工程造价咨询公司评审，邀请同行专家预审，审批部门复审等，经层层审查把关后，由有关单位和专家进行联合会审。在会审大会上，由设计单位介绍概算编制情况及有关问题，各有关单位、专家汇报初审、预审意见。然后进行认真分析、讨论，结合对各专业技术方案的审查意见所产生的投资增减，逐一核实原概算出现的问题，经过充分协商，认真听取设计单位意见后，实事求是地处理和调整。

通过以上复审后，对审查中发现的问题和偏差，按照单项、单位工程的顺序，先按设备费、安装费、建筑工程费和工程建设其他费分类整理，然后按照静态投资、动态投资和铺底流动资金三大类，汇总核增或核减的项目及其投资额。最后将具体审核数据，按照“原编概算”“审核结果”“增减投资”“增减幅度”四栏列表，并按照原总概算表汇总顺序，将增减项目逐一列出，相应调整所属项目投资合计，再依次汇总审核后的总投资及增减投资额。

二、施工图预算的编制与审查

（一）施工图预算的编制

1. 施工图预算的概念

施工图预算是施工图设计预算的简称，又称设计预算。它是由设计单位在施工图设计完成后，根据施工图、现行预算定额、费用定额，以及工程项目所在地区的设备、材料、人工、机械台班等预算价格编制和确定的建筑安装工程造价的文件。

在工程量清单计价实施以前，施工图预算的编制是工程计价主要甚至是唯一的方式，不论是设计单位、建设单位、施工单位，都要编制施工图预算，只是编制的角度和目的不同。下面主要介绍设计单位编制的施工图预算。对于设计单位，施工图预算主要作为建设工程费用控制的一个环节。

2. 施工图预算的作用

施工图预算的主要作用有：

（1）施工图预算是设计阶段控制工程造价的重要环节，是控制施工图设计不突破设计概算的重要措施。

（2）施工图预算是编制或调整固定资产投资计划的依据。

（3）对于实行施工招标的工程，施工图预算是编制标底的依据，也是承包企业投标报价的基础。

（4）对于不宜实行招标而采用施工图预算加调整价结算的工程项目，施工图预算可作为确定合同价款的基础或作为审查施工企业提出的施工图预算的依据。

3. 施工图预算的内容

施工图预算有单位工程预算、单项工程预算和建设工程项目总预算。单位工程预算是根据施工图设计文件、现行预算定额、费用定额，以及人工、材料、设备、机械台班等预算价格资料，以一定方法，编制单位工程的施工图预算；然后汇总所有各单位工程施工图预算，成为单项工程施工图预算；再汇总各所有单项工程施工图预算，便是一个建设工程项目的总预算。

单位工程预算包括建筑工程预算和设备安装工程预算。建筑工程预算按其工程性质可分为一般土建工程预算、卫生工程预算（包括室内外给排水工程、采暖通风工程、煤气工程等）、电气照明工程预算、弱电工程预算、特殊构筑物（如炉窑、烟囱、水塔等）工程预算和工业管道工程预算等。设备安装工程预算可分为机械设备安装工程预算、电气设备安装工程预算和热力设备安装工程预算等。

4. 施工图预算的编制依据

（1）施工图及说明书和标准图集。

（2）现行预算定额及单位估价表。

（3）施工组织设计或施工方案。

（4）材料、人工、机械台班预算价格及调价规定。

（5）建筑安装工程费用定额。

（6）造价工作手册及有关工具书。

5．施工图预算的编制方法

（1）单价法编制施工图预算。单价法是用事先编制好的分项工程的单位估价表来编制施工图预算的方法。按施工图计算出各分项工程的工程量，并乘以相应单价，汇总相加，得到单位工程的人工费、材料费、机械使用费之和；再加上按规定程序计算出来的措施项目费、间接费、利润和税金，便可得出单位工程的施工图预算造价。单价法编制施工图预算，其中直接工程费的计算公式为

$$\text{单位工程预算直接工程费}=\sum(\text{工程量}\times\text{预算定额单价})$$

单价法编制施工图预算的步骤如图 5-11 所示。

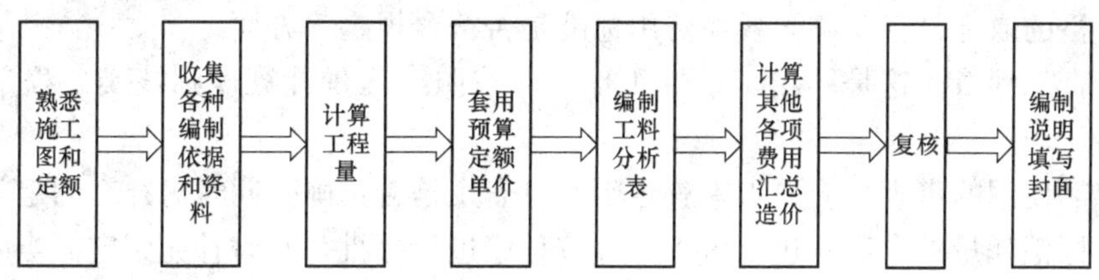

图 5-11　单价法编制施工图预算的步骤

（2）实物法编制施工图预算。首先根据施工图分别计算出分项工程量，然后套用相应预算人工、材料、机械台班的定额用量，再分别乘以工程项目所在地当时的人工、材料、机械台班的实际单价，求出单位工程人工费、材料费和施工机械使用费，并汇总求和，进而求得直接工程费，最后按规定计取其他各项费用，最后汇总就可得出单位工程施工图预算造价。实物法编制施工图预算，其中直接工程费的计算公式为

$$\begin{aligned}\text{单位工程直接工程费}=&\sum(\text{工程量}\times\text{人工预算定额用量}\times\text{当时当地人工费单价})\\&+\sum(\text{工程量}\times\text{材料预算定额用量}\times\text{当时当地材料费单价})\\&+\sum(\text{工程量}\times\text{机械预算定额用量}\times\text{当时当地机械费单价})\end{aligned}$$

实物法编制施工图预算的步骤如图 5-12 所示。

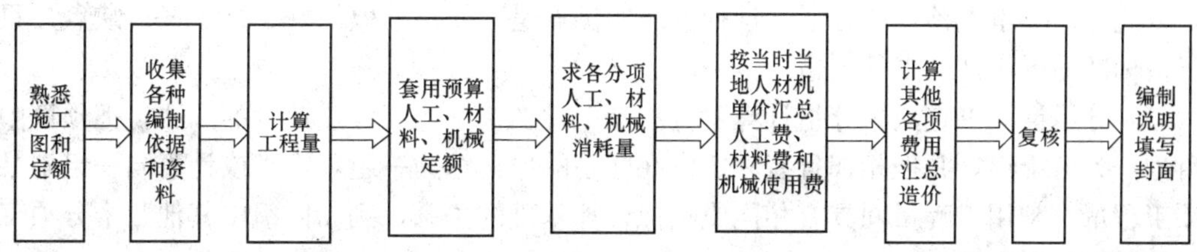

图 5-12　实物法编制施工图预算的步骤

在市场经济条件下，人工、材料和机械台班单价是随市场而变化的，它们是影响工程造价最活跃、最主要的因素。用实物法编制施工图预算，是采用工程项目所在地的当时人工、

材料、机械台班价格，较好地反映实际价格水平，工程造价的准确性高。因此，实物法是与市场经济体制相适应的预算编制方法。

（二）施工图预算的审查

1. 施工图预算审查的意义

施工图预算编完之后，需要认真进行审查。加强施工图预算的审查，对于提高预算的准确性，正确贯穿党和国家的有关方针政策，降低工程造价具有重要的现实意义。

（1）有利于控制工程造价，克服和防止预算超概算。

（2）有利于加强固定资产投资管理，节约建设资金。

（3）有利于施工承包合同价的合理确定和控制。

（4）有利于积累和分析各项技术经济指标，不断提高设计水平。

2. 施工图预算审查的内容

审查施工图预算的重点，应该放在工程量计算、预算单价套用、设备材料预算价格及人工、机械价格的取定是否正确，各项费用标准是否符合规定等方面。

（1）审查工程量。这是一项基础性工作，应按照工程量计算规则核实工程量计算是否正确。

（2）定额使用的审查。应重点审查定额子目套用是否正确。同时对补充的定额子目，要对其各项指标消耗量的合理性进行审查，并按程序进行报批，及时补充到定额当中。

（3）审查设备、材料的预算价格及预算单价的套用。设备、材料的预算价格及人工、机械价格的取定受时间、资金和市场行情等因素的影响较大，且在工程总造价中占比较高，因此应作为审查重点。

（4）审查有关费用项目及其计取。主要审查各项费用标准是否符合规定。

3. 施工图预算审查的方法

审查施工图预算的方法较多，主要有全面审查法、标准预算审查法、分组计算审查法、筛选审查法、对比审查法、重点抽查法、利用手册审查法和分解对比审查法八种。

（1）全面审查法。全面审查法又称逐项审查法，就是按照预算定额顺序或施工的先后顺序，逐一地全部进行审查的方法。其具体计算方法和审查过程与编制施工图预算基本相同。此方法的优点是全面、细致，经审查的工程预算差错较少，质量比较高；缺点是工作量大。

（2）标准预算审查法。对于利用标准图或通用图施工的工程，先集中力量，编制标准预算，以此为标准审查预算的方法。这种方法的优点是时间短、效果好、好定案；缺点是只适用于按标准图纸设计的工程，适用范围小。

（3）分组计算审查法。分组计算审查法是一种加快审查工程量速度的方法，把预算中的项目划分为若干组，并把相邻且有一定内在联系的项目编为一组，审查或计算同一组中某个分项工程量，利用工程量间具有相同或相似计算基础的关系，判断同组中其他几个分项工程量计算的准确程度的方法。

（4）对比审查法。对比审查法是用已建成工程的预算或虽未建成但已审查修正的工程预算对比审查拟建类似工程预算的一种方法。

（5）筛选审查法。筛选法是统筹法的一种，也是一种对比方法。建筑工程虽然有建筑面积和高度等的不同，但是它们的各个分部分项工程的工程量、造价、用工量在每个单位面积上的数值变化不大，把这项数据加以汇集、优选、归纳为工程量、造价（价值）、用工三个单方基本值表，并注明其适用的建筑标准。这些基本值犹如“筛子孔”，用来筛选各分部分项工程。

（6）重点抽查法。重点抽查法是抓住工程预算中的重点进行审查的方法。审查的重点一般是工程量大或造价较高、工程结构复杂的工程，补充单位估价表，计取各项费用。

（7）利用手册审查法。利用手册审查法是把工程中常用的构件、配件事先整理成预算手册，按手册对照审查的方法。工程常用的预制构配件，如洗池、大便台、检查井、化粪池等，几乎每个工程都有，把这些按标准图集计算出工程量，套上单价，编制成预算手册使用，可大大简化预结算的编审工作。

（8）分解对比审查法。一个单位工程，按直接费与间接费进行分解，然后把直接费按工种和分部工程进行分解，分别与审定的标准预算进行对比分析的方法，称分解对比审查法。

第三节　设计阶段工程造价的控制

设计阶段控制工程造价的方法有对设计方案进行优选或优化设计、运用价值工程原理提高设计产品价值、推广限额设计和标准化设计等。

一、设计方案的评价和优化

（一）设计方案评价

1. 设计方案评价的原则

为了提高工程项目建设投资效果，从选择场地和工程总平面布置开始，直到最后结构零件的设计，都应该进行多方案比选，从中选取技术先进、经济合理的最佳方案。设计方案优选应遵循以下原则：

（1）设计方案经济合理性与技术先进性相统一的原则。技术先进性与经济合理性是一对矛盾，设计者应妥善处理好两者的关系，一般情况下，要在满足使用者要求的前提下，尽可能降低工程造价。但是，如果资金有限，也可以在资金限制范围内，尽可能提高工程项目功能水平。

（2）工程项目全生命费用最低的原则。在工程项目建设过程中，控制造价是一个非常重要的目标。但是造价水平的变化，又会影响工程项目的使用成本。如果单纯降低造价，建造质量得不到保障，就会导致工程项目使用过程中的维修费用很高，甚至有可能发生重大事故，给社会和人民安全带来严重损害。一般情况下，工程项目功能水平与工程造价及使用成本之间的关系如图 5-13 所示。在设计过程中应兼顾建设过程和使用过程，力求工程项目全生命费用最低，即做到成本低、维护少、使用费用省。

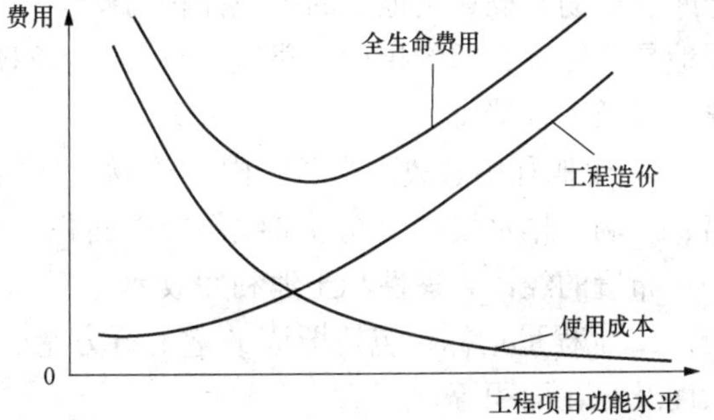

图 5-13　工程造价、使用成本和工程项目功能水平之间的关系

（3）设计方案经济评价的动态性原则。设计方案经济评价的动态性是指经济评价时考虑

资金的时间价值，即资金在不同时点存在的实际价值的差异。资金的时间价值反映了资金在不同时间的分配及其相关的成本，对于经营性建设工程项目，影响投资回收期的时间长短；对于民用建筑建设工程项目，则影响工程项目在使用过程中各种费用在远期与近期的分配。

（4）设计必须兼顾近期与远期发展相统一的原则。一个工程项目建成后，往往会在很长的时间内发挥作用。如果按照目前的要求设计工程，未来可能会出现由于工程项目功能水平无法满足需要而重建的情况。但是，如果按照未来的需要设计工程，又会出现由于工程项目功能水平高而资源闲置浪费的现象。所以，设计者要兼顾近期和远期的要求，选择工程项目合理的功能水平。同时，也要根据远景发展需要，适当留有发展余地。

（5）设计方案应符合可持续发展的原则。可持续发展的原则反映在工程设计方面即设计应符合"科学发展观"，"坚持以人为本，树立全面、协调、可持续的发展观，促进经济社会和人的全面发展"。科学发展观体现在投资控制领域，要求从单纯、粗放的原始扩大投资和简单建设转向提高科技含量、减少环境污染、绿色、节能、环保等可持续发展型投资。国家大力推广和提倡的建筑"四节"（节能、节水、节材、节地）、绿色建筑等都是生态文明建设的具体体现。绿色建筑遵循可持续发展原则，以高新技术为主导，针对建设工程项目全生命的各个环节，通过科学的整体设计，全方位体现"节约能源、节约资源、保护环境、以人为本"的基本理念，创造高效低耗、无废无污、健康舒适、生态平衡的建筑环境，提高建筑的功能、效率与舒适性水平。

2. 设计方案评价的内容

（1）工业建筑设计评价。工业建筑设计由总平面设计、工艺设计及建筑设计三部分组成，它们之间是相互关联和相互制约的。因此，分别对各部分设计方案进行技术经济分析与评价，是保证总设计方案经济合理的前提。各部分设计方案侧重点不同，评价内容也略有差异。

1）总平面设计评价。工业建筑总平面设计要求：注意节约用地，不占或少占农田；总平面设计必须满足生产工艺过程的要求；要合理组织厂区内、外运输，选择方便经济的运输设施和合理的运输路线；应适应建设地点的气候、地形、工程水文地质等自然条件；必须符合城市规划的要求。

工业建筑总平面设计的评价指标有：

a. 建筑系数（建筑密度）。指厂区内（一般指厂区围墙内）建筑物、构筑物和各种露天仓库及堆场、操作场地等的占地面积与整个厂区建设用地面积之比，它是反映总平面图设计用地是否经济合理的指标。建筑系数大，表明建筑布置紧凑，既节约用地，又可缩短管线距离，降低工程造价。

b. 土地利用系数。指厂区内建筑物、构筑物、露天仓库及堆场、操作场地、铁路、道路、广场、排水设施及地下管线等所占面积与整个厂区建设用地面积之比，它综合反映出总平面布置的经济合理性和土地利用效率。

c. 工程量指标。包括场地平整土石方量、铁路道路及广场铺砌面积、排水工程、围墙长度及绿化面积等。

d. 企业将来经营条件指标。指铁路、公路等每吨货物运输费用、经营费用等。

2）工艺设计评价。工艺设计是工程设计的核心，它是根据工业企业生产的特点、生产性质和功能来确定的。工艺设计标准高低，不仅直接影响工程项目建设投资的大小和建设速度，而且还决定着未来企业的产品质量、数量和运营费用。工艺设计评价指标有净现值、净年值、差额内部收益率等。

3）建筑设计评价。建筑设计要求在建筑平面布置和立面形式选择上，应该满足生产工艺要求。建筑设计评价指标具体如下：

a. 单位面积造价。建筑物平面形状、层数、层高、柱网布置、建筑结构及建筑材料等因素都会影响单位面积造价。因此，单位面积造价是一个综合性很强的指标。

b. 建筑物周长与建筑面积之比。主要用于评价建筑物平面形状是否合理。该指标越低，平面形状越合理。

c. 厂房展开面积。主要用于确定多层厂房的经济层数，展开面积越大，经济层数越可提高。

d. 厂房有效面积与建筑面积比。该指标主要用于评价柱网布置是否合理，合理的柱网布置可以提高厂房的有效使用面积。

e. 工程项目全生命成本。包括工程造价及工程建成后的使用成本，这是一个评价建筑物功能水平是否合理的综合性指标。一般来讲，功能水平低，工程造价低，但使用成本高；功能水平高，工程造价高，但使用成本低。工程项目全生命成本最低时，功能水平最合理。

（2）民用建筑设计评价。民用建筑一般包括公共建筑和住宅建筑两大类。民用建筑设计要坚持“适用、经济、美观”的原则。民用建筑设计要求平面布置合理、长度和宽度比例适当；合理确定户型和住户面积；合理确定层数与层高；合理选择结构方案。

民用建筑设计的评价指标包括：

1）公共建筑。公共建筑类型繁多，具有共性的评价指标有占地面积、建筑面积、使用面积、辅助面积、有效面积、平面系数、建筑体积、单位指标（m^2/人，m^2/床，m^2/座）、建筑密度等。其中

$$有效面积 = 使用面积 + 辅助面积$$

$$平面系数 K = \frac{使用面积}{建筑面积}$$

该指标反映了平面布置的紧凑合理性。

$$建筑密度 = \frac{建筑基底面积}{占地面积}$$

2）住宅建筑。包括以下几个评价指标：

a. 平面系数

$$平面系数 K = \frac{使用面积}{建筑面积}$$

$$平面系数 K_1 = \frac{居住面积}{有效面积}$$

$$平面系数 K_2 = \frac{辅助面积}{有效面积}$$

$$平面系数 K_3 = \frac{结构面积}{建筑面积}$$

b. 建筑周长指标。墙长与建筑面积之比。居住建筑进深加大，则单元周长缩小，可节约用地，减少墙体积，降低造价。其计算公式为

$$单元周长指标(m/m^2) = \frac{单元周长}{单元建筑面积}$$

$$建筑周长指标(m/m^2) = \frac{建筑周长}{建筑占地面积}$$

c. 建筑体积指标。建筑体积与建筑面积之比，是衡量层高的指标。其计算公式为

$$建筑体积指标（m^3/m^2）= \frac{建筑体积}{建筑面积}$$

d. 平均每户建筑面积

$$平均每户建筑面积 = \frac{建筑面积}{总户数}$$

e. 户型比。指不同居室数的户数占总户数的比例，是评价户型结构是否合理的指标。

（3）居住小区设计评价。小区规划设计是否合理，直接关系到居民的生活环境，同时也关系到建设用地、工程造价及总体建筑艺术效果。小区规划设计的核心问题是提高土地利用率。

1）在小区规划设计中节约用地的主要措施。

a. 压缩建筑的间距。住宅建筑的间距主要有日照间距、防火间距和使用间距，取最大间距作为设计依据。

b. 提高住宅层数或高低层搭配。提高住宅层数和采用多层、高层搭配都是节约用地、增加建筑面积的有效措施。据国外计算资料，建筑层数由5层增加到9层，可使小区总居住面积密度提高35%。但是高层住宅造价较高，居住不方便。因此，确定住宅的合理层数对节约用地有很大的影响。

c. 适当增加房屋长度。房屋长度的增加可以取消山墙的间隔距离，提高建筑密度。但是房屋过长也不经济，一般是4～5个单元（60～80m）最佳。

d. 提高公共建筑的层数。公共建筑分散建设占地多，如能将有关的公共设施集中建在一栋楼内，可节约用地。

e. 合理布置道路。

2）居住小区设计方案评价指标

$$建筑毛密度 = \frac{居住和公共建筑基底面积}{居住小区占地总面积} \times 100\%$$

$$居住建筑净密度 = \frac{居住建筑基底面积}{居住建筑占地面积} \times 100\%$$

$$居住面积密度 = \frac{居住面积}{居住建筑占地面积}$$

$$居住建筑面积密度 = \frac{居住建筑面积}{居住建筑占地面积}$$

$$人口毛密度 = \frac{居住人数}{居住小区占地总面积}$$

$$人口净密度 = \frac{居住人数}{居住建筑占地面积}$$

$$绿化比率 = \frac{居住小区绿化面积}{居住小区占地总面积}$$

居住建筑净密度是衡量用地经济性和保证居住区必要卫生条件的主要技术经济指标。其数值的大小与建筑层数、房屋间距、层高、房屋排列方式等因素有关。适当提高建筑密度，可以节省用地，但应保证日照、通风、防水、交通安全的基本需要。

居住面积密度是反映建筑布置、平面设计与用地之间的重要指标。影响居住面积密度的主要因素是房屋的层数，增加层数其数值就增大，有利于节约土地和管线费用。

3. 设计方案评价的方法

设计方案评价需要采用技术与经济比较的方法，按照工程项目经济效果，针对不同的设计方案，分析其技术经济指标，从中选出经济效果最优的方案。在设计方案评价比较中一般采用多指标评价法、投资回收期法、计算费用法等。

（1）多指标评价法。多指标评价法是通过反映建筑产品功能和耗费特点的若干技术经济指标的计算、分析、比较，评价设计方案的经济效果。它可分为多指标对比法和多指标综合评分法。

1）多指标对比法。多指标对比法的基本特点是使用一组适用的指标体系，将对比方案的指标值列出，然后一一进行对比分析，根据指标值的高低分析判断方案的优劣。

利用这种方法首先需要将指标体系中的各个指标，按其在评价中的重要性，分为主要指标和辅助指标。主要指标是能够比较充分地反映工程项目技术经济特点的指标，是确定工程项目经济效果的主要依据。辅助指标在技术经济分析中处于次要地位，是主要指标的补充，当主要指标不足以说明方案的技术经济效果的优劣时，辅助指标就成为进一步进行技术经济分析的依据。但是要注意参选方案在功能、价格、时间、风险等方面的可比性。如果方案不完全符合对比条件，要加以调整，使其满足对比条件后再进行对比，并在综合分析时予以说明。

这种方法的优点是指标全面、分析确切，可通过各种技术经济指标直接定性或定量地反映方案技术经济性能的主要方面。其缺点是：不便于考虑对某一功能评价，不便于综合定量分析，容易出现某一方案有些指标较优，另一些指标较差；而另一方案则可能是有些指标较差，另一些指标较优。这样就使分析工作复杂化，有时，也会因方案的可比性而产生客观标准不统一的想象。因此，在进行综合分析时，要特别注意检查对比方案在使用功能和工程质量方面的差异，并分析这些差异对各指标的影响，避免导致错误的结论。

【例 5-3】 以内浇外砌建筑体系为对比标准，用多指标对比法评价内外墙全现浇大模板建筑体系。评价结果见表 5-6。

表 5-6　　全现浇大模板建筑体系与内浇外砌建筑体系评价表

项目名称		单位	对比标准	评价对象	比较	备注
建筑特征	设计型号		内浇外砌	全现浇大模板建筑		
	建筑面积	m^2	8500	8500	0	
	有效面积	m^2	7140	7215	+75	
	层数	层	6	6		
	外墙厚度	cm	36	30	−6	浮石混凝土外墙
	外墙装修		勾缝，一层水刷石	干粘石，一层水刷石		

续表

项目名称			单位	对比标准	评价对象	比较	备注
技术经济指标	+0.00 以上土建造价		元/m^2 （建筑面积）	80	90	+10	
	+0.00 以上土建造价		元/m^2 （有效面积）	95.2	106	+10.8	
	主要材料消耗量	水泥	kg/m^2	130	150	20	
		钢材	kg/m^2	9.17	20	+10.83	
	施工周期		天	220	210	−10	
	+0.00 以上用工		工日/m^2	2.78	2.23	−0.55	
	建筑自重		kg/m^2	1294	1070	−224	
	房屋服务年限		年	100	100		

由表 5-6 中两类建筑体系的建筑特征对比分析可知，它们具有可比性。然后比较其技术经济特征，可以看出：与内浇外砌建筑体系比较，全现浇大模板建筑体系的优点是有效面积大、用工省、自重轻、施工周期短等，其缺点是造价高、主要材料消耗量多等。

2）多指标综合评分法。该法首先对需要进行分析评价的设计方案设定若干个评价指标，按其重要程度确定各指标的权重，然后确定评分标准，并就各设计方案对各指标的满意程度打分，最后计算各方案的加权得分，以加权得分高者为最优设计方案。多指标综合评分法是定性分析、定量打分相结合的方法，其关键是评价指标的选取和指标权重的确定。其计算公式为

$$S = \sum_{i=1}^{n} w_i s_i$$

式中：S 为设计方案总得分；s_i 为某方案在评价指标 i 上的得分；w_i 为评价指标 i 的权重；n 为评价指标数。

多指标综合评分法非常类似于价值工程中的加权评分法。加权评分法中不将成本作为一个评价指标，而将其单独拿出来计算价值系数；多指标综合评分法则不将成本单独剔除，如果需要，成本也是一个评价指标。

【例 5-4】 某建筑工程有四个设计方案，选定评价的指标为实用性、平面布置、经济性、美观性四项。各指标的权重及各方案的得分（10 分制）见表 5-7，试选择最优设计方案。

表 5-7　　建筑方案各指标权重及评价得分表

评价指标	权重	方案 A		方案 B		方案 C		方案 D	
		得分	加权得分	得分	加权得分	得分	加权得分	得分	加权得分
实用性	0.4	9	3.6	8	3.2	7	2.8	6	2.4
平面布置	0.2	8	1.6	7	1.4	8	1.6	9	1.8
经济性	0.3	9	2.7	7	2.1	9	2.7	8	2.4
美观性	0.1	7	0.7	9	0.9	8	0.8	9	0.9
合计			8.6		7.6		7.9		7.5

计算结果见表 5-7，可知：方案 A 的加权得分最高，因此方案 A 最优。

多指标综合评分法的优点在于避免了多指标间可能发生相互矛盾的现象，评价结果是唯一的，但是在确定权重及评分过程中存在主观臆断成分。同时，由于分值是相对的，因而不能直接判断各方案的各项功能实际水平。

（2）投资回收期法。设计方案的比选往往是选各方案的功能水平及成本。功能水平先进的设计方案一般所需的投资较多，方案实施过程中的效益一般也比较好。

用方案实施过程中的效益回收投资，即投资回收期反映初始投资补偿速度，衡量设计方案优劣也是非常必要的。投资回收期越短的设计方案越好。

不同设计方案的比选实际上是互斥方案的比选，首先要考虑方案可比性问题。当相互比较的各设计方案能满足相同的需要时，就只需要比较它们的投资和经营成本的大小，用差额投资回收期比较。

差额投资回收期是指在不考虑资金时间价值的情况下，用投资大的方案比投资小的方案所降低的经营成本，以及回收差额投资所需要的时间。其计算公式为

$$\Delta P_t = \frac{K_2 - K_1}{C_1 - C_2}$$

式中：ΔP_t为差额投资回收期；K_1为方案 1 的投资额，且 $K_2 > K_1$；K_2为方案 2 的投资额；C_1为方案 1 的年经营成本，且 $C_1 > C_2$；C_2为方案 2 的年经营成本。

当 $\Delta P_t \leqslant P_t$（基准投资回收期）时，投资大的方案优；反之，投资小的方案优。

如果两个比较方案的年业务量不同，则需将投资和经营成本转化为单位业务量的投资和成本，然后计算差额投资回收期，进行方案比选，此时差额投资回收期的计算公式为

$$\Delta P_t = \frac{K_2/Q_2 - K_1/Q_1}{C_1/Q_1 - C_2/Q_2}$$

式中：Q_1、Q_2分别为各比较方案的年业务量，其他符号同前。

（3）计算费用法。房屋建筑物和构筑物的全生命是指从勘察、设计、施工、建成后使用直至报废拆除所经历的时间。全生命费用应包括初始建设费、使用维护费和拆除费。

评价设计方案的优劣应考虑工程的全生命费用，但是初始投资和使用维护费是两类不同性质的费用，两者不能直接相加。计算费用法的思路是用一种合乎逻辑的方法将一次性投资与经常性的经营成本统一为一种性质的费用，可直接用来评价设计方案的优劣。

计算费用法又称最小费用法，它是在各个设计方案功能（或产出）相同的条件下，工程项目在整个生命期内的费用最低者为最优方案。计算费用法可分为静态计算费用法和动态计算费用法。

1）静态计算费用法。其计算公式为

$$C_{\mathrm{n}} = KE + V$$

$$C_{\mathrm{z}} = K + VT$$

式中：C_{n} 为年计算费用；C_{z} 为项目总费用；K 为总投资额；E 为投资效果系数，是投资回收期的倒数；V 为年生产成本；T 为投资回收期（年）。

2）动态计算费用法。对于生命期相同的设计方案，可以采用净现值法、净年值法、差额内部收益率法等，生命期不等的设计方案可以采用净年值法。其计算公式为

$$PC = \sum_{t=0}^{n} CO_t (P/F, i_c, t)$$

$$AC = PC(A/P, i_c, n) = \sum_{t=0}^{n} CO_t (P/F, i_c, t)(A/P, i_c, n)$$

式中：PC 为费用现值；CO_t为第 t 年现金流量；i_c为基准折现率；AC 为费用年值。

（二）设计方案优化途径

1. 通过设计招投标和方案竞选优化设计方案

建设单位就拟建工程项目的设计任务通过报刊、信息网络或其他媒介发布公告，吸引设计单位参加设计招标或设计方案竞选，以获得众多的设计方案；然后组织评标专家小组，采用科学的方法，按照经济、适用、美观的原则，以及技术先进、功能全面、结构合理、安全适用、满足建筑节能及环境等要求，综合评定各设计方案优劣，从中选择最优的设计方案，或将各方案的可取之处重新组合，提出最佳方案。建设单位使用未中选单位的设计成果时，需征得该单位同意，并实行有偿转让，转让费由建设单位承担。中选单位完成设计方案后，建设单位另选其他设计单位承担初步设计和施工图设计，建设单位则应付给中选单位方案设计费。专家评价法有利于多种方案的比较与选择，能集思广益，吸取众多设计方案的优点，使设计更完美。同时，这种方法有利于控制建设工程造价，因为选中的工程项目投资概算一般能控制在投资者限定的投资范围内。

2. 运用价值工程优化设计方案

价值工程是一门科学的技术经济分析方法，是现代科学管理的组成部分，是研究用最少的成本支出，实现必要的功能，从而达到提高产品价值的一门科学。

3. 实施限额设计，优化设计方案

限额设计是在资金一定的情况下，尽可能提高工程功能的一种设计方法，也是优化设计方案的一种重要手段。

4. 推广标准化设计，优化设计方案

标准设计又称定型设计、通用设计，是工程项目建设标准化的组成部分。通过推广标准化设计也可以达到优化设计方案的目的。

二、价值工程

价值工程中的“价值”是功能与成本的综合反映，其表达式为

$$价值 = \frac{功能（效用）}{成本（费用）}$$

或

$$V = \frac{F}{C}$$

一般来说，提高产品的价值，有以下五种途径：

（1）提高功能，成本降低。这是最理想的途径。

（2）保持功能不变，降低成本。

（3）保持成本不变，提高功能水平。

（4）成本稍有增加，但功能水平大幅度提高。

（5）功能水平稍有下降，但成本大幅度下降。

必须指出，价值分析并不是单纯追求降低成本，也不是片面追求提高功能，而是力求处

理好功能与成本的对立统一关系，提高它们之间的比值，研究产品功能和成本的最佳配置。

1. 价值工程的工作程序

价值工程工作可分为准备阶段、分析阶段、创新阶段、实施阶段四个阶段，大致可分为价值工程对象选择、收集资料、功能分析、功能评价、提出改进方案、方案的评价与选择、试验证明、决定实施方案八项工作内容。

价值工程的一般工作程序见表5-8。

表5-8　价值工程的一般工作程序

阶段	步骤	说明
准备阶段	1. 对象选择	应明确目标、限制条件及分析范围
	2. 组成价值工程领导小组	一般由项目负责人、专业技术人员、熟悉价值工程的人员组成
	3. 制订工作计划	包括具体执行人、执行日期、工作目标等
分析阶段	4. 收集整理信息资料	此项工作应贯穿于价值工程的全过程
	5. 功能系统分析	明确功能特性要求，并绘制功能系统图
	6. 功能评价	确定功能目标成本，确定功能改进区域
创新阶段	7. 方案创新	提出各种不同的实现功能的方案
	8. 方案评价	从技术、经济和社会等方面综合评价各方案达到预定目标的可行性
	9. 提案编写	将选出的方案及有关资料编写成册
实施阶段	10. 审批	由主管部门组织进行
	11. 实施与检查	制订实施计划、组织实施，并跟踪检查
	12. 成果鉴定	对实施后取得的技术经济效果进行鉴定

2. 设计阶段实施价值工程的意义

工程设计决定建筑产品的目标成本，目标成本是否合理，直接影响产品的效益。在施工图确定以前，确定目标成本可以指导施工成本控制，降低建筑工程的实际成本，提高经济效益。建筑工程在设计阶段实施价值工程的意义有：

（1）可以使建筑产品的功能更合理。工程设计实质上就是对建筑产品的功能进行设计。而价值工程的核心就是功能分析。通过实施价值工程，可以使设计人员更准确地了解用户所需，以及建筑产品各项功能之间的比重，同时还可以考虑设计专家、建筑材料和设备制造专家、施工单位及其他专家的建议，从而使设计更加合理。

（2）可以有效地控制工程造价。价值工程需要对研究对象的功能与成本之间的关系进行系统分析。设计人员参与价值工程，就可以避免在设计过程中只重视功能而忽视成本的倾向，在明确功能的前提下，发挥设计人员的创造精神，提出各种实现功能的方案，从中选取最合理的方案。这样既保证了用户所需功能的实现，又有效地控制了工程造价。

（3）可以节约社会资源。价值工程着眼于生命周期成本，即研究对象在其生命期内所发生的全部费用。对于建设工程而言，生命周期成本包括工程造价和工程使用成本。价值工程的目的是以研究对象的最低生命周期成本可靠地实现使用者所需功能。实施价值工程，既可以避免一味地降低工程造价而导致研究对象功能水平偏低的现象，也可以避免一味地提高使用成本而导致功能水平偏高的现象，使工程造价、使用成本及建筑产品功能合理匹配，减少社会资源消耗。

【例 5-5】 价值工程方法在项目设计方案评价优选中的应用示例。

下面以某设计单位在建筑设计中用价值工程方法进行住宅设计方案优选为例，说明价值工程在设计方案评价优选中的应用。

一般来说，同一个工程项目，可以有不同的设计方案，不同的设计方案会产生功能和成本上的差别，这时可以用价值工程的方法选择优秀设计方案。在设计阶段实施价值工程的步骤一般为：

(1) 功能分析。建筑功能是指建筑产品满足社会需求的各种性能的总和。不同的建筑产品有不同的使用功能，它们通过一系列建筑因素体现出来，反映建筑物的使用要求。例如，住宅工程一般有下列十个方面的功能：平面布置、采光通风、层高与层数、牢固耐久性、“三防”（防火、防震、防空）设施、建筑造型、内外装饰（美观、实用、舒适）、环境设计（日照、绿化、景观）、技术参数（使用面积系数、每户平均用地指标）、便于设计和施工。

(2) 功能评价。功能评价主要是比较各项功能的重要程度，计算各项功能的功能评价系数，作为该功能的重要度权数。例如，上述住宅功能采用用户、设计人员、施工人员按各自的权重共同评分的方法计算。如果确定用户的意见占 55%、设计人员的意见占 30%、施工人员的意见占 15%，具体分值计算见表 5-9。

表 5-9　　住宅工程功能权重系数计算表

功能		用户评分		设计人员评分		施工人员评分		功能权重系数 $K=(F_{ai}\times55\%+F_{bi}\times30\%+F_{ci}\times15\%)/100$
		得分 F_{ai}	$F_{ai}\times55\%$	得分 F_{bi}	$F_{bi}\times30\%$	得分 F_{ci}	$F_{ci}\times15\%$	
适用	平面布置 F_1	40	22	30	9	35	5.25	0.362 5
	采光通风 F_2	16	8.8	14	4.2	15	2.25	0.152 5
	层高与层数 F_3	2	1.1	4	1.2	3	0.45	0.027 5
	技术参数 F_4	6	3.3	3	0.9	2	0.3	0.045 0
安全	牢固耐久性 F_5	22	12.1	15	4.5	20	3	0.196 0
	“三防”设施 F_6	4	2.2	5	1.5	3	0.45	0.041 5
美观	建筑造型 F_7	2	1.1	10	3	2	0.3	0.044 0
	内外装饰 F_8	3	1.65	8	2.4	1	0.15	0.042 0
	环境设计 F_9	4	2.2	6	1.8	6	0.9	0.049 0
其他	便于设计和施工 F_{10}	1	0.55	5	1.5	13	1.95	0.040 0
小计		100	55	100	30	100	15	1

(3) 计算成本系数。计算公式为

$$成本系数=\frac{某方案平方米造价}{所有评选方案平方米造价之和}$$

例如，某住宅设计提供了十几个方案，通过初步筛选，拟选用以下四个方案进行综合评价，见表 5-10。

表 5 - 10　住宅工程成本系数计算表

方案名称	主要特征	平方米造价（元/m^2）	成本系数
A	7 层砖混结构，层高 3m，240mm 厚砖墙，钢筋混凝土灌注桩，外装饰较好，内装饰一般，卫生设施较好	534.00	0.261 8
B	6 层砖混结构，层高 2.9m，240mm 厚砖墙，混凝土带形基础，外装饰一般，内装饰较好，卫生设施一般	505.50	0.247 8
C	7 层砖混结构，层高 2.8m，240mm 厚砖墙，混凝土带形基础，外装饰较好，内装饰较好，卫生设施较好	553.50	0.271 3
D	5 层砖混结构，层高 2.8m，240mm 厚砖墙，混凝土带形基础，外装饰一般，内装饰较好，卫生设施一般	447.00	0.219 1
小计		2040.00	1

（4）计算功能评价系数。计算公式为

$$功能评价系数=\frac{某方案功能满足程度总分}{所有参加评选方案功能满足程度总分之和}$$

表 5 - 10 中 A、B、C、D 四个方案的功能评价系数见表 5 - 11。

表 5 - 11　住宅工程功能满足程度及功能系数计算表

评价因素		方案名称	A	B	C	D
功能因素 F	权重系数 K					
F_1	0.362 5	方案满足程度分值 E	10	10	8	9
F_2	0.152 5		10	9	10	10
F_3	0.027 5		8	9	10	8
F_4	0.045 0		9	9	8	8
F_5	0.196 0		10	8	9	9
F_6	0.041 5		10	10	9	10
F_7	0.044 0		9	8	10	8
F_8	0.042 0		9	9	10	8
F_9	0.049 0		9	9	9	9
F_{10}	0.040 0		8	10	8	9
方案功能满足程度总分		$M_j=\sum KN_j$	9.685	9.204	8.819	9.036
功能评价系数		$M_j/\sum M_j$	0.263 6	0.250 5	0.240 0	0.245 9

注　1. N_j 表示 j 方案对应某功能的得分值。
2. M_j 表示 j 方案功能满足程度总分。

根据表 5 - 14 中数据，A 方案功能满足程度总分为

$M_A=0.362\ 5\times10+0.152\ 5\times10+0.027\ 5\times8+0.045\times9+0.196\times10+0.041\ 5\times10+0.044\times9+0.042\times9+0.049\times9+0.04\times8=9.685$

A 方案功能评价系数$=\frac{M_A}{\sum M_j}=\frac{9.685}{9.685+9.204+8.819+9.036}=0.2636$

其余类推，计算结果见表 5 - 11。

（5）最优设计方案评选。运用功能评价系数和成本系数计算价值系数，价值系数最大的方案为最优设计方案，见表 5 - 12。

$$价值系数=\frac{功能评价系数}{成本系数}$$

表 5 - 12　　住宅工程价值系数计算表

方案名称	功能评价系数	成本系数	价值系数	最优方案
A	0.263 6	0.261 8	1.007	
B	0.250 5	0.247 8	1.011	
C	0.240 0	0.271 3	0.885	
D	0.245 9	0.219 1	1.122	此方案最优

三、限额设计

1. 限额设计的概念

设计阶段的投资控制，就是编制出满足设计任务书要求，造价又受控于投资限额的设计文件，限额设计就是根据这一要求提出的。

限额设计就是按照设计任务书批准的投资估算额进行初步设计，按照初步设计概算造价限额进行施工图设计，按施工图预算造价对施工图设计的各个专业设计文件做出决策，保证总投资限额不被突破。

限额设计是建设工程项目投资控制系统中的一个重要环节，或称为一项关键措施。在整个设计过程中，设计人员与经济管理人员密切配合，做到技术与经济的统一。设计人员在设计时考虑经济支出，做出方案比较，有利于强化设计人员的工程造价意识，进行优化设计；经济管理人员及时进行造价计算，为设计人员提供信息，使设计小组内部形成有机整体，克服相互脱节现象，达到动态控制投资的目的。

2. 限额设计的目标

（1）限额设计目标的确定。限额设计目标是在初步设计开始前，根据批准的可行性研究报告及其投资估算确定的。限额设计指标经项目经理或总设计师提出并审批下达，其总额度一般只下达直接工程费的 90%，以便留有一定的调节指标，限额指标用完后，必须经批准才能调整。专业之间或专业内部节约下来的单项费用，未经批准，不能相互调用。

（2）采用优化设计，确保限额目标的实现。优化设计是以系统工程理论为基础，应用现代数学方法对工程设计方案、设备选型、参数匹配、效益分析等方面进行最优化的设计方法。

优化设计是控制投资的重要措施。在进行优化设计时，必须根据问题的性质，选择不同的优化方法。一般来说，对于一些确定性问题，如投资、资料消耗、时间等有关条件已确定的，可采用线性规划、非线性规划、动态规划等理论和方法进行优化；对于一些非确定性问题，可采用排队论、对策论等方法进行优化；对于涉及流量的问题，可采用网络理论进行优化。

优化设计通常是通过数学模型进行的。一般工作步骤是：首先，分析设计对象综合数据，建立设计目标；其次，根据设计对象的数据特征选择合适的优化方法，并建立模型；最后，用计算机对问题求解，并分析计算结果的可行性，对模型进行调整，直到得到满意结果为止。

优化设计不仅可选择最佳方案，提高设计质量，而且能有效控制投资。

3. 限额设计全过程

限额设计全过程实际上就是建设工程项目投资目标管理的过程，即目标分解与计划、目标实施检查、信息反馈的控制循环过程，如图 5 - 14 所示。

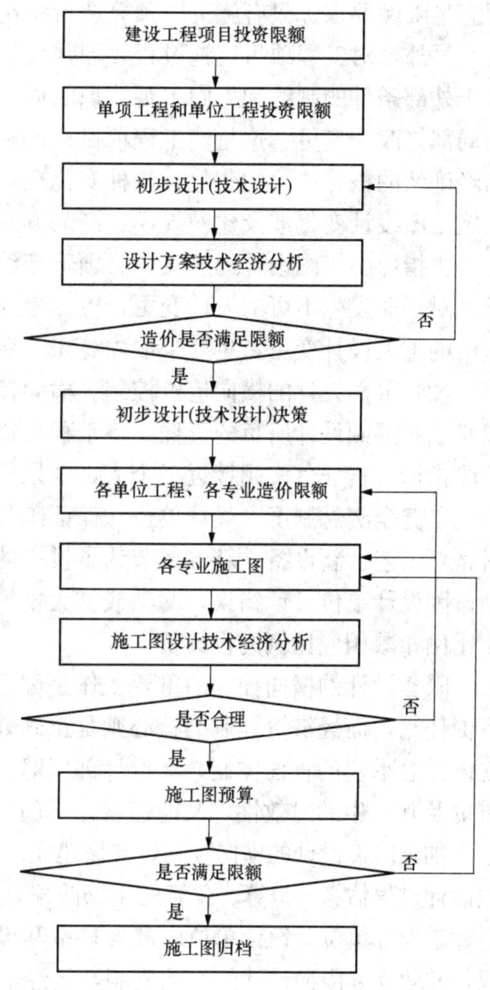

图 5 - 14　限额设计流程图

4. 限额设计的造价控制

限额设计控制工程造价由两条途径实施：一种途径是按照限额设计过程从前往后依次进行控制，称为纵向控制；另外一种途径是对设计单位及其内部各专业、科室及设计人员进行考核，实施奖励，进而保证质量的一种控制方法，称为横向控制。

（1）限额设计的纵向造价控制。首先对设计前准备阶段进行投资分解。投资分解是实行限额设计的有效途径和主要方法。设计任务书获得批准后，设计单位在设计前，应在设计任务书的总框架内将投资先分解到各专业，然后分解到各单项工程和单位工程，作为进行初步设计的造价控制目标。这种分配往往不是只凭设计任务书就能办到的，而是要进行方案设计，在此基础上做出决策。

其次对初步设计阶段进行限额设计。初步设计应严格按分配的造价目标进行设计。在初步设计开始前，项目总设计师应将设计任务书规定的设计原则、建设方针和投资限额向设计人员交底，将投资限额分专业下达到设计人员，发动设计人员认真研究实现投资限额的可能性，切实进行多方案比选，对各个技术经济方案的关键设备、工艺流程、总图方案、总图建筑和各项费用指标进行比较和分析，从中选出既能达到工程要求，又不超过投资限额的方案，作为初步设计方案。如果发现重大设计方案或某项费用指标超出任务书的投资限额，应及时反映，并提出解决问题的办法。不能等到设计概算编出后，才发觉投资超限额，再被迫压低造价，减项目、减设备，这样不但影响设计进度，而且造成设计上的不合理，给施工图设计超出限额埋下隐患。

再对施工图设计阶段进行限额设计。已批准的初步设计及初步设计概算是施工图设计的依据，在施工图设计中，无论是建设工程项目总造价，还是单项工程造价，均不应该超过初步设计概算造价。设计单位按照造价控制目标确定施工图设计的结构，选用材料和设备。进行施工图设计应把握两个标准，一个是质量标准，另一个是造价标准，并应做到两者协调一致，相互制约，防止只顾质量而放松经济要求的倾向。当然也不能因为经济上的限制而消极地降低质量。因此，必须在造价限额的前提下优化设计。在设计过程中，要对设计结果进行技术经济分析，判断是否满足单位工程造价限额要求，如果不满足，应修改施工图设计，直到满足限额要求。只有施工图预算造价满足施工图设计造价限额时，施工图才能归档。

另外，对工程项目实施过程要加强设计变更管理，实行限额动态控制。在初步设计阶段由于外部条件的制约和人们主观认识的局限，往往会造成施工图设计阶段，甚至施工过程中的局部修改和变更。这是使工程项目设计和建设更趋完善的正常现象，但是由此却会引起对已经确认的概算造价的变化。这种变化在一定范围内是允许的，但必须经过核算和调整。如果施工图设计变化涉及建设规模、产品方案、工艺流程或设计方案的重大变更，使原初步设计失去指导施工图设计的意义，必须重新编制或修改初步设计文件，并重新报原审查单位审批。对于非发生不可的设计变更，应尽量提前，以减少变更对工程造价的损失。对影响工程造价的重大设计变更，更要采取先算账、后变更的办法解决，以使工程造价得到有效控制。

（2）限额设计的横向造价控制。横向控制首先必须明确各设计单位及设计单位内部各专业科室对限额设计所负的责任，将工程投资按专业进行分配，分段考核，下段指标不得突破上段指标，责任落实越接近于个人，效果就越明显，并赋予责任者履行责任的权利；其次，要建立健全奖惩制度。设计单位在保证工程安全和不降低工程项目功能的前提下，采用新材料、新工艺、新设备、新方案节约了投资的，应根据节约投资额的大小，对设计单位给予奖励；因设计单位设计错误，漏项或扩大规模和提高标准而导致工程静态投资超支，要视其超支比例扣减相应比例的设计费。

限额设计的横向控制的重要工作是健全和加强设计单位对建设单位及设计单位的内部经济责任制，而经济责任制的核心则是正确处理责、权、利三者之间的有机关系。为此，要建立设计总承包的责任体制，让设计部门对设计阶段实行全权控制，这样既有利于设计方案的质量及其产生的时效性，又能使设计部门内部管理清晰，从而达到控制造价的目的。

加强限额设计的横向控制，应该建立设计部门各专业投资分配考核制度。在设计开始前按照设计过程估算、概算、预算的不同阶段，将工程投资按专业进行分配，并分段考核。为此，应赋予设计单位及设计单位内部各科室和设计人员，对所承担设计具有相应的决定权、责任权，并建立起限额设计的奖惩机制，从经济利益方面促进设计人员强化造价意识，了解新材料、新工艺，从各方面改进和完善设计，合理降低工程造价，将造价控制在限额目标以内。

第四节 案 例 分 析

【例 5 - 6】 某市 2021 年拟建住宅楼，建筑面积 6500m^2，编制土建工程概算时采用 2018 年建成的 6000m^2 某类似住宅工程预算造价资料（见表 5 - 13）。由于拟建住宅楼与已建类似住宅在结构上做了调整，拟建住宅每平方米建筑面积比已建类似住宅工程增加直接工程费 25 元。拟建新住宅工程所在地区的利润率为 7％，综合税率为 3.413％。试求：

（1）计算已建类似住宅工程成本造价和平方米成本造价是多少？

（2）用已建类似工程预算法编制拟建新住宅工程的概算造价和平方米造价是多少？

表 5-13　　2018 年某已建类似住宅工程预算造价资料

序号	名称	单位	数量	2018 年单价（元）	2021 年第一季度单价（元）
1	人工	工日	3790	13.5	20.3
2	钢筋	t	245	3100	3500
3	型钢	t	147	3600	3800
4	木材	m^3	220	580	630
5	水泥	t	1221	400	390
6	砂子	m^3	2863	35	32
7	石子	m^3	2778	60	65
8	红砖	千块	950	180	200
9	木门窗	m^2	1171	120	150
10	其他材料	万元	18		调增系数 10%
11	机械台班费	万元	28		调增系数 10%
12	措施项目费占直接工程费比率			15%	17%
13	间接费率			16%	17%

解　(1) 已建类似住宅工程成本造价和平方米成本造价见表 5-14。

表 5-14　　已建类似住宅工程成本造价和平方米成本造价计算表

序号	名称	单位	数量	2018 年单价（元）	合价（元）
1	人工	工日	37 908	13.5	511 758
	人工费小计				511 758
2	钢筋	t	245	3100	759 500
3	型钢	t	147	3600	529 200
4	木材	m^3	220	580	127 600
5	水泥	t	1221	400	488 400
6	砂子	m^3	2863	35	100 205
7	石子	m^3	2778	60	166 680
8	红砖	千块	950	180	171 000
9	木门窗	m^2	1171	120	140 520
10	其他材料	元	180 000		180 000
	材料费小计				2 663 105
11	机械台班费	元	280 000		280 000
	机械费小计				280 000
12	直接工程费	人工费＋材料费＋机械费			3 454 863
13	措施项目费	直接工程费×15%			518 229
14	直接费	直接工程费＋措施项目费			3 973 092
15	间接费	直接费×16%			635 695
16	类似住宅工程的成本造价	直接费＋间接费			4 608 787
17	类似住宅工程平方米成本造价	（直接费＋间接费）/建筑面积			768.1

（2）拟建新住宅的概算造价和平方米造价。

1）已建类似住宅工程各费用占其造价的百分比

$$人工费占造价百分比 = \frac{511\ 758}{4\ 608\ 787} \times 100\% = 11.10\%$$

$$材料费占造价百分比 = \frac{2\ 663\ 105}{4\ 608\ 787} \times 100\% = 57.78\%$$

$$机械台班费占造价百分比 = \frac{280\ 000}{4\ 608\ 787} \times 100\% = 6.08\%$$

$$措施费占造价百分比 = \frac{518\ 229}{4\ 608\ 787} \times 100\% = 11.24\%$$

$$间接费占造价百分比 = \frac{635\ 695}{4\ 608\ 787} \times 100\% = 13.79\%$$

2）拟建新住宅与已建类似住宅工程在各项费用上的差异系数

$$人工费差异系数 K_1 = \frac{20.3}{13.5} = 1.5$$

$$材料费差异系数 K_2 = \left(\begin{aligned}&245 \times 3500 + 147 \times 3800 + 220 \times 630 \\ &+ 1221 \times 390 + 2863 \times 32 + 2778 \times 65 \\ &+ 950 \times 200 + 1171 \times 150 + 180\ 000 \times 1.1\end{aligned}\right) \div 2\ 663\ 105 = 1.08$$

$$机械台班费差异系数 K_3 = 1.10$$

$$措施费差异系数 K_4 = \frac{17\%}{15\%} = 1.13$$

$$间接费差异系数 K_5 = \frac{17\%}{16\%} = 1.06$$

3）综合调价系数 K

$$K = 11.10\% \times 1.5 + 57.78\% \times 1.08 + 6.08\% \times 1.10 + 11.24\% \times 1.13 + 13.79\% \times 1.06 = 1.131$$

4）拟建新住宅平方米造价

$$拟建新住宅平方米造价 = [768.1 \times 1.131 + 25(1 + 17\%)(1 + 17\%)](1 + 7\%)(1 + 3.413\%) = 999.9(元/m^2)$$

5）拟建新住宅总造价

拟建新住宅总造价＝999.9×6500＝6 499 350 元＝649.94（万元）

【例 5-7】 某市高新技术开发区预开发建设集科研和办公于一体的综合大楼，其设计方案主体土建工程结构形式对比如下：

A 方案：结构方案为大柱网框架剪力墙轻墙体系，采用预应力大跨度叠合楼板，墙体材料采用多孔砖及移动式可拆装式分室隔墙，窗户采用中空玻璃断桥铝合金窗，面积利用系数为 93%，单方造价为 1438 元/m^2。

B 方案：结构方案同 A 方案，墙体采用内浇外砌，窗户采用双玻璃塑钢窗，面积利用系数为 87%，单方造价为 1108 元/m^2。

C 方案：结构方案采用框架结构，采用全现浇楼板，墙体材料采用标准黏土砖，窗户采用双玻璃铝合金窗，面积利用系数为 79%，单方造价为 1082 元/m^2。

功能权重见表 5 - 15。

表 5 - 15　功能权重表

方案功能	方案功能得分			
	A	B	C	功能权重
结构体系 F_1	10	10	8	0.25
楼板类型 F_2	10	10	9	0.05
墙体材料 F_3	8	9	7	0.25
面积系数 F_4	9	8	7	0.35
窗户类型 F_5	9	7	8	0.10

为控制工程造价和进一步降低费用，拟针对所选的最优设计方案的土建工程部分，以分部分项工程费用为对象开展价值工程分析。将土建工程划分为四个功能项目，各功能项目得分值及其目前成本见表 5 - 16。按限额和优化设计要求，目标成本额应控制在 12 170 万元。

表 5 - 16　项目功能得分及目前成本表

功能项目	功能得分	目前成本（万元）
A. 桩基围护工程	10	1520
B. 地下室工程	11	1482
C. 主体结构工程	35	4705
D. 装饰工程	38	5105
合计	94	12 812

试：(1) 应用价值工程方法选择最优设计方案（指数结果保留四位小数）。

(2) 分析各功能项目的目标成本及其可能降低的额度，并确定功能改进顺序（成本保留两位小数）。

(3) 若某承包商以目前成本表中的总成本加 3.98%的利润报价（不含税）中标并与业主签订了固定总价合同，而在施工过程中该承包商的实际成本为 12170 万元，则该承包商在该工程上的实际利润率为多少?

(4) 若要使实际利润率达到 10%，成本降低额应为多少?

解 (1) 分别计算各方案的功能指数、成本指数和价值指数并根据价值指数选择最优方案。

1) 功能指数见表 5 - 17。

表 5 - 17　功能指数计算表

方案功能	功能权重	方案功能加权得分		
		A	B	C
结构体系	0.25	10×0.25=2.50	10×0.25=2.50	8×0.25=2.00
楼板类型	0.05	10×0.05=0.50	10×0.05=0.50	9×0.05=0.45
墙体材料	0.25	8×0.25=2.00	9×0.25=2.25	7×0.25=1.75

续表

方案功能	功能权重	方案功能加权得分		
		A	B	C
面积系数	0.35	9×0.35=3.15	8×0.35=2.80	7×0.35=2.45
窗户类型	0.10	9×0.10=0.90	7×0.10=0.70	8×0.10=0.80
合计		9.05	8.75	7.45
功能指数		9.05/25.25=0.358	8.75/25.25=0.347	7.45/25.25=0.295

注 表中各方案功能加权得分之和为 9.05+8.75+7.45=25.25。

2）各方案的成本指数，见表 5-18。

表 5-18 成本指数计算表

方案	A	B	C	合计
单方造价（元/m^2）	1438	1108	1082	3628
成本指数	0.396	0.305	0.298	0.999

3）各方案的价值指数，见表 5-19。

表 5-19 价值指数计算表

方案	A	B	C
功能指数	0.358	0.347	0.295
成本指数	0.396	0.305	0.298
价值指数	0.904	1.138	0.990

结论：B 方案的价值指数最高，为最优方案。

（2）分别计算桩基围护工程、地下室工程、主体结构工程和装饰工程的功能指数、成本指数和价值指数；再根据给定的总目标成本额，计算各工程内容的目标成本额，从而确定其成本降低额度。具体计算结果汇总见表 5-20。

表 5-20 功能指数、成本指数、价值指数和目标成本降低额计算表

功能项目	功能评分	功能指数	目前成本（万元）	成本指数	价值指数	目标成本（万元）	目标成本降低额（万元）
桩基围护工程	10	0.106 4	1520	0.118 6	0.897 1	1295	225
地下室工程	11	0.117 0	148 2	0.115 7	1.011 2	1424	58
主体结构工程	35	0.372 3	4705	0.367 2	1.013 9	4531	174
装饰工程	38	0.404 3	5105	0.398 5	1.014 6	4920	185
合计	94	1.000 0	12 812	1.000 0		12 170	642

结论：由表 5-20 可知，桩基围护工程、地下室工程、主体结构工程和装饰工程均应通过适当方式降低成本。根据目标成本降低额的大小，功能改进顺序依次为桩基围护工程、装饰工程、主体结构工程、地下室工程。

（3）该承包商在该工程上的实际利润率＝实际利润额/实际成本额，则

$$(12\ 812 \times 3.98\% + 12\ 812 - 12\ 170)/12\ 170 = 9.47\%$$

（4）设成本降低额为 x 万元，则

$$(12\ 812 \times 3.98\% + x)/(12\ 812 - x) = 10\%$$

解得 x＝701.17 万元。

因此，若要使实际利润率达到 10%，成本降低额应为 701.17 万元。

一、单选题

1. 设计图纸已定情况下，编制设计概算的依据是（　　）。

A. 概算定额　　B. 预算定额　　C. 概算指标　　D. 劳动定额

2. 与预算单价法相比，采用实物法编制施工图预算突出的优点在于不需要（　　）。

A. 工料分析　　B. 工料汇总　　C. 调整材料价差　　D. 套用定额

3. 在价值工程的工作程序中，确定产品的价值是通过（　　）来解决的。

A. 功能定义　　B. 功能整理　　C. 功能评价　　D. 方案创造

4. 某新建住宅土建单位工程概算的直接工程费为 800 万元，措施项目费按直接工程费的 8%计算，间接费费率为 15%；利润率为 7%；增值税率为 9%，则该住宅的土建单位工程概算造价为（　　）万元。

A. 1067.2　　B. 1075.4　　C. 1089.9　　D. 1158.84

5. 某政府投资项目已批准的投资估算为 8000 万元，其总概算投资为 9000 万元，则概算审查处理办法应是（　　）。

A. 查明原因，调减至 8000 万元以内

B. 对超投资估算部分，重新上报审批

C. 查明原因，重新上报审批

D. 如确实需要，即可直接作为预算控制依据

6. 对于多层厂房，在其结构形式一定的条件下，若厂房宽度和长度越大，则经济层数和单方造价的变化趋势是（　　）。

A. 经济层数降低，单方造价随之相应增高

B. 经济层数增高，单方造价随之相应降低

C. 经济层数降低，单方造价随之相应降低

D. 经济层数增高，单方造价随之相应增高

7. 在编制施工图预算时，计算工程造价和计算工程中劳动、机械台班、材料需要量时使用定额是（　　）。

A. 施工定额　　B. 概算定额　　C. 预算定额　　D. 概算指标

8. 给排水、采暖通风概算应列入（　　）。

A. 建筑工程概算　　B. 设备及工器具费用概算

C. 设备安装工程概算　　D. 工程建设其他费用概算

9. 当初步设计达到一定深度，建筑结构比较明确，并能够较准确地计算出概算工程量时，编制概算可采用（　　）。

A. 概算定额法　　B. 概算指标法　　C. 类似工程预算法　　D. 预算定额法

10. 施工图预算审查方法中，审查速度快但审查精度较差的是（　　）。

A. 标准预算审查　　B. 对比审查法

C. 分组计算审查法　　D. 全面审查法

二、多选题

1. 下列方法中，属于设计概算审查方法的是（　　）。

A. 重点审查　　B. 对比分析法　　C. 查询核实法　　D. 联合会审

E. 筛选审查法

2. 施工图预算的编制方法主要有（　　）。

A. 工料单价法　　B. 类似工程预算法　　C. 预算单价法

D. 设备价值百分比法　E. 综合单价法

3. 设计概算的三级概算是指（　　）。

A. 建筑工程概算　　B. 建设期利息概算、铺底流动资金概算

C. 单位工程概算　　D. 单项工程综合概算

E. 建设项目总概算

4. 在工业项目的工艺设计过程中，影响工程造价的主要因素包括(　　)。

A. 生产方法　　B. 功能分区　　C. 设备选型

D. 工艺流程　　E. 运输方式

5. 用单价法编制施工图预算，当某些设计要求与定额单价特征完全不同时，应(　　)。

A. 直接套用

B. 找出定额说明中的相关规定

C. 按定额说明对定额基价进行换算

D. 补充单位估价表或补充定额

E. 按实际消耗对定额基价进行调整

三、简答题

1. 设计阶段影响工程造价的主要因素有哪些？

2. 单位工程设计概算的编制方法有哪些？

3. 施工图预算的编制方法有哪些？

4. 简述设计阶段的造价控制方法。

5. 在价值工程中，提高价值系数有哪几种途径？

6. 简述设计阶段实施价值工程的意义。

7. 什么是限额设计？简述限额设计的纵向造价控制和横向造价控制。

四、计算题

1. 某新建住宅土建单位工程概算的直接工程费为 800 万元，措施项目费按直接工程费的 8%计算，间接费费率为 15%；不含税的成本为 400 万元（包括直接费和间接费），利润率为 7%；增值税率为 9%，试计算该住宅的土建单位工程概算造价。

2. 某开发公司造价工程师对设计单位提出的某商住楼 A、B、C 三个设计方案进行了技术经济分析和专家调查，得到表 5-21 所示的数据。试计算各方案成本系数、功能系数和价值系数，计算结果保留到小数点后 4 位（其中功能系数要求列出计算式），并确定最优方案。

表 5-21　　方案功能数据

方案功能	方案功能得分			方案功能重要系数
	A	B	C	
F_1	9	9	8	0.25
F_2	8	10	10	0.35
F_3	10	7	9	0.25
F_4	9	10	9	0.10
F_5	8	8	6	0.05
单方造价（元/m^2）	1325	1118	1226	

第六章　招标投标阶段的工程造价管理

第一节　概　　述

一、施工招标方式

招标可分为公开招标和邀请招标。

(1) 公开招标。公开招标又称为无限竞争性招标，是由招标单位通过指定的报刊、信息网络或其他媒体上发布招标公告，有意的承包商均可参加资格审查，合格的承包商可购买招标文件，参加投标的招标方式。

(2) 邀请招标。邀请招标又称为有限竞争性招标。这种方式不发布广告，业主根据自己的经验和所掌握的信息资料，向有承担该项工程施工能力的3个以上（含3个）承包商发出招标邀请书，收到邀请书的单位才有资格参加投标。

(3) 公开招标与邀请招标在招标程序上的主要区别：

1) 招标信息的发布方式不同。公开招标是利用招标公告发布招标信息，而邀请招标则是采用向3个以上具有实施能力的投标人发出投标邀请书，请他们参与投标竞争。

2) 对投标人资格预审的时间不同。进行公开招标时，由于投标响应者较多，为了保证投标人具备相应的实施能力及缩短评标时间，突出投标的竞争性，通常设置资格预审程序。而邀请招标由于竞争范围小，且招标人对邀请对象的能力有所了解，不需要再进行资格预审，但评标阶段还要对各投标人的资格和能力进行审查和比较，通常称为“资格后审”。

3) 邀请的对象不同。邀请招标邀请的是特定的法人或者其他组织，而公开招标则是向不特定的法人或者其他组织邀请投标。

二、招标投标阶段造价管理的内容

在建设工程项目招标投标阶段，包含选择和确定承包人、合同类型，以及计价方式、编制工程量清单和招标控制价等内容。承包人的选择、合同类型和计价方式都会对建设工程项目施工阶段的工作产生重要影响。

工程量清单是招标文件的组成部分，是招标投标活动的重要依据。工程量清单一般都由招标人编制，或招标人委托工程造价咨询公司编制。《建设工程工程量清单计价规范》（GB 50500—2013）规定，招标工程量清单必须作为招标文件的组成部分，其准确性和完整性应由招标人负责。招标人提供的工程量清单是否准确，能直接影响该工程项目的中标价格，因此招标人应保证工程量清单的编制质量。

招标控制价的编制是建设工程项目招标投标制度工作的重要组成部分，是投标人投标报价、招标人合理评标的重要依据之一。招标控制价可以有效控制工程造价，防止恶性哄抬报价带来的财务风险；可以提高透明度，避免暗箱操作、寻租等违法活动的产生；可使各投标人自主报价、公平竞争，符合市场规律。

三、招标投标阶段对工程造价管理的影响

建设工程项目招标投标阶段的主要工作是通过建设工程项目招标投标制度确定承包人，

并签订建设工程项目施工合同。建设工程项目招标投标制度是我国建设工程市场走向规范化、完善化的举措之一。推行工程招标投标制度，对降低工程造价，进而使工程造价得到合理的控制具有非常重要的意义。

1. 招标投标制度使建筑产品的市场定价更为合理

推行招标投标制度最明显的表现是若干投标人之间出现激烈竞争，这种市场竞争最直接、最集中的表现就是在价格上的竞争。通过竞争确定出工程价格，使其趋于合理，这将有利于节约投资、提高投资效益。

2. 招标投标制度能够很好地控制工程成本

推行招标投标制度能够不断降低社会平均劳动消耗水平，使工程价格得到有效控制。在建设工程市场中，不同投标者的个别劳动消耗水平是有差异的。通过推行招标投标制度，会使那些个别劳动消耗水平最低或接近最低的投标者获胜，实现了生产力资源较优配置和对不同投标者实行了优胜劣汰的机制。

3. 招标投标制度为供求双方的相互选择提供条件

推行招标投标制度便于供求双方更好地相互选择，使工程价格更加符合价值基础，进而更好地控制工程造价。由于供求双方各自出发点不同，存在利益矛盾，因而单纯采用"一对一"的选择方式，成功可能性较小。采用招标投标制度方式为供求双方在较大范围内进行相互选择创造了条件，选择那些报价较低、工期较短，具有良好业绩和管理水平的供给者，为合理控制工程造价奠定了基础。

4. 招标投标制度使工程造价的形成更加透明

推行招标投标制度有利于规范价格行为，使公开、公平、公正的原则得以贯彻。我国招标投标制度活动由特定的机构进行管理，能够避免盲目过度的竞争和营私舞弊现象的发生，对建设工程领域中的腐败现象也有强有力的遏制作用，使价格形成过程变得透明而规范。

5. 招标投标制度能够减少交易过程中的费用

推行招标投标制度能够减少交易费用，节省人力、物力、财力，降低工程造价。我国目前从招标投标、开标、评标直至定标，均有相应的法律、法规规定。在招标投标制度中，若干投标人在同一时间、地点报价竞争，评标专家以群体决策方式确定中标者，减少交易费用，降低招标人成本，对工程造价必然会产生积极的影响。招标人应将招标项目划分成若干标段分别进行招标，但也不能将标段划分得太小，太小的标段将失去对实力雄厚的潜在投标人的吸引力。

第二节　招标工程量清单的编制

一、招标工程量清单的概念

招标工程量清单是招标人依据国家标准、招标文件、设计文件及施工现场实际情况编制的，随招标文件发布供投标报价的工程量清单及其说明和表格。招标人或其委托的工程造价咨询人根据工程项目设计文件，编制出招标工程项目的工程量清单，将其作为招标文件的组成部分，并对招标工程量清单的准确性和完整性负责。

二、招标工程量清单的编制依据

(1)《建设工程工程量清单计价规范》(GB 50500—2013) 及各专业工程计算规范等。

(2) 国家或省级、行业建设主管部门颁发的计价定额和办法。

(3) 建设工程设计文件及相关资料。

(4) 与建设工程有关的标准、规范、技术资料。

(5) 拟定的招标文件。

(6) 施工现场情况、地质勘察及水文资料、工程特点和常规施工方案。

三、招标工程量清单的编制

1. 初步研究

工程量清单编制前，首先要对各种资料进行认真研究，主要包括熟悉《建设工程工程量清单计价规范》(GB 50500—2013) 和各专业工程计算规范、当地计价规定及相关文件；熟悉设计文件，掌握工程全貌，工程量清单项目列项的完整、工程计量的准确计算及清单项目的准确描述，对设计文件中出现的问题应及时提出。此外，熟悉招标文件、招标图纸，确定工程量清单的范围及需要设定的暂估价，收集相关市场价格信息，为暂估价的确定提供依据。

2. 现场踏勘

为了选用合理的施工组织设计和施工技术方案，需进行现场踏勘，以充分了解施工现场情况及工程特点，主要调查自然地理条件和施工条件两个方面。

3. 拟定常规施工组织设计

施工组织设计是指导拟建工程项目的施工准备和施工的技术经济文件。根据工程项目的具体情况编制施工组织设计，拟定工程的施工方案、施工顺序、施工方法等，便于工程量清单的编制及准确计算，特别是工程量清单中的措施项目。

四、招标工程量清单的编制内容

招标工程量清单包括分部分项工程量清单、措施项目清单、其他项目清单、规费和税金清单等内容。

【例 6-1】 关于工程量清单计价，下列表达式正确的是（　　）。

A. 分部分项工程费＝Σ（分部分项工程量 × 相应分部分项的工料单价）

B. 措施项目费＝Σ（措施项目工程量 × 相应的工料单价）

C. 其他项目费＝暂列金额＋材料设备暂估价＋计日工＋总承包服务费

D. 单位工程造价＝分部分项工程费＋措施项目费＋其他项目费＋规费＋税金

【答案】 D

【解析】 分部分项工程费＝Σ（分部分项工程量 × 相应分部分项的工程综合单价）。

第三节　招标控制价的编制

《中华人民共和国招标投标法实施条例》中规定的最高投标限价基本等同于《建设工程工程量清单计价规范》(GB 50500—2013) 中规定的招标控制价。招标控制价编制的要求和方法也同样适用于最高投标报价。

一、编制招标控制价的规定

（1）国有资金投资的建设工程项目应实行工程量清单招标，招标人应编制招标控制价，并应当拒绝高于招标控制价的投标报价，即投标人的投标报价若超过公布的招标控制价，则其投标作为废标处理。

（2）招标控制价应由具有编制能力的招标人或受其委托、具有相应资质的工程造价咨询人编制。工程造价咨询人不得同时接受招标人和投标人对同一工程的招标控制价和投标报价的编制。

（3）招标控制价应在招标文件中公布，对所编制的招标控制价不得进行上浮或下调。在公布招标控制价时，除公布招标控制价的总价外，还应公布各单位工程的分部分项工程费、措施项目费、其他项目费、规费和税金。

（4）招标控制价超过批准的概算时，招标人应将其报原概算审批部门审核。由于我国对国有资金投资项目的投资控制实行设计概算审批制度，国有资金投资的工程原则上不能超过批准的设计概算。

（5）投标人经复核认为招标人公布的招标控制价未按照国家相关规范的规定进行编制的，在招标控制价公布后5天内，向招标投标监督机构和工程造价管理机构投诉。工程造价管理机构受理投诉后，应立即对招标控制价进行复查，组织投诉人、被投诉人或其委托的招标控制价编制人等单位人员对投诉问题逐一核对。当招标控制价复查结论与原公布的招标控制价误差大于3%时，应责成招标人改正。当重新公布招标控制价时，若重新公布之日起至原投标截止期不足15天，应延长投标截止期。

（6）招标人应将招标控制价及有关资料报送工程项目所在地或有该工程管辖的行业管理部门工程造价管理机构备案。

二、招标控制价的编制依据

招标控制价的编制依据是指在编制招标控制价时需要进行工程量计量、价格确认及工程计价有关参数、费率的确定等工作时所需的基础性资料，主要包括：

（1）现行国家标准，如《建设工程工程量清单计价规范》（GB 50500—2013），以及专业工程计算规范。

（2）国家或省级、行业建设主管部门颁发的计价定额和计价办法。

（3）建设工程设计文件及相关资料。

（4）拟定的招标文件及招标工程量清单。

（5）与建设工程项目相关的标准、规范、技术资料。

（6）施工现场情况、工程特点及常规施工方案。

（7）工程造价管理机构发布的工程造价信息，工程造价信息没有发布的参照市场价。

（8）其他的相关资料。

三、招标控制价的编制内容

招标控制价的编制内容包括分部分项工程费、措施项目费、其他项目费、规费和税金，各个部分有不同的计价要求。

1. 分部分项工程费的编制要求

分部分项工程费应根据招标文件中招标工程量清单给定的工程量乘以相应的综合单价汇总而成。如果招标文件提供了暂估单价的材料，该材料应按暂估单价计入综合单价。为使招标控制价与投标报价所包含的内容一致，综合单价中应包括招标文件中要求投标人所承担的风险内容及其范围（幅度）产生的风险费用。

2. 措施项目费的编制要求

措施项目费中的安全文明施工费应按照国家或省级、行业建设主管部门的规定标准计价，该部分不得作为竞争性费用。对于可精确计量的措施项目，以“量”计算，即按其工程量与分部分项工程工程清单单价相同的方式确定综合单价；对于不可精确计量的措施项目，则以“项”为单位，采用费率法按有关规定综合取定。采用费率法时，需确定某项费用计费基数及费率，结果包括除规费、税金以外的全部费用。

3. 其他项目费的编制要求

（1）暂列金额。暂列金额可根据工程的复杂程度、设计深度、工程环境条件（包括地质、水文、气候条件等）进行估算，一般可以分部分项工程费的10%～15%为参考。

（2）暂估价。材料暂估价应按照工程造价管理机构发布的工程造价信息中的材料单价计算，工程造价信息未发布的材料单价，其单价参考市场价格估算；专业工程暂估价应分不同专业，按有关计价规定估算。

（3）计日工。在编制招标控制价时，对计日工中的人工单价和施工机械台班单价应按省级、行业建设主管部门或其授权的工程造价管理机构公布的单价计算；材料应按工程造价管理机构发布的工程造价信息中的材料单价计算，工程造价信息未发布的材料单价，应按市场调查确定的单价计算。

（4）总承包服务费。总承包服务费应按照省级或行业建设主管部门的规定计算，根据提供服务内容的不同一般按1%～5%选择。招标人仅要求对分包专业工程进行总承包管理和协调时，按分包专业工程估算造价的1.5%计算；招标人要求对分包专业工程进行总承包管理和协调，并要求提供配合服务时，根据配合服务内容和提出的要求，按分包专业工程估算造价的3%～5%计算；招标人自行供应材料的，按招标人供应材料价值的1%计算。

4. 规费和税金的编制要求

规费和税金必须按国家或省级、行业建设主管部门的规定计算，即

增值税＝（人工费＋材料费＋施工机械使用费＋企业管理费＋利润＋规费）×增值税税率

应纳税额为当期销项税额抵扣当期进项税额后的余额。

四、招标控制价的编制程序

工程项目招标控制价的编制程序如下：

（1）确定招标控制价的编制单位。

（2）收集编制资料。

（3）全套施工图纸及现场地质、水文、地上情况的有关资料。

（4）招标文件。

（5）其他资料，如人工、材料、设备及施工机械台班等要素市场价格信息。

（6）领取招标控制价计算书、报审的有关表格。

（7）参加交底会及现场勘察。

（8）编制招标控制价。

招标控制价编制的基本原理及计算程序与工程量清单计价的基本原理及计价程序相同。

招标人建设工程项目招标控制价计价程序见表 6-1。

表 6-1　　招标人建设工程项目招标控制价计价程序

工程名称：　　　　标段：　　　　第　页共　页

序号	汇总内容	计算方法	金额（元）
1	分部分项工程	按计价规定计算	
1.1			
1.2			
2	措施项目	按计价规定计算	
2.1	其中：安全文明施工费	按规定标准估算	
3	其他项目		
3.1	其中：暂列金额	按计价规定估算	
3.2	其中：专业工程暂估价	按计价规定估算	
3.3	其中：计日工	按计价规定估算	
3.4	其中：总承包服务费	按计价规定估算	
4	规费	按规定标准计算	
5	税金	人工费＋材料费＋施工机械使用费＋企业管理费＋利润＋规费）×增值税税率	
招标控制价	合计＝1＋2＋3＋4＋5		

五、编制招标控制价时应注意的问题

（1）招标控制价必须适应目标工期的要求，对提前工期因素有所反映，并应将其计算依据、过程、结果列入招标控制价的综合说明中。

（2）招标控制价必须适应招标方的质量要求，对高于国家施工及验收规范的质量因素有所反映，并应将其计算依据、过程、结果列入招标控制价的综合说明中。据某些地区测算，建筑产品从合格到优良，其人工和材料的消耗量使成本相应增加 3%～5%。因此，招标控制价的计算应体现优质优价。

（3）招标控制价必须合理考虑招标工程的自然地理条件和招标工程范围等因素。若招标文件中规定地下工程及“三通一平”等计入招标工程范围，则应将其费用正确地计入招标控制价。由于自然条件导致的施工不利因素也应考虑计入招标控制价。

（4）招标控制价采用的材料价格应是工程造价管理机构通过工程造价信息发布的材料价格，工程造价信息未发布的材料单价，应通过市场调查确定的单价计算。另外，未采用工程造价管理机构发布的工程造价信息时，需在招标文件或答疑补充文件中对招标控制价采用的与工程造价信息不一致的市场价格予以说明，采用的市场价格则应通过调查、分析确定。

（5）招标控制价中施工机械设备的选型直接关系到综合单价水平，应根据工程项目的特点和施工条件，本着经济实用、先进高效的原则确定。

（6）招标控制价编制过程中应该正确、全面地使用行业和地方的计价定额与相关文件。

（7）在招标控制价的编制中，不可竞争的措施项目和规费、税金等费用的计算均属于强制性的条款，应按照国家有关规定计算。

（8）在招标控制价的编制中，不同工程项目、不同施工单位会有不同的施工组织方法，所发生的措施项目费也会有所不同。因此，对于竞争性的措施项目，招标人应首先编制常规的施工组织设计或施工方案，然后经专家论证确认后再合理确定措施项目及其费用。

（9）招标控制价应根据招标文件或合同条件的规定，按规定的工程发承包模式，确定相应的计价方式，考虑相应的风险费用。

第四节 投标报价的编制

投标报价的编制过程是，投标人首先应根据招标人提供的工程量清单编制分部分项工程和措施项目清单与计价表，其他项目清单与计价表、规费、税金项目计价表编制投标报价。投标报价编制完成后，汇总得到单位工程投标报价汇总表，再逐级汇总，分别得到单项工程投标报价汇总表和建设工程项目投标报价汇总表。建设工程项目投标总价的组成如图 6-1 所示。

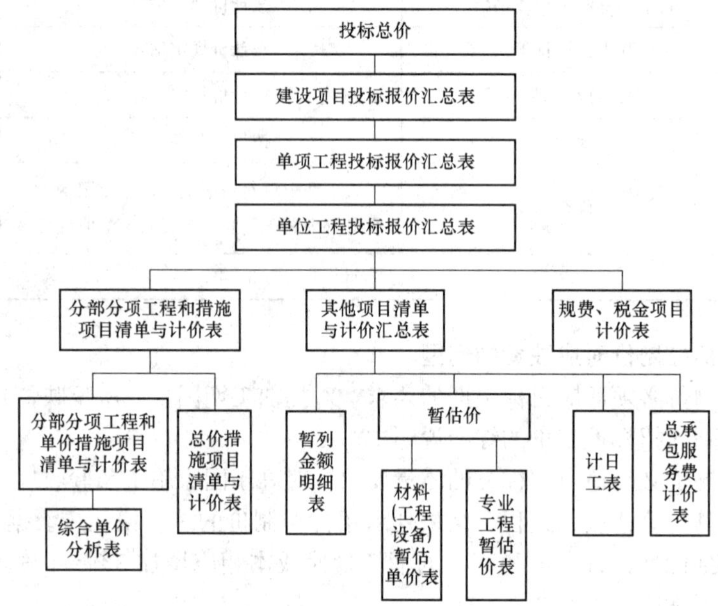

图 6-1 建设工程项目投标总价的组成

一、投标报价的编制依据

（1）招标人提供的招标文件。

（2）招标人提供的设计图纸及有关的技术说明书等。

（3）国家及地区颁发的现行建筑、安装工程预算定额及与之相配套执行的各种费用定额、规定等。

（4）地方现行材料预算价格、采购地点及供应方式等。

（5）因招标文件及设计图纸等不明确，经咨询后由招标人书面答复的有关资料。

（6）企业内部制定的有关取费、价格等的规定、标准。

（7）其他与报价计算有关的各项政策规定及调整系数等。

（8）在报价的计算过程中，对于不可预见费用的计算必须慎重考虑，不要遗漏。

二、投标报价的编制原则

1. 自主报价的原则

投标报价由投标人自主确定，但必须执行《建设工程工程量清单计价规范》（GB 50500—2013）的强制性规定，投标报价应由投标人或受其委托的工程造价咨询人编制。

2. 不低于成本的原则

《中华人民共和国招标投标法》第四十一条规定："中标人的投标应符合满足招标文件的实质性要求，并且经评审的投标价格最低，但投标价格低于成本的除外"，根据法律、规章的规定，特别要求投标人的投标报价不得低于工程成本。

3. 风险分担的原则

投标报价要以招标文件中设定的发承包双方责任划分，作为考虑投标报价费用项目和费用计算的基础，发承包双方的责任划分不同，会导致合同风险不同的分摊，从而导致投标人选择不同的报价；根据工程发承包模式考虑投标报价的费用内容和计算深度。

4. 发挥自身优势的原则

以施工方案、技术措施等作为基本依据；投标报价计算的基本条件，以反映企业技术和管理水平的企业定额作为计算人工、材料和机械台班消耗量的基本依据；充分利用现场考察、调研成果、市场价格信息和行情资料，编制基础报价。

5. 科学严谨的原则

报价计算方法要科学严谨，简明适用。

三、投标报价的编制程序

投标报价的编制主要是投标人对承建招标工程所要发生的各种费用的计算。投标报价的编制方法和招标控制价的编制方法一致，投标人建设工程项目投标报价计价程序见表 6-2。

表 6-2　投标人建设工程项目投标报价计价程序

工程名称：　　　　标段：　　　　第　页共　页

序号	汇总内容	计算方法	金额（元）
1	分部分项工程	自主报价	
1.1			
1.2			
2	措施项目	自主报价	
2.1	其中：安全文明施工费	按规定标准计算	
3	其他项目		
3.1	其中：暂列金额	按招标文件提供金额计列	
3.2	其中：专业工程暂估价	按招标文件提供金额计列	
3.3	其中：计日工	自主报价	
3.4	其中：总承包服务费	自主报价	
4	规费	按规定标准计算	
5	税金	（人工费＋材料费＋施工机械使用费＋企业管理费＋利润＋规费）×增值税税率	
投标报价	合计＝1＋2＋3＋4＋5		

1. 分部分项工程和单价措施项目清单与计价表的编制

投标人投标报价中的分部分项工程费和以单价计算的措施项目费，应按招标文件中分部分项工程和单价措施项目清单与计价表的项目特征描述，确定综合单价计算。因此确定综合单价是分部分项工程和单价措施项目清单与计价表编制过程中最主要的内容。综合单价包括完成一个规定清单项目所需的人工费、材料和工程设备费、施工机械使用费、企业管理费、利润，并考虑风险费用的分摊。其计算公式为

综合单价＝人工费＋材料和工程设备费＋施工机械使用费＋企业管理费＋利润

2. 总价措施项目清单与计价表的编制

对于不能精确计量的措施项目，应编制总价措施项目清单与计价表。投标人对措施项目中的总价项目投标报价时，措施项目的内容应依据招标人提供的措施项目清单和投标人投标时拟定的施工组织设计或施工方案确定；措施项目费由投标人自主确定，但其中安全文明施工费必须按照国家或省级、行业建设主管部门的规定计价，不得作为竞争性费用。招标人不得要求投标人对该项费用进行优惠，投标人也不得将该项费用参与市场竞争。

3. 其他项目清单与计价表的编制

其他项目费包括暂列金额、暂估价、计日工和总承包服务费。投标人对其他项目费投标报价时应遵循以下原则：

（1）暂列金额应按照招标人提供的其他项目清单中列出的金额填写，不得变动。

（2）暂估价不得变动和更改。暂估价中的材料、工程设备暂估价必须按照招标人提供的暂估单价计入清单项目的综合单价；专业工程暂估价必须按照招标人提供的其他项目清单中列出的金额填写。材料、工程设备暂估单价和专业工程暂估价均由招标人提供，为暂估价格，在工程实施过程中，不同类型的材料与专业工程采用不同的计价方法。

（3）计日工应按照招标人提供的其他项目清单列出的项目和估算的数量，自主确定各项综合单价并计算费用。

（4）总承包服务费应根据招标人在招标文件中列出的分包专业工程内容和供应材料、设备情况，按照招标人提出的协调、配合与服务要求和施工现场管理需要自主确定。

4. 规费、税金项目计价表的编制

规费和税金应按国家或省级、行业建设主管部门的规定计算，不得作为竞争性费用。这是由于规费和税金的计取标准是依据有关法律、法规和政策制定的，具有强制性。因此，投标人在投标报价时必须按照国家或省级、行业建设主管部门的有关规定计算规费和税金。

5. 投标报价的汇总

投标总价应当与组成工程量清单的分部分项工程费、措施项目费、其他项目费和规费、税金的合计金额相一致，即投标人在进行工程量清单招标的投标报价时，不能进行投标总价优惠（或降价、让利），投标人对投标报价的任何优惠（或降价、让利）均应体现在相应清单项目的综合单价中。

【例 6 - 2】 投标报价时，投标人需严格按照招标人所列项目进行自主报价的是（　　）。

A. 总价措施项目　　B. 专业工程暂估价　　C. 计日工　　D. 规费

【答案】 C

【解析】 计日工应按照招标人提供的其他项目清单列出的项目和估算的数量，自主确定各项综合单价并计算费用。

【例 6-3】 在投标报价确定分部分项工程综合单价时，应根据所选的计算基础计算工程内容的工程量，该数量应为（　　）。

A. 实物工程量　　B. 施工工程量

C. 定额工程量　　D. 复核的清单工程量

【答案】 C

【解析】 每一项工程内容都应根据所选定额的工程量计算规则计算其工程量，当定额的工程量计算规则与清单的工程量计算规则相一致时，可直接以工程量清单中的工程量作为工程内容的工程数量。

四、投标报价的策略与技巧

（一）投标报价策略

投标策略是投标人经营决策的组成部分，指导投标全过程。投标人投标时，根据经营状况和经营目标，既要考虑自身的优势和劣势，也要考虑竞争的激烈程度，还要分析投标项目的整体特点，按照工程项目的类别特点和施工条件等确定投标策略。从投标的全过程视角，投标报价策略主要包括生存型策略、竞争型策略和盈利型策略。

1. 生存型策略

投标人以克服生存危机为目标而争取中标的投标报价的策略，有可能造成投标人不考虑各种影响，以生存为重，采取不盈利甚至赔本也要参与投标的态度，主要出现在以下情形：

（1）企业经营状况不景气，投标项目减少。

（2）政府调整基建投资方向，使某些投标人擅长的工程项目减少，这种危机常涉及经营范围单一的专业工程投标人。

（3）如果投标人经营管理不善，投标人存在投标邀请越来越少的危机。

2. 竞争型策略

投标报价以竞争为手段，以开拓市场、低盈利为目标，在精确计算成本的基础上，充分估计各竞争对手的报价目标，以有竞争力的报价达到中标的目的。这种策略是大多数企业采用的，也称保本低利策略。投标人处于以下情形时，可采取竞争型报价策略：

（1）经营状况不景气，近期接收到的投标邀请较少。

（2）竞争对手有威胁性，试图打入新的地区，开拓新的工程施工类型。

（3）投标项目风险小，施工工艺简单、工程量大、社会效益好的项目。

（4）附近有本企业其他正在施工的项目。

3. 盈利型策略

盈利型策略是投标报价充分发挥自身优势，以实现最佳盈利为目标，对效益较小的项目热情不高，而对盈利大的项目感兴趣。下面几种情况可采用盈利型策略的报价策略：投标人在该地区已经打开局面、施工能力饱和、信誉度高、竞争对手少，其技术优势对招标人有较强的名牌效应，投标人目标主要是扩大影响，或者施工条件差、难度高、资金支付条件不好、工期质量等要求苛刻的项目等。

（二）投标报价技巧

投标报价技巧也称投标技巧，是指在投标报价中采用一定的手法或技巧使招标人可以接受，而中标后又能获得更多的利润。

报价方法是依据投标策略选择的，一个成功的投标策略必须运用与之相适应的报价方法才能取得理想的效果。投标策略对投标报价起指导作用，投标报价是投标策略的具体体现。按照确定的投标策略，恰当地运用投标报价技巧编制投标报价，是实现投标策略的目标并获得成功的关键。常用的工程投标报价技巧主要有灵活报价、不平衡报价、计日工单价的报价、可供选择项目的报价、暂定工程量的报价、多方案报价、增加建议方案、分包商报价的采用、无利润算标、联合体报价、许诺优惠条件和突然降价。

1. 灵活报价

灵活报价是指根据招标工程的不同特点采用不同报价。投标报价时，既要考虑自身的优势和劣势，也要分析招标项目的特点，按照工程项目的不同特点、类别和施工条件等选择报价策略。

2. 不平衡报价

不平衡报价也称前重后轻报价，是指一个工程总报价基本确定后，通过调整内部各个工程项目的报价，达到在不提高总报价的同时，又能在结算时得到更理想的经济效益的目标。

3. 计日工单价的报价

如果计日工单价不计入总报价，则可以报高价，以达到结算时提高经济效益的目的；如果计日工单价计入总报价，则需具体分析是否报高价，以免抬高总报价。总之，要分析业主在开工后可能使用的零星用工数量，再来确定报价方针。

4. 可供选择项目的报价

有些工程的分项工程，业主可能要求按某一方案报价，而后再提供几种可供选择方案的比较报价。投标时，对于有可能被选择使用的方案应适当提高其报价；而对于难以选择的方案可将价格有意抬高得更多一些，以阻挠业主选用。但是，所谓“可供选择项目”只有业主才有权进行选择。因此，承包商虽然适当提高了可供选择项目的报价，并不意味着肯定可以取得较好的利润，只是提供了一种可能性。关键点是业主选用项目才是承包商最终可获得的额外加价的利益。

5. 暂定工程量的报价

暂定工程量的报价主要包含以下三种情况：

（1）业主规定了暂定工程量的分项内容和暂定总价款，并规定所有投标人都必须在总报价中加入这笔固定金额，但由于分项工程量不准确，允许按投标人所报单价和实际完成的工程量付款。

（2）业主列出了暂定工程量的项目和数量，但并没有限制这些工程量的估价总价，要求投标人不仅列出单价，也应按暂定项目的数量计算总价，以便于结算付款时可按实际完成的工程量和所报单价支付。

（3）只有暂定工程的一笔固定总金额，这笔金额用途由业主确定。

在第一种情况中，由于暂定总价款是固定的，对各投标人的总报价水平竞争力没有任何影响。因此，投标时应当对暂定工程量的单价适当提高。

在第二种情况中，投标人必须慎重考虑。如果单价定得高，同其他工程量计价相同，将会增大总报价，影响投标报价的竞争力；如果单价定得低，这类工程量增大，会影响收益。一般来说，这类工程量可以采用正常价格。

在第三种情况中，投标竞争没有实际意义，只需按招标文件要求将规定的暂定款列入总报价即可。

6. 多方案报价

在一些招标文件中，如果投标人发现工程范围不太明确，条款不清楚或很不公正，或技术规范要求过于苛刻，那么投标人可在充分估计投标风险的基础上，按照多方案报价的技巧报价，即按原招标文件报价，然后提出如某条款做某些变动，报价可降低提价，由此得出一个较低的报价。通过降低总报价的方式，吸引招标人的兴趣。

7. 增加建议方案

在招标文件中规定，投标人可以提出一个建议方案，即修改原设计方案。投标人应抓住机会，组织一批有经验的设计和施工工程师，对原招标文件的设计和施工方案仔细研究，提出更为合理的方案以吸引业主，促成自己的方案中标。新建议方案可以降低总造价或缩短工期。但要注意在对原招标方案进行报价中，建议方案不要写得太具体，要保留方案的技术关键，防止招标人将此方案交给其他承包商。同时，增加的建议方案技术比较成熟，具有很好的操作性。

8. 分包商报价的采用

由于建设工程项目的综合性和复杂性，总承包商不可能将全部工程内容完全独家包揽，特别涉及一些专业性较强的工程内容，需分包给其他专业工程公司施工。对于分包工程，总承包商通常应在投标前先获取分包商的报价，增加一定的管理费，而后作为自己投标总价的一部分，并列入报价单中。在对分包商的询价中，总承包商一般在投标前，征求2～3家分包商的报价，最后选择其中一家信誉较好、实力较强和报价合理的分包商，与其签订协议，同意该分包商作为分包工程的唯一合作者，并将分包商的名称列到投标文件中，但要求该分包商相应地提交投标保函。这种把分包商的利益同投标人捆绑在一起的做法，不仅可以防止分包商事后反悔和涨价，而且可以迫使分包商报出较为合理的分包价格，与总承包商共同争取得标。

9. 无利润算标

一些缺乏竞争优势的承包商，在不得已的情况下，不考虑利润去夺标。无利润算标一般运用于以下情况：

（1）有可能在得标后，将大部分工程分包给索价较低的一些分包商。

（2）对于分期建设的工程项目，先以低价获得首期工程，而后赢得机会创造第二期工程中的竞争优势，并在以后的实施中赚得利润。

（3）在较长时期内，承包商没有在建的工程项目，如果再不得标，就难以维持生存。因此，虽然所投标工程无利可图，只要能有一定的管理费维持公司的日常运转，就可设法度过暂时的困难。

10. 联合体报价

在建设工程项目承发包阶段，联合体报价比较常用，即两三家公司，其主营业务类似或相近，单独投标会出现经验、业绩不足或工作负荷过大而造成高报价，失去竞争优势。而以捆绑形式联合投标，可以做到优势互补、规避劣势、利益共享和风险共担，相对提高了竞争力和中标概率。这种方式目前在国内许多大型项目中使用。

11. 许诺优惠条件

投标报价附带优惠条件是一种行之有效的报价技巧。在评标时，评标委员会成员除主要考虑报价和技术方案外，还要分析其他条件，如工期、付款条件等。因此，投标人在投标时主动提出提前竣工、低息贷款、赠送施工设备、免费转让新技术或某种技术专利、免费技术协作、代为培训人员等优惠条件，提高自身报价的竞争力。

12. 突然降价

投标报价是一项保密工作，但是投标人的竞争对手往往通过各种渠道、手段来打探情况。因此在报价时，投标人可以采取迷惑对手的方法，即先按一般情况报价或表现出对该工程兴趣不大，投标截止时间快到时，再突然降价。由于竞争对手来不及调整报价，进而投标人在评标时凸显自身的竞争力。

【例 6-4】 下列关于不平衡报价法的说法中，错误的是（　　）。

A. 能够早日结算的工程项目，可以适当地提高报价，后期工程项目的报价可适当降低

B. 经核算，预计今后工程量会增加的工程项目，可适当提高报价

C. 设计图纸不明确、估计修改后工程量要增加的工程项目，应适当降低单价

D. 单价与包干混合制合同中，招标人要求有些工程项目采用包干报价时，宜报高价

【答案】 C

【解析】 本题考查的是施工投标报价策略。选项 C 错误，设计图纸不明确、估计修改后工程量要增加的工程项目，可以提高单价；而工程内容说明不清楚的工程项目，则可降低一些单价，在工程实施阶段通过索赔再寻求提高单价的机会。

【例 6-5】 下列投标报价策略中属于恰当使用不平衡报价方法的是（　　）。

A. 适当降低早结算项目的报价

B. 适当提高晚结算项目的报价

C. 适当提高预计未来会增加工程量的项目单价

D. 适当提高工程内容说明不清楚的项目单价

【答案】 C

【解析】 经过工程量核算，预计今后工程量会增加的工程项目，适当提高单价，这样在最终结算时可多盈利；而对于将来工程量有可能减少的工程项目，适当降低单价，这样在工程结算时不会有太大损失。

第五节　工程合同价款的确定

一、工程合同价款的类型

合同价款是合同文件的核心要素，建设工程项目不论是招标发包还是直接发包，合同价款的具体数额均应在合同协议书中载明。实行招标的工程合同价款应由发承包双方依据招标文件和中标人的投标文件在书面合同中约定。合同约定不得违背招、投标文件中关于工期、造价、质量等方面的实质性内容。

建设工程施工合同的类型见表 6-3。

表 6-3　　　　建设工程施工合同的类型

<table>
<tr><th colspan="2">合同类型</th><th>适用范围</th><th>选择时应考虑的因素</th></tr>
<tr><td rowspan="2">总价合同</td><td>固定总价合同</td><td>总价被承包人接受以后，一般不得变动。这种形式适合于工期较短（一般不超过一年），对工程要求十分明确的工程项目</td><td rowspan="9">1. 工程项目规模和工期长短
2. 工程项目的竞争情况
3. 工程项目的复杂程度
4. 工程项目的单项工程的明确程度
5. 工程项目准备时间的长短
6. 工程项目的外部环境因素
7. 在选择合同类型时，应当综合考虑工程项目的各种因素，考虑承包人的承受能力，确定双方都能认可的合同类型</td></tr>
<tr><td>可调总价合同</td><td>在合同条款中双方商定如在合同执行中由于通货膨胀引起人工、材料成本增加达到某一限度时，合同总价应相应调整。发包人承担通货膨胀的风险，承包人承担其他风险。适合工期较长（如一年以上的工程）的工程项目</td></tr>
<tr><td rowspan="2">单价合同</td><td>固定单价合同</td><td>单价不变。适用于设计或其他建设条件还不太落实的情况下（技术条件应明确），而以后又需增加工程内容或工程量的工程项目。在每月（或每阶段工程结算时），根据实际完成的工程量结算，在工程全部完成时以竣工图的工程量最终结算工程总价款</td></tr>
<tr><td>可调单价合同</td><td>一般在招标文件中规定，实施中根据约定调整单价。适用范围较宽</td></tr>
<tr><td rowspan="5">成本加酬金合同</td><td>成本固定费用合同</td><td rowspan="5">此类合同的主要特点是发包人承担项目的全部风险，主要适用于：需要立即开展工作的工程项目，如震后的救灾工作；新型的工程项目；或对工程项目内容及技术经济指标未确定，风险很大的工程项目</td></tr>
<tr><td>成本加定比费用合同</td></tr>
<tr><td>成本加奖金合同</td></tr>
<tr><td>成本加保证最大酬金合同</td></tr>
<tr><td>工时及材料补偿合同</td></tr>
</table>

二、合同类型的选择

根据《中华人民共和国合同法》及住房和城乡建设部的有关规定，依据招标文件和投标文件的要求，承发包双方在签订合同时，按计价方式的不同，工程合同价款可以采用固定价合同价、可调价合同价和成本加酬金合同价。

1. 固定价合同

固定价合同是指在约定的风险范围内，价款固定，不再调整的合同。双方须在专用条款内约定合同价款包含的风险范围、风险费用的计算方法和承包风险范围以外对合同价款影响的调整方法，在约定的风险范围内合同价款不能再调整。固定价合同可分为固定总价合同和固定单价合同两种方式。固定总价合同的计算是以图纸、规定及规范等为依据，工程任务和内容明确，业主的要求和条件清楚，合同总价一次包死，固定不变，即不再因工程量的增减和市场环境的变化而更改，无特定情况价格不做变化。采用这种合同，承包商承担了全部的工程量和价格的风险。在合同执行过程中，承发包双方均不能以工程量、设备和材料价格、工资等变动为由，提出调整合同总价的要求。在合同双方都无法预测的风险条件和可能有工程变更的情况下，承包方承担了较大的风险，业主的风险较小。固定总价合同一般适用于以下情形：

（1）招标时的设计深度已达到施工图设计要求，工程设计图纸完整、齐全，项目、范围及工程量计算依据确切，合同履行过程中不会出现较大的设计变更，承包方依据的报价工程量与实际完成的工程量不会有较大的差异。

（2）规模较小，技术不太复杂的中小型工程。承包方一般在报价时可以合理地预见实施过程中可能遇到的各种风险。

（3）合同工期较短，一般为一年之内的工程。

固定单价合同可分为估算工程量单价合同和纯单价合同。

（1）估算工程量单价合同。估算工程量单价合同是以工程量清单和工程单价为基础和依据，计算工程项目合同价格。承包方以此为基础进行相应单价报价，计算后得出合同价格。但最后的工程结算价，应按照实际完成的工程量来计算，即按合同中的分部分项工程单价和实际工程量，计算得出工程结算价款和支付的工程总价款。采用估算工程量单价合同时，要求实际完成的工程量与原估计的工程量不能有实质性的变更。

采用估算工程量单价合同时，工程量是统一计算出来的，承包方只要经过复核后填上适当的单价，承担风险较小，发包方也只需审核单价是否合理即可，对双方都较为方便。估算工程量单价合同大多用于工期长、技术复杂、实施过程中可能会发生各种不可预见因素较多的建设工程。在施工图不完整或当准备招标的工程项目内容、技术经济指标尚不能明确时，往往要采用这种合同计价方式。

（2）纯单价合同。采用纯单价合同时，发包方只向承包方给出发包工程有关分部分项工程及工程范围，不对工程量做任何规定；在招标文件中仅给出工程内各个分部分项工程项目一览表、工程范围和必要的说明，而不必提供实物工程量。承包方在投标时，只需对这类给定范围的分部分项工程做出报价即可，合同实施过程中按实际完成的工程量进行结算。

纯单价合同计价方式主要适用于没有施工图，或工程量不明确却急需开工的紧迫工程，例如，设计单位来不及提供正式施工图纸，或虽有施工图但由于某些原因尚不能比较准确地计算工程量时。在纯单价合同中，发包方必须对工程范围的划分做出明确的规定，以使承包方能够合理地确定工程单价。

2. 可调价合同

可调价合同是指在合同实施期内，根据合同约定的办法调整合同总价或者单价的合同，即在合同的实施过程中按照约定，随资源价格等因素的变化而调整的价格。

（1）可调总价合同。可调总价合同的总价一般以设计图纸及规定、规范为基础，在报价时，按招标文件的要求和当时的物价计算合同总价。合同总价是一个相对固定的价格，在合同执行过程中，由于通货膨胀导致人工、材料成本增加，可对合同总价进行相应的调整。可调总价合同的合同总价不变，只是在合同条款中增加调价条款。如果出现通货膨胀等不可预知费用的因素，合同总价可按约定的调价条款做相应调整。工期在一年以上的工程项目较适于采用这种合同计价方式。

（2）可调单价合同。可调单价合同一般是在建设工程项目招标文件中规定，根据合同约定的条款，合同中签订的单价可做相应的调整，如工程实施过程中物价发生变化等。在招标或签约时，建设工程项目由于某些不确定性的因素，在合同中暂定某些分部分项工程的单价，在工程结算时，再根据实际情况和合同约定对合同单价进行调整，确定实际结算单价。

【例 6-6】 下列合同计价方式中，施工单位风险最大的是(　　)。

A. 成本加浮动酬金合同　　B. 单价合同

C. 成本加百分比酬金合同　　D. 总价合同

【答案】 D

【例 6-7】 有关合同类型的适用范围，下列说法正确的是(　　)。

A. 固定总价合同适合于工期较短（一般不超过一年），对工程要求不明确的工程项目

B. 固定单价合同适用于在设计或其他建设条件（如地质条件）不太明确的情况下，而以后又需增加工程内容或工程量的工程项目

C. 可调总价合同适用于工期较长（如一年以上）的复杂的工程量较大的工程项目

D. 成本加酬金合同适用于容易控制成本的工程项目

【答案】 B

3. 成本加酬金合同

成本加酬金合同是将工程项目的实际投资划分成直接成本费和承包方完成工作后应得酬金两部分。工程实施过程中发生的直接成本费由发包方实报实销，再按合同约定的方式另外支付给承包方相应报酬。成本加酬金合同计价方式适用于工程内容及技术经济指标尚未全面确定，投标报价的依据尚不充分的情况下，发包方因工期要求紧迫，必须发包的工程；或者发包方与承包方之间高度信任，承包方在某些方面具有独特的技能、特长或经验。由于在签订合同时，发包方提供不出可供承包方准确报价所必需的资料，报价缺乏依据。因此，在合同内只能商定酬金的计算方法。

成本加酬金合同具有两个明显缺点：一个是发包方对工程总价不能实施有效控制；另一个是承包方对降低成本也不太感兴趣。因此，采用成本加酬金合同计价方式，其条款必须非常严格。

【例 6-8】 下列条件下的建设工程，其施工承包合同适合采用成本加酬金方式确定合同价的有（　　）。

A. 工程建设规模小　　B. 施工技术特别复杂

C. 工期较短　　D. 紧急抢险项目

E. 施工图设计还有待进一步深化

【答案】 B、C、D、E

三、工程合同价款的约定

合同价款的有关事项由发承包双方约定，一般包括价款约定方式，预付工程款、工程进度款、工程竣工价款的支付和结算方式，以及合同价款的调整情形等。发承包双方应在合同条款中约定的事项如下：

（1）预付工程款的数额、支付时间及抵扣方式。

（2）安全文明施工措施项目费的支付计划、使用要求等。

（3）工程计量与支付工程进度款的方式、数额及时间。

（4）施工索赔与现场签证的程序、金额确认与支付时间。

（5）工程价款的调整因素、方法、程序、支付及时间。

（6）承担计价风险的内容、范围，以及超出约定内容、范围的调整方法。

（7）工程竣工阶段价款的编制与核对、支付及时间。

（8）工程质量保证金的数额、预留方式及时间。

（9）违约责任及发生合同价款争议的解决方法与时间。

（10）与履行合同、支付价款有关的其他事项等。

第六节 案 例 解 析

【例 6-9】 某大型工程，由于技术难度大，对施工单位的施工设备和同类工程施工经验要求高，而且对工期的要求也比较紧迫。招标人在对有关单位及其在建设工程项目考察的基础上，仅邀请了 3 家国有特级施工企业参加投标，并预先与咨询单位和该 3 家施工单位共同研究确定了施工方案。招标人要求投标人将技术标和商务标分别装订报送。招标文件中规定采用综合评估法进行评标，具体的评标标准如下：

（1）技术标共 30 分，其中施工方案 10 分（因已确定施工方案，各投标人均得 10 分）、施工总工期 10 分、工程质量 10 分。满足招标人总工期要求（36 个月）者得 4 分，每提前 1 个月加 1 分，不满足者为废标；招标人希望该工程被评为省优工程，自报工程质量合格者得 4 分，承诺将该工程建成省优工程者得 6 分（若该工程未被评为省优工程将扣罚合同价的 2%，该款项在竣工结算时暂不支付给施工单位），近 3 年内获鲁班工程奖每项加 2 分，获省优工程奖每项加 1 分。

（2）商务标共 70 分。最高投标限价为 36 500 万元，评标时有效报价的算术平均数为评标基准价。报价为评标基准价的 98%者得满分（70 分），在此基础上，报价比标底每下降 1%，扣 1 分，每上升 1%，扣 2 分（计分按四舍五入取整）。

各投标人的有关情况见表 6-4。

表 6-4 投标参数汇总表

投标人	报价（万元）	总工期（月）	自报工程质量	鲁班工程奖	省优工程奖
A	35 642	33	省优	1	1
B	34 364	31	省优	0	2
C	33 867	32	合格	0	1
D	36 578	34	合格	1	2

试：(1) 该工程采用邀请招标方式且仅邀请 3 家投标人投标，是否违反有关规定？为什么？

(2) 请按综合得分最高者中标的原则确定中标人。

(3) 若改变该工程评标的有关规定，将技术标增加到 40 分，其中施工方案 20 分（各投标人均得 20 分），商务标减少为 60 分，是否会影响评标结果？为什么？若影响，应由哪家投标人中标？

解 (1) 不违反（或符合）有关规定。因为根据有关规定，对于技术复杂的工程，允许采用邀请招标方式，邀请的投标人不得少于 3 家。

(2) 计算各投标人的技术标得分，见表 6-5。

投标人 D 的报价 36 578 万元超过最高投标限价 36 500 万元，为废标不计算技术标得分。

表 6-5　技术标得分计算表

投标人	施工方案	总工期	工程质量	合计
A	10	4+（36−33）×1=7	6+2+1=9	26
B	10	4+（36−31）×1=9	6+1×2=8	27
C	10	4+（36−32）×1=8	4+1+5=10	23

计算各投标人的商务标得分，见表 6-6。

评标基准价=（35 642+34 364+33 867）÷3=34 624（万元）

表 6-6　商务标得分计算表

投标人	报价（万元）	报价与评标基准价的比例（%）	扣分	得分
A	35 642	35 642/34 624=102.9	（102.9−98）×2≈10	70−10=60
B	34 364	34 364/34 624=99.2	（99.2−98）×1≈2	70−2=68
C	33 867	33 867/34 624=97.8	（97.8−98）×1≈0	70−0=70

计算各投标人的综合得分，见表 6-7。

表 6-7　综合得分计算表

投标人	技术标得分	商务标得分	综合得分
A	26	60	86
B	27	68	95
C	23	70	93

因为投标人 B 的综合得分最高，故应选择其作为中标人。

(3) 这样改变评标办法不会影响评标结果，因为各投标人的技术标得分均增加 10 分（20−10），而商务标得分均减少 10 分（70−60），综合得分不变。

一 、单选题

1. 招标工程量清单的项目特征中通常不需描述的内容是（　　）。

A. 材料材质　　B. 结构部位　　C. 工程内容　　D. 规格尺寸

2. 根据《建设工程工程量清单计价规范》（GB 50500—2013），关于其他项目清单的编制和计价，下列说法正确的是（　　）。

A. 暂列金额由招标人在工程量清单中暂定

B. 暂列金额包括暂不能确定价格的材料暂定价

C. 专业工程暂估价中包括规费和税金

D. 计日工单价中不包括企业管理费和利润

3. 根据《建设工程工程量清单计价规范》（GB 50500—2013）关于招标工程量清单中暂列金额的编制，下列说法正确的是（　　）。

A. 应详列其项目名称、计量单位，不列明金额

B. 应列明暂定金额总额，不详列项目名称

C. 不同专业预留的暂列金额应分别列项

D. 没有特殊要求一般不列暂列金额

4. 施工投标报价工作包括：①工程现场调查；②组建投标报价班子；③确定基础报价；④制定项目管理规划；⑤复核清单工程量。下列工作排序正确的是（　　）。

A. ①④②③⑤　　B. ②③④①⑤　　C. ①②③④⑤　　D. ②①⑤④③

5. 编制招标工程量清单时，应根据施工图纸的深度、暂估价设定的水平、合同价款约定调整因素及工程实际情况合理确定的清单项目是（　　）。

A. 措施项目清单　　B. 暂列金额　　C. 专业工程暂估价　　D. 计日工

6. 投标报价时，投标人需严格按照招标人所列项目明细进行自主报价的是（　　）。

A. 暂列金额　　B. 专业工程暂估价　　C. 计日工　　D. 规费

7. 在投标报价确定分部分项工程综合单价时，应根据所选的计算基础，计算工程内容的工程量，该数量应为（　　）。

A. 实物工程量　　B. 施工工程量

C. 定额工程量　　D. 复核的清单工程量

8. 根据《中华人民共和国标准施工招标文件》合同价格的准确数据只有在（　　）后才能确定。

A. 后续工程不再发生工程变更　　B. 承包人完成缺陷责任期工作

C. 工程审计全部完成　　D. 竣工结算价款已支付完成

9. 根据《中华人民共和国标准设计施工总承包招标文件》发包人最迟应当在监理人收到进度付款申请单的（　　）天内，将进度应付款支付给承包人。

A. 14　　B. 21　　C. 28　　D. 35

10. 根据《中华人民共和国招标投标法实施条例》，招标文件中履约保证金不得超过中标合同金额的（　　）。

A. 2%　　B. 5%　　C. 10%　　D. 20%

二、多选题

1. 根据《中华人民共和国标准施工招标文件》工程变更的情形有（　　）。

A. 改变合同中某项工作的质量　B. 改变合同工程原定的位置

C. 改变合同中已批准的施工顺序　D. 为完成工程需要追加的额外工作

E. 取消某项工作改由建设单位自行完成

2. 确定分部分项工程量清单项目计价表中综合单价的依据是（　　）。

A. 项目特征描述　B. 设计图纸　C. 企业定额

D. 地区单位估价表　E. 常规的施工组织设计及施工方案

3. 根据《中华人民共和国标准施工招标文件》中的合同条款，签约合同价包含的内容有（　　）。

A. 变更价款　B. 暂列金额　C. 索赔费用　D. 结算价款

E. 暂估价

4. 施工投标采用不平衡报价法时，可以适当提高报价的工程项目有（　　）。

A. 工程内容说明不清楚的工程项目

B. 暂定项目中必定要施工的不分标工程项目

C. 单价与包干混合制合同中采用包干报价的工程项目

D. 综合单价分析表中的材料费项目

E. 预计开工后工程量会减少的工程项目

5. 确定投标报价中分部分项工程量清单项目综合单价的依据是（　　）。

A. 项目特征描述　B. 设计图纸　C. 企业定额

D.《建设工程工程量清单计价规范》(GB 50500—2013)

E. 常规的施工组织设计及施工方案

三、简答题

(1) 施工招标程序中包含哪些工作？

(2) 评标的方法及适用的项目情形有哪些？

(3) 投标报价策略有哪些？

(4) 国际工程招标投标制度的特征有哪些？

(5) BIM（建筑信息模型）技术在发承包阶段造价管理应用有哪些？

四、计算题

背景资料：某国有资金投资建设工程项目，采用工程量清单计价方式进行施工招标，业主委托具有相应资质的某咨询企业编制了招标文件和最高投标限价。招标文件部分规定或内容如下：

(1) 投标有效期自投标人递交投标文件时开始计算。

(2) 评标方法采用经评审的最低投标价法，招标人将在开标后公布可接受的项目最低投标价或最低投标报价测算方法。

(3) 投标人应当对招标人提供的工程量清单进行复核。

(4) 招标工程量清单中给出的“计日工表（局部）”，见表 6-8。

表 6-8　　计日工表

编号	项目名称	单位	暂定数量	实际数量	综合单价（元）	合价（元）	
						暂定	实际
一	人工						
1	建筑与装饰工程普工	工日	1		120		
2	混凝土工、抹灰工、砌筑工	工日	1		160		
3	木工、模板工	工日	1		180		
4	钢筋工、架子工				170		
…							

在编制最高投标限价时，由于某分项工程使用了一种新型材料，定额及造价信息均无该材料消耗量和价格的信息。编制人员按照理论计算法计算了材料净用量，并以此净用量乘以向材料生产厂家询价确认的材料出厂价格，得到该分项工程综合单价中新型材料的材料费。

在投标和评价的过程中，发生了下列事件：

事件一：投标人 A 发现分部分项工程量清单中某分项工程特征描述和图纸不符；

事件二：投标人 B 的投标文件中，有一工程量较大的分部分项工程量清单项目未填写单价与合价。

试求：(1) 分别指出招标文件中 (1) ～ (4) 项的规定或内容是否妥当？说明理由。

(2) 编制最高投标限价时，编制人员确定综合单价中新型材料费的方法是否正确？说明理由。

(3) 针对事件一，投标人 A 如何处理？

(4) 针对事件二，评标委员会是否可否决投标人 B 的投标？说明理由。

第七章　施工阶段的工程造价管理

第一节　概　　述

一、施工阶段工程造价管理的概念

施工阶段工程造价管理就是把计划投资额作为造价管理的目标值，在工程实施过程中定期地进行投资实际值和目标值的比较，通过比较发现并找出实际支出额和造价管理目标值之间的偏差，分析偏差产生的原因，采取有效措施加以控制，以保证工程造价管理目标的实现。

在实践中，往往把施工阶段作为建设工程项目工程造价管理的保障阶段。施工阶段对工程造价的影响为10%～15%，但由于其特殊性，施工阶段的工程造价管理更具有现实意义。

首先，施工阶段的造价控制是实现总体目标的最后阶段，该阶段的控制效果决定了总体的管理效果。施工阶段是建设工程变为实物的阶段，也是资金投入量最大的阶段。其次，施工阶段的造价控制进入了实质性操作阶段，影响因素更多，情况更加复杂，存在许多不确定性因素，其控制难度更大。在施工阶段，由于业主、承包商、监理、设备材料供应商等是不同的利益主体，他们之间相互交叉、相互影响、相互制约，其行为往往也是围绕工程造价展开的，因而施工阶段工程造价控制是一项涉及各方面利益协调的复杂工作。

施工阶段工程造价控制的目标是把工程造价控制在承包合同价或施工图预算内，并力求在规定的工期内生产出质量好、造价低的合格建设工程（或建筑）产品。

二、施工阶段影响工程造价的因素

建设工程项目是一个开放的系统，与外界有许多信息方面的交流。社会的、经济的、自然的因素不断地作用于建设工程项目系统，其重要表现之一就在于对工程造价的影响。施工阶段影响工程造价的因素包括社会经济因素、人为因素和自然因素3个方面。

1. 社会经济因素

社会经济因素是不可控制因素，但它对工程造价的影响却是直接的。社会经济因素是工程造价动态控制的重要因素，包括以下几个方面：

（1）政府干预。政府干预是指宏观的财政税收政策及利率、汇率的变化和调整等。在施工阶段，国家财政政策和税收政策的变化将会直接影响工程造价。通常情况下，对于财政政策的变化或调整，在签订工程承包合同时，均不在承包人应承担的风险范围内，即一旦发生政策的变化，对工程造价应进行相应调整。利率的调整将会直接影响工程项目建设期内贷款利息的支出，从而影响工程造价。对于承包商而言，也会影响流动资金、贷款利息的变化和成本的变动。对于利用外汇的建设工程项目，汇率的变化也会直接影响工程造价。这类因素往往就是合同价款调整、系统费用计算及风险识别与分担计算的直接依据，对于业主和承包商都是十分重要的。

（2）物价因素。在工程项目施工之前，对物价上涨的影响因素都进行了充分的预测和估算，但进入实际的实施阶段，因为工程项目的建设周期较长，物价变化则会成为一个现实问题，成为合同双方利益的焦点。物价因素对于工程造价的影响是非常明显的，特别是对于大型建设工程项目。物价因素对于工程造价的影响主要表现在可调价合同中，它一般会明确因物价上涨而采取具体的调整办法。对于固定价（无论是固定总价还是固定单价）合同虽然形式上在施工阶段对物价波动不予调整，即不涉及工程造价的变动。实际上，物价上涨的风险费用已包含在合同价之中。

2. 人为因素

任何人的认知都是有限的，因此，人的行为也会出现偏差。例如，在施工阶段对事件的主观判断失误、错误的指令、不合理的变更、认知的局限性，以及管理的不当行为等都可能导致工程造价的增加。人为因素包括业主行为、承包商行为、工程师行为和设计方行为等。

（1）业主行为的影响。包括因业主造成的工期延误和暂停施工、业主要求缩短工期、因业主要求的不合理变更而增加的费用、工程款延误支付、业主其他行为导致的费用增加等。

（2）承包商行为的影响。承包商行为的影响主要是使成本增加，从而使自身的利益受到影响，其主要表现在以下五个方面：

1）施工方案不合理或施工组织不力导致工效降低。

2）因承包人而引起的赶工措施项目费用。

3）由于承包人违约导致的分包人或业主的索赔。

4）由于承包人工作失误导致的损失费用。

5）其他原因造成的施工成本增加。

（3）工程师行为的影响。包括工程师的错误指令导致承包商的索赔、工程师未按规定的时间到场进行工程量计量或验收而造成的损失、工程师其他行为导致项目造价的增加。

（4）设计方行为的影响。包括不合理的设计变更导致的工程造价增加、设计失误导致的损失、设计行为失误（如提供图纸不及时导致的承包人索赔）等造成的损失等。

3. 自然因素

建设工程项目施工阶段的一个突出的特点是受自然因素的制约大。自然因素可分为两类，第一类是不可抗力的自然灾害，如洪水、台风、地震、滑坡等，这类因素具有随机性。在工程项目施工阶段，不可抗力的自然灾害对工程造价的影响是巨大的。第二类是自然条件，如地质、地貌、气象、气温等。不利的地质条件变化和水文条件的变化是施工过程中常常遇到的问题，这往往会导致设计变更和施工难度的增加，而设计变更和施工方案的改变将导致工程造价增加。

三、施工阶段工程造价管理的主要内容及管理措施

施工阶段造价管理的主要内容是通过资金使用计划的编制、工程项目付款控制、工程变更费用控制、预防并处理好费用索赔、挖掘节约项目造价潜力，加强价格信息管理，以保证将实际发生的费用控制在合同约定的范围内。施工承包单位应综合考虑建造成本、工期成本、质量成本、安全成本、环保成本等全要素，有效控制施工成本。

管理措施主要包括组织措施、经济措施、技术措施、合同措施等方面的内容。

1. 组织措施

（1）在工程项目管理班子中，落实从事工程造价管理的人员分工、任务分工和职能分工。

（2）制订施工阶段工程造价管理工作计划和详细的工作流程。

2. 经济措施

(1) 编制资金的使用计划，确定、分解工程造价控制目标。

(2) 对建设工程项目造价管理目标进行风险分析，并制定防范性对策，从而取得造价控制的主动权。

(3) 进行工程计量。

(4) 复核工程项目付款账单，签发付款证书。

(5) 在施工过程中，进行工程造价跟踪控制，定期进行投资偏差分析。发现偏差，分析偏差产生的原因，采取纠偏措施。

(6) 协商确定工程变更的价款。

(7) 审核竣工结算。

(8) 对工程项目施工过程中的价款支出做好分析与预测，定期向业主提交工程造价控制及存在问题的报告。

3. 技术措施

(1) 对设计变更进行技术经济比较，严格控制设计变更。

(2) 继续寻找通过设计挖潜节约造价的可能性。

(3) 审核施工组织设计，对主要的施工方案进行技术经济的比较与分析。

4. 合同措施

(1) 做好工程施工记录，保存各种文件图纸，特别是与施工变更有关的图纸，注意积累素材，为处理可能发生的索赔提供依据，参与处理索赔事宜。

(2) 参与合同修改、补充工作，着重考虑其对工程造价的影响。

第二节　资金使用计划的编制

资金使用计划的编制是在工程项目结构分解的基础上，将工程造价的总目标值逐层分解到各个工作单元，形成各分目标值及各详细目标值，从而可以定期地将工程项目中各个子目标实际支出额与目标值进行比较，以便及时发现偏差，找出偏差原因并及时采取纠偏措施，将工程造价偏差控制在一定范围内。

资金使用计划的编制与控制对工程造价水平有着重要影响。建设单位通过科学的编制资金使用计划，可以合理确定工程造价的总目标值和各阶段目标值，使工程造价控制有据可依。

一、施工阶段资金使用计划编制的作用

建设工程周期长、规模大、造价高，施工阶段是资金投入量最集中、最大、效果最明显的阶段。施工阶段资金使用计划的编制与控制在整个工程项目建设管理中处于重要地位，它对工程造价有着重要的影响，具体表现在以下三个方面：

(1) 通过编制资金计划，可以合理地确定工程造价施工阶段的目标值，使工程造价控制有所依据，并为资金的筹集与协调打下基础。有了明确的目标值后，就能将工程项目实际支出与目标值进行比较，找出偏差，分析原因，采取措施纠正偏差。

(2) 通过资金使用计划，可以预测未来工程项目的资金使用和进度控制，减少不必要的资金浪费。

（3）在工程项目建设中，通过执行资金使用计划，可以有效地控制工程造价，最大限度地节约投资。

二、资金使用计划的编制方法

依据工程项目结构分解方法的不同，资金使用计划的编制方法也有所不同，常见的编制方法有按工程项目投资构成、工程项目组成和工程项目进度编制资金使用计划。这三种不同的编制方法可以有效地结合起来，组成一个详细完备的资金使用计划体系。

1. 按工程项目投资构成编制资金使用计划

工程项目投资构成主要可分为建筑安装工程投资、设备及工器具购置投资和工程建设其他费三部分，各个部分可以根据实际投资控制要求进一步分解。每部分的费用可根据以往经验或已建立的数据库确定，也可以根据具体情况做出适当调整，每一部分还可以按其中一部分或几部分进行投资构成分解，做进一步的划分，主要依据工程项目具体情况及发包方委托合同的要求而定。这种编制方法比较适合于有大量经验数据的工程项目。

工程项目投资构成可按图 7-1 分解。

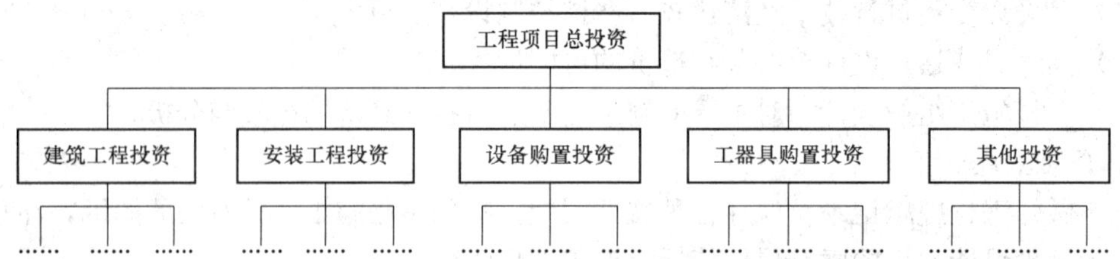

图 7-1　按工程项目投资构成分解投资目标

2. 按工程项目组成编制资金使用计划

大中型工程项目通常是由若干单项工程构成的，而每个单项工程包括多个单位工程，每个单位工程又是由若干分部分项工程构成，为了按不同子项划分资金的使用，首先必须对工程项目进行合理划分，划分的粗细程度根据实际需要而定。因此，工程项目组成投资可按图 7-2 分解。

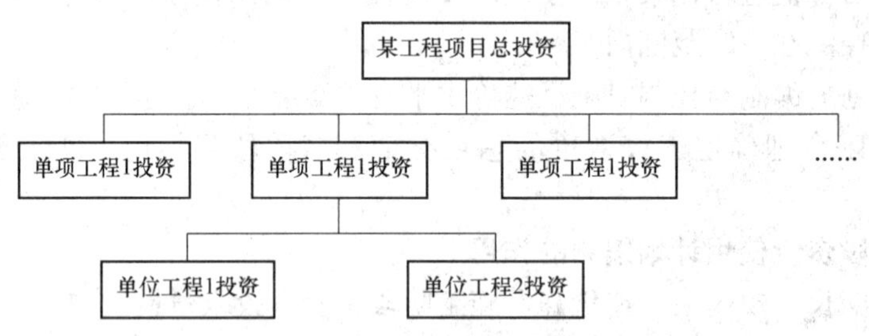

图 7-2　按工程项目组成分解投资目标

需要注意的是，按照这种方法分解工程项目总投资，不能只是分解建筑工程费、安装工程费和设备及工器具购置费，还应分解工程建设其他费、预备费、建设期贷款利息等。建筑安装工程费中的人工费、材料费、机械使用费等直接费，可直接分解到各工程分项；而企业管理费、利润、规费、税金则不宜直接进行分解。措施项目费应分析具体情况，将其中与各工程分项有关的费用（如二次搬运费、检验试验费等）分离出来，按一定比例分解到相应的工程分项；其他与单位工程、分部工程有关的费用（如临时设施费、保险费等），则不能分解到各工程分项。

在完成工程项目造价目标的分解之后，应确定各工程分项的资金支出预算，即核实的工程量×单价，然后编制各工程分项的详细资金支出计划表。

3. 按工程项目进度编制资金使用计划

工程项目投资是分阶段、分期支出的，资金应用是否合理与资金的时间安排有密切关系。所以有必要将工程项目总投资按其使用时间进行分解。通常可以利用控制工程项目进度的网络图进一步扩充而得到，即在建立网络图时，一方面确定完成各项工作所花费的时间，另一方面确定完成此工作合适的投资支出。当然，在编制网络计划时，应充分考虑进度控制对工程项目划分的要求，还应考虑确定投资支出预算对工程项目划分的要求，做到两者兼顾。

按工程项目进度编制资金使用计划的具体步骤是：

（1）应用网络计划技术，编制工程网络进度计划，计算相应的时间参数，并确定关键线路。

（2）根据单位时间（月、旬或周）拟完成的实物工程量、投入的资源数量，计算相应的资金支出额，并将其绘制在时标网络计划图中。

（3）计算规定时间内的累计资金支出额。

（4）绘制资金使用计划的S形曲线（时间—投资曲线）。S形曲线绘制步骤如下：

1）确定工程进度计划。

2）根据每单位时间内完成的实物工程量或投入的人力、物力和财力，计算单位时间（月或旬）的投资，见表7-1。

表7-1　　某工程项目单位时间投资表

时间（月）	1	2	3	4	5	6	7	8	9	10	11	12
投资（万元）	100	200	300	500	600	800	800	700	600	400	300	200

3）将各单位时间计划完成的投资额累计，得到计划累计完成的投资额，见表7-2。

表7-2　　某工程项目计划累计完成投资额表

时间（月）	1	2	3	4	5	6	7	8	9	10	11	12
投资（万元）	100	200	300	500	600	800	800	700	600	400	300	200
计划累计投资（万元）	100	300	600	1100	1700	2500	3300	4000	4600	5000	5300	5500

4）根据以上数据，绘制S形曲线，如图7-3所示。

每一条S形曲线都对应某一特定的工程进度计划。在工程网络进度计划的非关键线路中，存在许多有时差的工作，因此，S形曲线（投资计划值曲线）包括由全部工作均按最早开始时间（ES）开始和全部工作均按最迟开始时间（LS）开始的曲线所组成的“香蕉图”内，如图7-4所示。

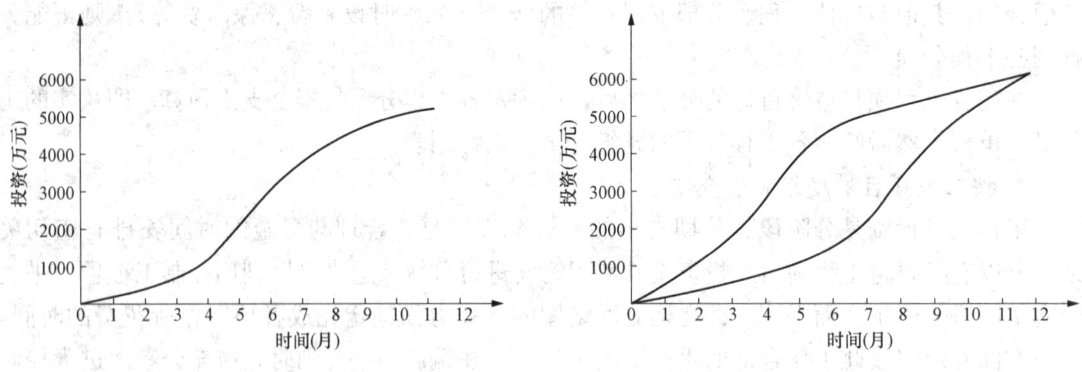

图 7-3 某工程项目时间—投资累计曲线（S形曲线） 图 7-4 某工程香蕉曲线图

一般而言，所有工作都按最迟开始时间开始，对节约建设单位的建设资金贷款利息是有利的，但同时也降低了工程项目按期竣工的保证率。因此，必须合理地确定投资支出计划，达到既节约投资支出，又保证工程项目按期完成的目的。

以上三种编制资金使用计划的方法并不是相互独立的，实践中，往往将这几种方法结合起来使用。

第三节 工程合同价款的调整

合同价款的调整主要包括五大类：①法律、法规、政策类合同价款调整（法律、法规、政策变化）；②工程变更类合同价款调整（工程变更、工程项目特征描述不符、工程量清单缺项、工程量偏差、计日工）；③物价变化类合同价款调整（物价变化、暂估价）；④工程索赔类合同价款调整［不可抗力、提前竣工（赶工补偿）、误期赔偿、索赔］；⑤其他类合同价款调整（现场签证等）。为合理分配双方的合同价款变动风险，有效控制工程造价，发承包双方应当在施工合同中明确约定合同价款的调整事件、调整方法及调整程序。

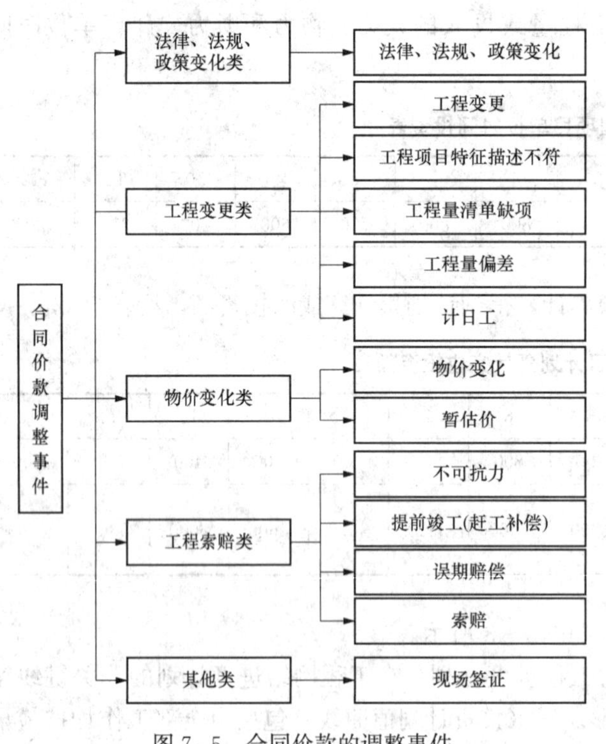

图 7-5 合同价款的调整事件

合同价款的调整事件如图 7-5 所示。

一、工程变更概念

在工程项目实施过程中，由于其建设周期长，涉及的经济关系和法律关系复杂，受自然条件和客观因素影响大，导致工程项目合同履行中出现与招标时的情况相比会发生一些变化，如图纸修改、不可预见的事故发生、法律法规修订等。工程变更是指在施工合同履行过程中出现与合同中约定的内容不一致的情况，而需要改变原定施工承包范围内的某些工作内容，如设计变更、进度计划变更、材料代用、施工条件变化，以及原招标文件和工程量清单中未包括的新增工程等工程变更。合同当事人一方因对方未履行或不能正确履行合同所规定的义务而遭受损失时，可向对方提出索赔。工程变更与索赔是影响工程价款结算的重要因素，也是施工阶段造价管理的重要内容。

1. 工程变更范围和内容

工程变更的内容包括工程量变更、工程项目变更（如发包人提出增加或者删减原项目内容）、进度计划变更、施工条件变更等。如果考虑设计变更在工程变更中的重要性，可将工程变更分为设计变更和其他变更两大类。

设计变更：包括更改有关部分的标高、基线、位置和尺寸；增减合同中约定的工程量；改变有关工程的施工时间和顺序；其他有关工程变更需要的附加工作。

其他变更：从合同角度看，除设计变更外，其他能够导致合同内容变更的都属于其他变更，如双方对工程质量要求的变化、双方对工期要求的变化、施工条件和环境的变化导致施工机械和材料的变化等。

《中华人民共和国标准施工招标文件》中的通用合同条款，工程变更范围包括以下五个方面：

（1）取消合同中任何一项工作，但被取消的工作不能转由发包人或其他人实施。

（2）改变合同中任何一项工作的质量或其他特性。

（3）改变合同工程的基线、标高、位置或尺寸。

（4）改变合同中任何一项工作的施工时间或改变已批准的施工工艺或顺序。

（5）为完成工程需要追加的额外工作。

2. 变更权

发包人和监理人均可以提出变更。变更指示均通过监理人发出，监理人发出变更指示前应征得发包人同意。承包人收到经发包人签认的变更指示后，方可实施变更。未经许可，承包人不得擅自对工程的任何部分进行变更。

涉及设计变更的，应由设计人提供变更后的图纸和说明。如变更超过原设计标准或批准的建设规模，发包人应及时办理规划、设计变更等审批手续。

【例 7-1】 根据我国现行合同条款，下列情形属于工程变更的是(　　)。

A. 取消合同中任何一项工作，但被取消的工作不能转由发包人或其他人实施

B. 改变合同中任何一项工作的质量或其他特性

C. 改变合同工程的基线、标高、位置或尺寸

D. 改变合同中任何一项工作的施工时间或改变已批准的施工工艺或顺序

E. 新增工程按单独合同对待

【答案】 A、B、C、D

3. 变更程序

（1）发包人提出变更。发包人提出变更的，应通过监理人向承包人发出变更指示，变更指示应说明计划变更的工程项目范围和变更的内容。

（2）监理人提出变更建议。监理人提出变更建议的，需要向发包人以书面形式提出变更

计划，说明计划变更工程项目范围和变更的内容、理由，以及实施该变更对合同价格和工期的影响。发包人同意变更的，由监理人向承包人发出变更指示。发包人不同意变更的，监理人无权擅自发出变更指示。

4. 变更执行

承包人收到监理人下达的变更指示后，认为不能执行，应立即提出不能执行该变更指示的理由。承包人认为可以执行变更的，应当书面说明实施该变更指示对合同价格和工期的影响，且合同当事人应当按照合同约定确定变更估价。

5. 变更估价

（1）变更估价的原则。除合同条款另有约定外，变更估价按照以下原则处理：

1）已标价工程量清单或预算书有相同项目的，按照相同项目单价认定。

2）已标价工程量清单或预算书中无相同项目，但有类似项目的，参照类似项目的单价认定。

3）变更导致实际完成的变更工程量与已标价工程量清单或预算书中列明的该项目工程量的变化幅度超过15%的，或已标价工程量清单或预算书中无相同项目及类似项目单价的，按照合理的成本与利润构成的原则，由合同当事人按照合同约定确定变更工作的单价。

（2）变更估价的程序。承包人应在收到变更指示后14天内，向监理人提交变更估价申请。监理人应在收到承包人提交的变更估价申请后7天内审查完毕并报送发包人，监理人对变更估价申请有异议，通知承包人修改后重新提交。发包人应在承包人提交变更估价申请后14天内审批完毕。发包人逾期未完成审批或未提出异议的，视为认可承包人提交的变更估价申请。因变更引起的价格调整应计入最近一期的进度款中支付。

（3）工程变更引起的相关调整。当施工方案改变并使措施项目发生变化时，承包人提出调整措施项目费的，应事先将拟实施的方案提交发包人确认，并应详细说明与原方案措施项目相比的变化情况。拟实施的方案经发承包双方确认后执行，并应按照下列规定调整措施项目费：

1）安全文明施工费应按照实际发生变化的措施项目依据规定计算。

2）采用单价计算的措施项目费，应按照实际发生变化的措施项目，按规定确定单价。

3）按总价（或系数）计算的措施项目费，按照实际发生变化的措施项目调整，但应考虑承包人报价浮动因素，即调整金额按照实际调整金额乘以规定的承包人报价浮动率计算。如果承包人未事先将拟实施的方案提交给发包人确认，则应视为工程变更不引起措施项目费的调整或承包人放弃调整措施项目费的权利。

（4）当发包人提出的工程变更因非承包人原因删减了合同中的某项原定工作或工程，致使承包人发生的费用或（和）得到的收益不能被包括在其他已支付或应支付的项目中，也未被包含在任何替代的工作或工程中时，承包人有权提出并应得到合理的费用及利润补偿。

6. 承包人的合理化建议

（1）承包人提出合理化建议的，应向监理人提交合理化建议说明，说明建议的内容和理由，以及实施该建议对合同价格和工期的影响。

（2）除专用合同条款另有约定外，监理人应在收到承包人提交的合理化建议后7天内审查完毕并报送发包人，发现其中存在技术上的缺陷，应通知承包人修改。发包人应在收到监理人报送的合理化建议后7天内审批完毕。合理化建议经发包人批准的，监理人应及时发出变更指示，由此引起的合同价格调整按照变更估价约定执行。发包人不同意变更的，监理人应书面通知承包人。

（3）合理化建议降低了合同价格或者提高了工程经济效益的，发包人可对承包人给予奖励，奖励的方法和金额在专用合同条款中约定。

二、现场签证及暂估价合同价款的调整

1. 现场签证引起的合同价款的调整

现场签证是指发包人或其授权现场代表（包括监理人、工程造价咨询人）与承包人或其授权现场代表就施工过程中涉及的责任事件所做的签认证明。施工合同履行期间出现现场签证事件的，发承包双方应调整合同价款。

承包人应发包人要求完成合同以外的零星项目、非承包人责任事件等工作的，发包人应及时以书面形式向承包人发出指令，并应提供所需的相关资料；承包人在收到指令后，应及时向发包人提出现场签证要求。

承包人应在收到发包人指令后的 7 天内向发包人提交现场签证报告，发包人应在收到现场签证报告后的 48h 内对报告内容进行核实，予以确认或提出修改意见。发包人在收到承包人现场签证报告后的 48h 内未确认也未提出修改意见的，应视为承包人提交的现场签证报告已被发包人认可。

现场签证的工作如已有相应的计日工单价，现场签证中应列明完成该类项目所需的人工、材料、工程设备和施工机械台班的数量。如现场签证的工作没有相应的计日工单价，应在现场签证报告中列明完成该签证工作所需的人工、材料设备和施工机械台班的数量及单价。

合同工程项目发生现场签证事项，未经发包人签证确认，承包人便擅自施工的，除非征得发包人书面同意，否则发生的费用应由承包人承担。

现场签证工作完成后的 7 天内，承包人应按照现场签证内容计算价款，报送发包人确认后，作为增加合同价款，与进度款同期支付。

在施工过程中，当发现合同工程内容因场地条件、地质水文、发包人要求等不一致时，承包人应提供所需的相关资料，并提交发包人签证认可，作为合同价款调整的依据。

现场签证表的标准格式见表 7-3。

表 7-3　　　　**现场签证表**

工程名称：××　　标段：　　　　编号：

<table>
<tr><td>施工部位</td><td></td><td>日期</td><td></td></tr>
<tr><td colspan="4">致：　　　　（发包人全称）
根据　　　（指令人姓名）　年　月　日的口头指令或你方　（或监理）　年　月　日的书面通知，我方要求完成此项工作应支付价款金额为（大写）　　　元，（小写）　　　元，请予核准。
附：1. 签证事由及原因：
2. 附图及计算式：
承包人（章）
承包人代表　　日期</td></tr>
</table>

续表

<table>
<tr><td>复核意见：
你方提出的此项签证申请经复核：
□ 不同意此项签证，具体意见见附件。
□ 同意此项签证，签证金额的计算，由造价工程师复核。

监理工程师
日期</td><td>复核意见：
□ 此项签证按承包人中标的计日工单价计算，金额为（大写）： 元，（小写）： 元。
□ 此项签证因无计日工单价，
金额（大写）： 元， （小写）： 元。

造价工程师
日期</td></tr>
<tr><td colspan="2">审核意见：
□ 不同意此项签证。
□ 同意此项签证，价款与本期进度款同期支付。

发包人（章）
发包人代表
日 期</td></tr>
</table>

2. 暂估价引起的合同价款的调整

发包人在招标工程量清单中给定暂估价的材料、工程设备属于依法必须招标的，应由发承包双方以招标的方式选择供应商，确定价格，并应以此为依据取代暂估价，调整合同价款。

发包人在招标工程量清单中给定暂估价的材料、工程设备不属于依法必须招标的，应由承包人按照合同约定采购，经发包人确认单价后取代暂估价，调整合同价款。

发包人在工程量清单中给定暂估价的专业工程不属于依法必须招标的，应按照规范的规定确定专业工程价款，并应以此为依据取代专业工程暂估价，调整合同价款。

发包人在招标工程量清单中给定暂估价的专业工程，依法必须招标的，应当由发承包双方依法组织招标选择专业分包人，并接受有管辖权的建设工程招标投标管理机构的监督，还应符合下列要求：

(1) 除合同另有约定外，承包人不参加投标的专业工程发包招标，应由承包人作为招标人，但拟定的招标文件、评标工作、评标结果应报送发包人批准。与组织招标工作有关的费用应当被认为已经包括在承包人的签约合同价（投标总报价）中。

(2) 承包人参加投标的专业工程发包招标，应由发包人作为招标人，与组织招标工作有关的费用由发包人承担。同等条件下，应优先选择承包人中标。

(3) 应以专业工程发包中标价为依据取代专业工程暂估价，调整合同价款。

暂估价引起的合同价款调整方法见表 7－4。

表 7-4　暂估价引起的合同价款调整方法

<table>
<tr><th>项目</th><th>性质</th><th colspan="2">合同价款调整方法</th></tr>
<tr><td rowspan="2">给定暂估价的材料、工程设备</td><td>不属于依法必须招标项目</td><td colspan="2">由承包人按合同约定采购，经发包人确认后以此为依据取代暂估价，调整合同价款</td></tr>
<tr><td>属于依法必须招标项目</td><td colspan="2">由发承包双方以招标方式选择供应商，依法确定中标价格后，以此为依据取代暂估价，调整合同价款</td></tr>
<tr><td rowspan="3">给定暂估价的专业工程</td><td>不属于依法必须招标项目</td><td colspan="2">按工程变更的合同价款调整方法，确定专业工程价款，并以此为依据取代专业工程暂估价，调整合同价款</td></tr>
<tr><td rowspan="2">属于依法必须招标项目</td><td>承包人不参加投标的专业工程，应由承包人作为招标人，与组织招标工作有关的费用应被认为已经包括在承包人的投标总报价中</td><td rowspan="2">以中标价为依据取代专业工程暂估价，调整合同价款</td></tr>
<tr><td>承包人参加投标的专业工程，应由发包人作为招标人，与组织招标工作有关的费用由发包人承担，同等条件下优先选择承包人中标</td></tr>
</table>

3. 项目特征不符引起的合同价款的调整

发包人在招标工程量清单中对项目特征的描述，应被认为是准确的和全面的，并且与实际施工要求相符合。承包人应按照发包人提供的招标工程量清单，根据项目特征描述的内容及有关要求实施合同工程，直到工程项目被改变为止。

承包人应按照发包人提供的设计图纸实施合同工程，若在合同履行期间出现设计图纸（含设计变更）与招标工程量清单任一项目的特征描述不符，且该变化引起该项目工程造价增减变化的，应按实际施工的项目特征，按合同约定及规范相关条款的规定重新确定相应工程量清单项目的综合单价，并调整合同价款。

4. 工程量清单缺项引起的合同价款的调整

合同履行期间，由于招标工程量清单中缺项，新增分部分项工程清单项目的，应按照合同约定及规范的规定确定单价，并调整合同价款。新增分部分项工程清单项目后，引起措施项目发生变化的，应按照规范的规定，在承包人提交的实施方案被发包人批准后调整合同价款。

由于招标工程量清单中措施项目缺项，承包人应将新增措施项目实施方案提交发包人批准后，按照规范的规定调整合同价款。

5. 工程量偏差引起的合同价款的调整

合同履行期间，当计算的实际工程量与招标工程量清单出现偏差，且符合规范的规定时，发承包双方应调整合同价款。

对于任一招标工程量清单项目，当因规范的工程量偏差和工程变更等原因导致工程量偏差超过 15%时，可进行调整。当工程量增加 15%以上时，增加部分工程量的综合单价应予以调低；当工程量减少 15%以上时，减少后剩余部分工程量的综合单价应予以调高。

当工程量出现规范规定的变化，且该变化引起相关措施项目相应发生变化时，按系数或单一总价方式计价的，工程量增加的措施项目费调增，工程量减少的措施项目费调减。

6. 计日工引起的合同价款的调整

发包人通知承包人以计日工方式实施的零星工作，承包人应予以执行。

采用计日工计价的任何一项变更工作，在该项变更的实施过程中，承包人应按合同约定提交下列报表和有关凭证送发包人复核：

（1）工作名称、内容和数量。

（2）投入该工作所有人员的姓名、工种、级别和耗用工时。

（3）投入该工作的材料名称、类别和数量。

（4）投入该工作的施工设备型号、台数和耗用台时。

（5）发包人要求提交的其他资料和凭证。

任一计日工项目持续进行时，承包人应在该项工作实施结束后的 24h 内向发包人提交有计日工记录汇总的现场签证报告一式三份。发包人在收到承包人提交现场签证报告后的 2 天内予以确认并将其中一份返还给承包人，作为计日工计价和支付的依据。发包人逾期未确认也未提出修改意见的，应视为承包人提交的现场签证报告已被发包人认可。

任意一计日工项目实施结束后，承包人应按照确认的计日工现场签证报告核实该类项目的工程数量，并应根据核实的工程数量和承包人已标价工程量清单中的计日工单价计算，提出应付价款；已标价工程量清单中没有该类计日工单价的，由发承包双方按规范的规定商定计日工单价计算。

每个支付期末，承包人应按照规范的规定向发包人提交本期间所有计日工记录的签证汇总表，并应说明本期间自己认为有权得到的计日工金额，调整合同价款，列入进度款支付。

7. 法律法规类合同价款的调整

招标工程以投标截止日前28天、非招标工程以合同签订前 28 天为基准日，其后因国家的法律、法规、规章和政策发生变化引起工程造价增减变化的，发承包双方应按照省级或行业建设主管部门或其授权的工程造价管理机构据此发布的规定调整合同价款。

因承包人原因导致工期延误的，按规范规定的调整时间，在合同工程原定竣工时间之后，合同价款调增的不予调整，合同价款调减的予以调整。

由于下列法律法规变化因素出现，影响合同价款调整的，应由发包人承担：

（1）国家法律、法规、规章和政策发生变化。

（2）省级或行业建设主管部门发布的人工费调整，但承包人对人工费或人工单价的报价高于发布的除外。

（3）由政府定价或政府指导价管理的原材料等价格进行了调整。因承包人原因导致工期延误的，应按规范的规定执行。

各类变更事件引起的合同价款调整见表 7-5。

表 7-5　各类变更事件引起的合同价款调整

事件		风险责任	合同价款的调整方法
名称	描述		
项目特征不符	承包人在投标报价时应依据发包人提供的招标工程量清单中的项目特征，确定清单项目的综合单价。发包人提供的项目特征描述，应被认为是准确的和全面的	发包人	（1）项目特征不符有两种情况：清单描述与实际施工要求不符；清单描述与设计图纸不符。实质均是工程变更。 （2）出现项目特征描述不符，且该变化引起该项目的工程造价增减变化的，按照实际施工的项目特征，按工程变更相应规定重新确定清单项目的综合单价

续表

事件		风险责任	合同价款的调整方法		
名称	描述				
招标工程量清单缺漏项	招标工程量清单必须作为招标文件的组成部分，其准确性和完整性由招标人负责，作为投标人不应承担因工程量清单缺漏项及计算错误带来的风险与损失	发包人	分部分项工程费调整	分部分项工程出现缺漏项，造成新增工程清单项目的，应按照工程变更中关于分部分项工程费的调整方法，调整合同价款	
			措施项目费调整	分部分项工程缺漏项，引起措施项目变化	按照工程变更中关于措施项目费的调整方法，在承包人提交的实施方案被发包人批准后，调整合同价款
				措施项目漏项	承包人应将新增措施项目实施方案提交发包人批准后，按照工程变更中的有关规定调整合同价款
工程量偏差	工程量偏差是指承包人根据发包人提供的图纸进行施工，按现行国家计量规则，计算得到的完成合同工程项目应予以计量的工程量与相应的招标工程量清单项目列出的工程量之间出现的量差	发包人	综合单价的调整原则	当实际工程量与招标工程量出现偏差超过15%时	增加部分的工程量的综合单价应予以调低
				当工程量减少15%以上时	减少后剩余部分的工程量的综合单价应予以调高
			措施项目费的调整	当工程量超过15%，且引起措施项目发生变化时	该措施项目是按系数或单一总价方式计价，工程量增加的，措施项目费调增；工程量减少的，相应调减
计日工	合同工程范围以外出现零星工程或工作是施工中比较常见的现象，采用计日工形式，对合同价款的确定也较为方便	发包人	计日工费用	产生	发包人通知承包人以计日工方式实施的零星工作，承包人应予以执行
				计算	承包人应按确认的计日工现场签证报告中核实的工程数量和承包人已标价工程量清单中的计日工单价计算，提出应付价款；已标价工程量清单中无该类计日工单价的，由发承包双方按工程变更的有关规定商定计日工单价计算

8. 物价变化类合同价款的调整

（1）物价变化合同价款的调整。合同履行期间，因人工、材料、工程设备、机械台班价格波动影响合同价款时，应根据合同约定，按《建设工程工程量清单计价规范》（GB 50500—2013）中的方法调整合同价款。

（2）物价变化合同价款的调整方法。除专用合同条款另有约定外，市场价格波动超过合同当事人约定的范围，合同价格应当调整。合同当事人可以在专用合同条款中约定选择以下一种方式对合同价格进行调整：

第1种方式：采用价格指数进行价格调整。

1）价格调整公式。因人工、材料和设备等价格波动影响合同价格时，根据专用合同条款中约定的数据，按以下公式计算差额并调整合同价格，即

$$\Delta P = P_0\left[A + \left(B_1 \times \frac{F_{t1}}{F_{01}} + B_2 \times \frac{F_{t2}}{F_{02}} + B_3 \times \frac{F_{t3}}{F_{03}} + \cdots + B_n \times \frac{F_{tn}}{F_{0n}}\right) - 1\right]$$

式中：ΔP 为需调整的价格差额；P_0 为约定的付款证书中承包人应得到的已完成工程量的金额，此项金额不应包括价格调整、不计质量保修金的扣留和支付、预付款的支付和扣回，约定的变更及其他金额已按现行价格计价的，也不计在内；A 为定值权重（即不调部分的权重）；B_1，B_2，B_3，…，B_n 为各可调因子的变值权重（即可调部分的权重），为各可调因子在签约合同价中所占的比例；F_{t1}，F_{t2}，F_{t3}，…，F_{tn} 为各可调因子的现行价格指数，指约定的付款证书相关周期最后一天的前42天的各可调因子的价格指数；F_{01}，F_{02}，F_{03}，…，F_{0n} 为各可调因子的基本价格指数，指基准日期的各可调因子的价格指数。

以上价格调整公式中的各可调因子、定值和变值权重，以及基本价格指数及其来源在投标函附录价格指数和权重表中约定，非招标订立的合同，由合同当事人在专用合同条款中约定。价格指数应首先采用工程造价管理机构发布的价格指数，无前述价格指数时，可采用工程造价管理机构发布的价格代替。

2）暂时确定调整差额。在计算调整差额时无现行价格指数的，合同当事人同意暂用前次价格指数计算。实际价格指数有调整的，合同当事人进行相应调整。

3）权重的调整。因变更导致合同约定的权重不合理时，按照商定或确定的权重执行。

4）因承包人原因工期延误后的价格调整。因承包人原因未按期竣工的，对合同约定的竣工日期后继续施工的工程，在使用价格调整公式时，应采用计划竣工日期与实际竣工日期的两个价格指数中较低的一个作为现行价格指数。

第2种方式：采用造价信息进行价格调整。

合同履行期间，因人工、材料、设备和机械台班价格波动影响合同价格时，人工、机械使用费按照国家或省、自治区、直辖市建设行政管理部门、行业建设管理部门或其授权的工程造价管理机构发布的人工、机械使用费系数进行调整；需要进行价格调整的材料，其单价和采购数量应由发包人审批，发包人确认需调整的材料单价及数量，作为调整合同价格的依据。

第3种方式：专用合同条款约定的其他方式。

【例7-2】 施工企业要让设计单位出变更通知：

（1）某工程设计为100mm厚钢筋混凝土楼板，已能满足荷载要求，现施工企业提出水电埋管难度较大，为便于施工，要求设计单位变更为120mm厚楼板。

（2）原设计为C25级混凝土，施工企业为提前拆模加快进度，要求改用C30级混凝土。

试问这两项要求是否合理？

解 两项要求均不合理。图纸投标时已发给投标人，所以楼板增厚20mm和改用C30级混凝土的问题属于施工组织设计应考虑的技术措施，有经验的施工单位都有办法处理此

事，所以如果出现了改厚楼板或代用高强度等级混凝土，其差价一般由施工单位自行消化，不予调整。但如果让设计单位出变更通知，此费用就合理地转嫁至建设单位了。

【例 7-3】 在某办公楼场地平整工程的开挖土石方过程中，施工方发现实际情况与地质勘察报告描述不同，施工难度明显加大。施工方提出将工期延长一个月，要求按现场情况重新确定土石类别及比例，并补偿相关费用。合同约定若延迟竣工交付，每天支付 1500 元违约金。工程比原计划推迟 76 天竣工。试问施工方的要求是否合理？能否批准？

解 工期延长一个月并补偿相关费用的要求合理，得到业主批准。但因已同意施工方顺延 1 个月施工期并补偿了相关费用，业主就推迟竣工向施工方进行反索赔。

索赔金额＝（76－30）×1500＝69 000（元）

施工方应支付 6.9 万元违约金。

第四节　工　程　索　赔

一、索赔的概念与分类

1. 索赔的概念

索赔是在工程承包合同履行过程中，当事人一方因对方不履行或不完全履行合同所规定的义务，或出现了因应当由对方承担的风险而使己方遭受到损失时，向另一方提出赔偿要求的行为。索赔既包括承包人向发包人提出的索赔，也包括发包人向承包人提出的索赔。通常情况下，索赔是指在合同实施过程中，承包人因非自身原因造成的损失而要求发包人给予补偿的一种权利要求。常将发包人对承包人的索赔称为反索赔。

索赔有较广泛的含义，可以概括为如下 3 个方面：

（1）一方违约使另一方蒙受损失，受损方向对方提出赔偿损失的要求。

（2）发生应由业主承担责任的特殊风险或遇到不利自然条件等情况，使承包人蒙受较大损失而向业主提出补偿损失的要求。

（3）承包人本人应当获得的正当利益，由于没能及时得到监理工程师的确认和业主应给予的支付，而以正式函件向业主索赔。

索赔的性质属于经济补偿行为，而不是惩罚。索赔方所受到的损害，与被索赔方的行为并不一定存在法律上的因果关系。索赔是一种正当的权利要求，它是业主、监理工程师和承包人之间一项正常的、大量发生而且普遍存在的合同管理业务，是一种以法律和合同为依据的、合情合理的行为。

2. 索赔的分类

索赔从不同的角度可以进行不同的分类，但最常见的是按当事人的不同和索赔的目的不同进行分类。

（1）按索赔当事人的不同分类。

1）承包人同业主之间的索赔。这是承包施工中最普遍的索赔形式，最常见的是承包人向业主提出的工期索赔和费用索赔。有时，业主也向承包人提出经济赔偿的要求，即“反索赔”。

2）总承包人和分包人之间的索赔。总承包人和分包人，按照他们之间所签订的分包合同，都有向对方提出索赔的权利，以维护自己的利益，获得额外开支的经济补偿。分包人向总承包人提出的索赔要求，经过总承包人审核后，凡是属于业主方面责任范围内的事项，均由总承包人汇总后向业主提出；凡是属于总承包人责任范围内的事项，则由总承包人同分包人协商解决。

（2）按索赔的目的不同分类。

1）工期索赔。承包人向发包人要求延长工期，合理顺延合同工期。由于合理的工期延长，可以使承包人免于承担误期罚款（或误期损害赔偿金）。

2）费用索赔。承包人要求取得合理的经济补偿，即要求发包人补偿不应该由承包人自己承担的经济损失或额外费用，或者发包人向承包人要求因为承包人违约导致业主的经济损失补偿。

索赔的分类如图 7-6 所示。

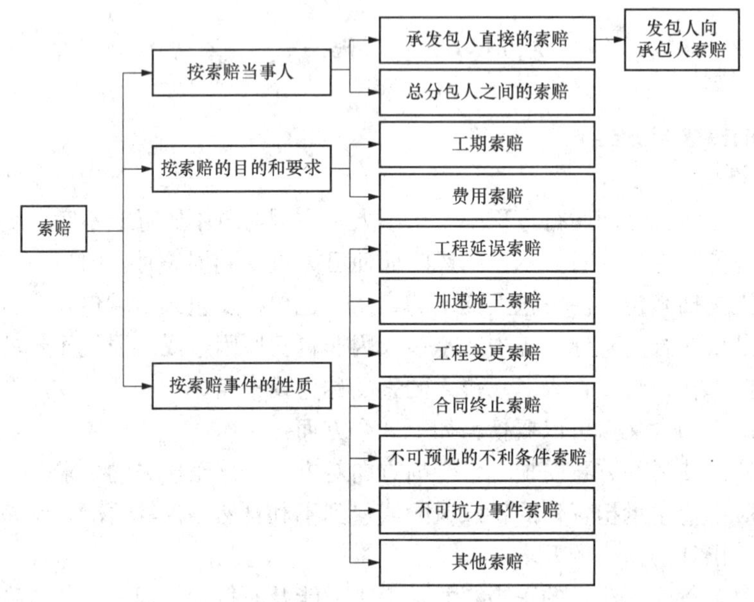

图 7-6 索赔的分类

3. 索赔产生的原因

施工过程中，索赔产生的原因很多，经常引发索赔的原因有：

（1）发包人违约。发包人违约常常表现为没有为承包人提供合同约定的施工条件、未按照合同约定的期限和数额付款等。工程师未能按照合同约定完成工作，如未能及时发出图纸、指令等也视为发包人违约。

（2）合同文件缺陷。合同文件缺陷表现为合同文件规定不严谨甚至矛盾、合同中的遗漏或错误。在这种情况下，工程师应当给予解释，如果这种解释将导致成本增加或工期延长，发包人应当给予补偿。

（3）合同变更。合同变更表现为设计变更、施工方法变更、追加或者取消某些工作、合同其他规定的变更等。

（4）不可抗力事件。不可抗力事件可分为自然事件和社会事件。自然事件主要是不利的自然条件和客观障碍，如在施工过程中遇到了经现场调查无法发现、发包人提供的资料中也未提到的、无法预料的情况，如地下水、地质断层等。社会事件则包括国家政策、法律、法令的变更等。

（5）发包人代表或监理工程师的指令。发包人代表或监理工程师的指令有时也会产生索赔，如工程师指令承包人加速施工、进行某项工作、更换某些材料、采取某些措施等。

（6）其他第三方原因。其他第三方原因常常表现为与工程有关的第三方问题而引起的对本工程的不利影响，如业主指定的供应商违约、业主付款被银行延误等。

二、索赔的处理程序

1. 承包人的索赔

根据合同约定，承包人认为有权得到追加付款金额和（或）延长工期的，应按以下程序向发包人提出索赔：

（1）承包人应在知道或应当知道索赔事件发生后28天内，向监理人递交索赔意向通知书，并说明发生索赔事件的事由；承包人未在前述28天内发出索赔意向通知书的，丧失要求追加付款金额和（或）延长工期的权利。

（2）承包人应在发出索赔意向通知书后28天内，向监理人正式递交索赔报告；索赔报告应详细说明索赔理由，以及要求追加的付款金额和（或）延长的工期，并附必要的记录和证明材料。

（3）索赔事件具有持续影响的，承包人应按合理时间间隔继续递交延续索赔通知，说明持续影响的实际情况和记录，列出累计的追加付款金额和（或）工期延长天数。

（4）在索赔事件影响结束后28天内，承包人应向监理人递交最终索赔报告，说明最终要求索赔的追加付款金额和（或）延长的工期，并附必要的记录和证明材料。

对承包人索赔的处理如下：

（1）监理人应在收到索赔报告后14天内完成审查并报送发包人。监理人对索赔报告存在异议的，有权要求承包人提交全部原始记录副本。

（2）发包人应在监理人收到索赔报告或有关索赔的进一步证明材料后的28天内，由监理人向承包人出具经发包人签认的索赔处理结果。发包人逾期答复的，则视为认可承包人的索赔要求。

（3）承包人接受索赔处理结果的，索赔款项在当期进度款中进行支付；承包人不接受索赔处理结果的，按照争议解决约定处理。

2. 发包人的索赔

根据合同约定，发包人认为有权得到赔付金额和（或）延长缺陷责任期的，监理人应向承包人发出通知并附有详细的证明。

发包人应在知道或应当知道索赔事件发生后28天内通过监理人向承包人提出索赔意向通知书，发包人未在前述28天内发出索赔意向通知书的，丧失要求赔付金额和（或）延长缺陷责任期的权利。发包人应在发出索赔意向通知书后28天内，通过监理人向承包人正式递交索赔报告。

对发包人索赔的处理如下：

（1）承包人收到发包人提交的索赔报告后，应及时审查索赔报告的内容、查验发包人证明材料。

（2）承包人应在收到索赔报告或有关索赔的进一步证明材料后28天内，将索赔处理结果答复发包人。如果承包人未在上述期限内做出答复，则视为对发包人索赔要求的认可。

（3）承包人接受索赔处理结果的，发包人可从应支付给承包人的合同价款中扣除赔付的金额或延长缺陷责任期；发包人不接受索赔处理结果的，按争议解决约定处理。

3. 提出索赔的期限

（1）承包人按竣工结算审核约定接收竣工付款证书后，应被视为已无权再提出在工程接收证书颁发前所发生的任何索赔。

（2）承包人按最终结清提交的最终结清申请单中，只限于提出工程接收证书颁发后发生的索赔。提出索赔的期限自接受最终结清证书时终止。

4. 索赔的依据

提出索赔的依据有以下几个方面：

（1）招标文件、施工合同文本及附件，其他各签约（如备忘录、修正案等），经认可的工程实施计划，各种工程图纸、技术规范等。

（2）双方的往来信件及各种会谈纪要。

（3）进度计划和具体的进度及工程项目现场的有关文件。

（4）气象资料、工程检查验收报告和各种技术鉴定报告，工程中送停电、送停水、道路开通和封闭的记录和证明。

（5）国家有关法律、法令、政策文件，官方的物价指数、工资指数，各种会计核算资料，材料的采购、订货、运输、进场、使用方面的凭据。

5. 索赔报告的内容

一个完整的索赔报告应包括以下 4 个部分：

（1）总论部分。一般包括序言、索赔事项概述、具体索赔要求、索赔报告编写及审核人员名单。

（2）根据部分。该部分主要是说明自己具有的索赔权利，这是索赔能否成立的关键。根据部分的内容主要来自该工程项目的合同文件，并参照有关法律规定。该部分中施工单位应引用合同中的具体条款，说明自己理应获得的经济补偿或工期延长。

（3）计算部分。索赔计算的目的，是以具体的计算方法和计算过程，说明自己应得经济补偿的款额或延长时间。如果说根据部分的任务是解决索赔能否成立，则计算部分的任务就是决定应得到多少索赔款额和工期。

（4）证据部分 。证据部分包括该索赔事件所涉及的一切证据资料，以及对这些证据的说明，证据是索赔报告的重要组成部分，没有翔实可靠的证据，索赔是不能成功的。在引用证据时，要注意该证据的效力或可信程度。为此，对重要的证据资料最好附以文字证明或确认件。

三、索赔的计算

1. 索赔费用的计算

（1）索赔费用的组成。索赔费用的组成与建筑安装工程造价的组成相似，一般包括以下几个方面：

1）分部分项工程量清单费。工程量清单漏项或非承包人原因的工程变更，造成增加新的工程量清单项目，其对应的综合单价的确定参见工程变更价款的确定原则。

a. 人工费。包括增加工作内容的人工费、停工损失费和工作效率降低的损失费等累计，其中增加工作内容的人工费应按照计日工费计算，而停工损失费和工作效率降低的损失费按窝工费计算，窝工费的标准双方应在合同中约定。

b. 施工机械使用费。可采用机械台班费、机械折旧费、设备租赁费等几种形式。当工作内容增加引起设备费索赔时，设备费的标准按照机械台班费计算。因窝工引起的设备费索赔，当施工机械属于施工企业自有时，按照机械折旧费计算索赔费用；当施工机械是施工企业从外部租赁时，索赔费用的标准按照设备租赁费计算。

c. 材料费。包括索赔事件引起的材料用量增加、材料价格大幅度上涨、非承包人原因造成的工期延误而引起的材料价格上涨和材料超期存储费用。

d. 管理费。此项又可分为现场管理费和企业管理费两部分，由于两者的计算方法不一样，所以在审核过程中应区别对待。

e. 利润。对工程范围、工作内容变更等引起的索赔，承包人可按原报价单中的利润百分率计算利润。

2）措施项目费。因分部分项工程量清单漏项或非承包人原因的工程变更，引起措施项目发生变化，造成施工组织设计或施工方案变更及措施项目费发生变化时，已有的措施项目，按原有措施项目费的组价方法调整；原措施项目费中没有的措施项目，由承包人根据措施项目变更情况，提出适当的措施项目费变更，经发包人确认后调整。

3）其他项目费。其他项目费中所涉及的人工费、材料费等按合同的约定计算。

4）规费与税金。除工程内容的变更或增加，承包人可以列入相应增加的规费与税金。其他情况一般不能索赔。索赔规费与税金的款额计算通常是与原报价单中的百分率保持一致。

（2）索赔费用的计算方法。

1）实际费用法。该方法是按照每个索赔事件所引起损失的费用项目分别分析计算索赔值，然后将各费用项目的索赔值汇总，即可得到总索赔费用值。这种方法以承包人为某项索赔工作所支付的实际开支为依据，但仅限于由于索赔事项引起的、超过原计划的费用，故也称额外成本法。在这种计算方法中，需要注意的是不要遗漏费用项目。

2）修正的总费用法。这种方法是对总费用法的改进，即在总费用计算的原则上，去掉一些不确定的可能因素，对总费用法进行相应的修改和调整，使其更加合理。

修正的总费用法的计算公式为

$$索赔金额=某项工作调整后的实际总费用-该项工作的报价费用 \tag{7-1}$$

2. 工期索赔的计算

（1）工期索赔中应当注意的问题。

1）划清施工进度拖延的责任。因承包人的原因造成施工进度滞后属于不可原谅的延期，只有承包人不应承担任何责任的延误才是可原谅的延期。有时，工期延期的原因中可能包含双方的责任，此时，工程师应进行详细分析，分清责任比例，只有可原谅延期部分才能批准顺延合同工期。可原谅延期，又可细分为可原谅并给予补偿费用的延期和可原谅但不给予补偿费用的延期；后者是指非承包人责任的影响并未导致施工成本的额外支出，大多属于发包人应承担风险责任的影响，如异常恶劣的气候条件导致的停工等。

2）被延误的工作应是处于施工进度计划的关键线路上的施工内容。只有位于关键线路上的工作内容的滞后，才会影响到竣工日期。但有时也应注意，既要看被延误的工作是否在批准进度计划的关键路线上，又要详细分析这一延误对后续工作的可能影响。因为若对非关键路线工作的影响时间较长，超过了该工作可用于自由支配的时间，也会导致进度计划中非关键路线转化为关键路线，其滞后将导致总工期的拖延。此时，应充分考虑该工作的自由时间，给予相应的工期顺延，并要求承包人修改施工进度计划。

（2）工期索赔的计算方法。工期索赔的计算方法主要有网络分析法、比例计算法及其他方法。

1）网络分析法。利用进度计划的网络图分析其关键线路。如果延误的工作为关键工作，则总延误的时间为批准顺延的工期；如果延误的工作为非关键工作，当该工作由于延误超过时差限制而成为关键工作时，可以批准顺延工期为延误时间与时差的差值；若该工作延误后仍为非关键工作，则不存在工期索赔问题。

2）比例计算法。在工程实施中，业主推迟设计资料、设计图纸、建设场地、行驶道路等条件的提供，会直接造成工期的推迟或中断，从而影响整个工期。通常，上述活动的推迟时间可直接作为工期的延长天数。但是，当提供的条件能满足部分施工时，应按比例法来计算工期。

对于已知部分工程的延期时间，计算公式为

$$\text{工期索赔值} = \text{受干扰部分工程合同价} / \text{原合同总价} \times \text{该受干扰部分工期拖延时间} \tag{7-2}$$

对于已知额外增加工程量的价格，计算公式为

$$\text{工期索赔值} = \text{额外增加工程量的价格} / \text{原合同总价} \times \text{原合同总工期} \tag{7-3}$$

比例计算法简单方便，但有时不尽符合实际情况。比例计算法不适用于变更施工顺序、加速施工、删减工程量等事件的索赔。

3）其他方法。在实际工程中，工期补偿天数的确定方法可以是多样的。例如，在干扰事件发生前由双方商讨在变更协议或其他附件协议中直接确定补偿天数或者按实际工期延长记录确定补偿天数等。

【例 7-4】 某施工单位（乙方）与某建设单位（甲方）签订了某项工业建筑的地基处理与基础工程施工合同。由于工程量无法准确确定，根据施工合同专用条款的规定，按施工图预算方式计价，乙方必须严格按照施工图及施工合同规定的内容及技术要求施工。乙方的分项工程首先向监理工程师申请质量验收，取得质量验收合格文件后，向造价工程师提出计量申请和支付工程款。工程开工前，乙方提交了施工组织设计并得到批准。

（1）在工程施工过程中，当进行到施工图所规定的处理范围边缘时，乙方在取得在场的监理工程师认可的情况下，为了使夯击质量得到保证，将夯击范围适当扩大。施工完成后，乙方将扩大范围内的施工工程量向造价工程师提出计量付款的要求，但遭到拒绝。试问造价工程师拒绝承包商的要求合理否？为什么？

（2）在开挖土方过程中，遇到了地质勘察没有探明的孤石，排除孤石拖延工期。

（3）施工过程中遇到数天季节性大雨后又转为特大暴雨引起山洪暴发，造成现场临时道路、管网和甲乙方施工现场办公用房等设施，以及已施工的部分基础被冲坏，施工设备损坏，运进现场的部分材料被冲走，乙方数名施工人员受伤，雨后乙方用了很多工时进行工程清理和修复作业。

乙方对（2）和（3）事件按照索赔程序提出了延长工期和费用补偿要求。试问造价工程师应如何处理？

解 (1) 造价工程师的拒绝合理。因该部分的工程量超出了施工图的要求，监理工程师可认为是承包人的保证施工质量的技术措施，费用应由乙方自己承担。

(2) 对处理孤石引起的索赔，属于地质勘察报告未提供的，施工单位预先无法估计的地质条件变化，属于甲方应承担的风险，应给予乙方工期顺延和费用补偿。

(3) 对于天气条件变化引起的索赔应分以下两种情况处理：

1) 对于前期的季节性大雨这是一个有经验的承包人预先能够合理估计的因素，应在合同工期内考虑，由此造成的工期延长和费用损失不能给予补偿。

2) 对于后期特大暴雨引起的山洪暴发不能视为一个有经验的承包人预先能够合理估计的因素，应按不可抗力处理由此引起的索赔问题。根据不可抗力的处理原则，被冲坏的现场临时道路、管网和甲方施工现场办公用房等设施及已施工的部分基础，被冲走的部分材料，工程清理和修复作业等经济损失应由甲方承担；损坏的施工设备、受伤的施工人员，以及由此造成的人员窝工和设备闲置、冲坏的乙方施工现场办公用房等经济损失应由乙方承担；工期应予以顺延。

根据《中华人民共和国标准施工招标文件》中通用合同条款的内容，可以合理补偿承包人的条款见表 7-6。

表 7-6　《中华人民共和国标准施工招标文件》中合同条款规定可以合理补偿承包人的条款

序号	条款号	主要内容	可补偿内容		
			工期	费用	利润
1	1.10.1	施工过程中发现文物、古迹及其他遗迹、化石、钱币或物品	√	√	
2	4.11.2	承包人遇到不利物质条件	√	√	
3	5.2.4	发包人要求向承包人提前交付材料和工程设备		√	
4	5.2.6	发包人提供的材料和工程设备不符合合同要求	√	√	√
5	8.3	发包人提供基准资料错误导致承包人的返工或造成工程损失	√	√	√
6	11.3	发包人的原因造成工期延误	√	√	√
7	11.4	异常恶劣的气候条件	√		
8	11.6	发包人要求承包人提前竣工		√	
9	12.2	发包人原因引起的暂停施工	√	√	√
10	12.4.2	发包人原因造成暂停施工后无法按时复工	√	√	√
11	13.1.3	发包人原因造成工程质量达不到合同约定验收标准的	√	√	√
12	13.5.3	监理人对隐蔽工程重新检查，经检验证明工程质量符合合同要求的	√	√	√
13	16.2	法律变化引起的价格调整		√	
14	18.4.2	发包人在全部工程竣工前，使用已接受的单位工程导致承包人费用增加	√	√	√
15	18.6.2	发包人的原因导致试运行失败的		√	√
16	19.2	发包人原因导致的工程缺陷和损失		√	√
17	21.3.1	不可抗力	√		

【例 7-5】 某建设工程项目业主与承包人签订了工程施工承包合同，根据合同及其附件的有关条文，对索赔内容，有如下规定：

（1）因窝工发生的人工费以 25 元/工日计算，监理人提前一周通知承包人时不以窝工处理，以补偿费支付 4 元/工日。

（2）机械设备台班费：塔吊为 300 元/台班；混凝土搅拌机为 70 元/台班；砂浆搅拌机为 30 元/台班。因窝工而闲置时，只考虑折旧费，按台班费 70%计算。

（3）因临时停工一般不补偿管理费和利润。

在施工过程中发生了以下情况：

（1）施工到第七层时因业主提供的模板未到而使一台塔吊、一台混凝土搅拌机和 35 名支模工停工（业主已提前通知承包人）。

（2）因公用网停电、停水使进行第四层砌砖工作的一台砂浆搅拌机和 30 名砌砖工停工。

（3）因砂浆搅拌机故障而使在第二层抹灰的一台砂浆搅拌机和 35 名抹灰工停工。

试问承包人在有效期内提出索赔要求时，监理人认为合理的索赔金额应是多少？

解 （1）窝工机械闲置费：按合同机械闲置只计取折旧费，则：

1）塔吊 1 台：300×70%×14=2940（元）；

2）混凝土搅拌机 1 台：70×70%×14=686（元）；

3）砂浆搅拌机 1 台：30×70%×12=252（元）；

4）因砂浆搅拌机机械故障闲置 1 天不应给予补偿。

小计：2940+686+252=3878（元）。

（2）窝工人工费：因业主已于 1 周前通知承包商，故只以补偿费支付。

1）支模工：4×35×14=1960（元）；

2）砌砖工：25×30×12=9000（元）；

3）因砂浆搅拌机机械故障造成抹灰工停工不予补偿。

小计：1960+9000=10 960（元）。

（3）临时个别工序窝工一般不补偿管理费和利润，故合理的索赔金额应为：3878+10 960=14 838（元）。

第五节 工程价款的结算

一、工程价款的结算方式

我国现行工程价款结算根据不同情况可采取多种方式：

（1）按月结算。先预付工程备料款，在施工过程中实行旬末或月中预支，月终结算，竣工后清算的方法。

（2）竣工后一次结算。建设工程项目或单项工程全部建筑安装工程建设期在 12 个月以内，或工程承包合同价在 100 万以下的，可实行工程价款每月月中预支、竣工后一次结算，即合同完成后，承包人与发包人进行合同价款结算，确认的工程价款为承发包双方结算的合同价款总额。

（3）分段结算。当年开工但当年不能竣工的单项工程或单位工程，按照工程形象进度划分为不同阶段进行结算。分段结算可以按月预支工程款。

（4）目标结款方式。在工程合同中，将承包工程的内容分解为不同的控制界面，以业主验收控制界面作为支付工程价款的前提条件。也就是说，将合同中的工程内容分解为不同的验收单元，当承包商完成单元工程内容并经业主（或其委托人）验收后，业主支付构成单元工程内容的工程价款。

（5）双方约定的其他结算方式。

二、工程预付款与进度款的支付

1. 预付款支付与抵扣

（1）预付款的支付。工程预付款是指建设工程施工合同订立后，由发包人按照合同约定，在正式开工前预先付给承包人的工程款，是施工准备和所需材料、结构件等流动资金的主要来源，又称为预付备料款。

承包人应将预付款专用于合同工程。包工包料工程预付款的支付比例不得低于签约合同价（扣除暂列金额）的10%，不宜高于签约合同价（扣除暂列金额）的30%。

承包人应在签订合同或向发包人提供与预付款等额的预付款保函后向发包人提交预付款支付申请。

发包人应在收到支付申请的7天内进行核实，向承包人发出预付款支付证书，并在签发支付证书后的7天内向承包人支付预付款。

发包人没有按合同约定按时支付预付款的，承包人可催告发包人支付；发包人在预付款期满后的7天内仍未支付的，承包人可在付款期满后的第8天起暂停施工。发包人应承担由此增加的费用和延误的工期，并应向承包人支付合理利润。

（2）支付方法。

1）百分比法。包工包料工程预付款比例不低于合同金额（应扣除暂列金额）的10%，不高于30%。

2）公式法

$$\text{工程预付款数额}=\frac{\text{工程造价}\times\text{材料占比}(\%)}{\text{年度施工天数}}\times\text{材料储备定额天数} \tag{7-4}$$

其中：年度施工天数按365日历天；材料储备定额天数由当地材料供应的在途天数、加工天数、整理天数、供应间隔天数、保险天数等因素决定。

（3）预付款的抵扣。预付款应从每一个支付期应支付给承包人的工程进度款中扣回，直到扣回的金额达到合同约定的预付款金额为止。

承包人预付款保函的担保金额根据预付款扣回的数额相应递减，但在预付款全部扣回之前一直保持有效。发包人应在预付款扣完后的14天内将预付款保函退还给承包人。

工程预付款的起扣点计算公式为

$$T=P-\frac{M}{N} \tag{7-5}$$

式中：T为起扣点（即预付款开始扣回时）的累计完成工程额；P为承包合同总额；M为工程预付款总额；N为主要材料及构件的占比。

2. 安全文明施工费的支付

安全文明施工费包括的内容和使用范围，应符合国家有关文件和计量规范的规定。

发包人应在工程开工后28天内预付不低于当年施工进度计划的安全文明施工费总额的60%，其余部分应按照提前安排的原则进行分解，并应与进度款同期支付。

发包人没有按时支付安全文明施工费的，承包人可催告发包人支付；发包人在付款期满后7天内仍未支付的，若发生安全事故，发包人应承担相应责任。

承包人对安全文明施工费应专款专用，在财务账目中应单独列项备查，不得挪作他用，否则发包人有权要求其限期改正；逾期未改正的，造成的损失和延误的工期应由承包人承担。

3. 工程进度款的支付

工程进度款的支付步骤见图7-7。

图7-7　工程进度款的支付步骤

（1）工程计量（工程量测量与统计）。所谓工程计量，就是发承包双方根据合同约定，对承包人完成合同工程的数量进行的计算和确认。具体地说，就是双方根据设计图纸、技术规范及施工合同约定的计量方式和计算方法，对承包人已经完成的质量合格的工程实体数量进行测量与计算，并以物理计量单位或自然计量单位进行表示、确认的过程。

招标工程量清单中所列的数量，通常是根据设计图纸计算的数量，是对合同工程的估计工程量。工程施工过程中，通常会由于一些原因导致承包人实际完成工程量与工程量清单中所列的工程量不一致，如招标工程量清单缺项、漏项或项目特征描述与实际不符，工程变更，现场施工条件的变化，现场签证，暂列金额中的专业工程发包等。因此，在工程合同价款结算前，必须对承包人履行合同义务所完成的实际工程进行准确的计量。

工程计量的原则包括下列三个方面：

1）不符合合同文件要求的工程不予计量。工程必须满足设计图纸、技术规范等合同文件对其在工程质量上的要求，同时有关的工程质量验收资料齐全、手续完备，满足合同文件对其在工程管理上的要求。

2）按合同文件所规定的方法、范围、内容和单位计量。工程计量的方法、范围、内容和单位受合同文件所约束，其中工程量清单（说明）、技术规范、合同条款均会从不同角度、不同侧面涉及这方面的内容。在计量中要严格遵循这些文件的规定，并且一定要结合起来使用。

3）因承包人原因造成的超出合同工程范围施工或返工的工程量，发包人不予计量。

工程计量的范围包括：工程量清单及工程变更所修订的工程量清单的内容；合同文件中规定的各种费用支付项目，如费用索赔、各种预付款、价格调整、违约金等。

工程计量的依据包括工程量清单及说明、合同图纸、工程变更令及其修订的工程量清单、合同条件、技术规范、有关计量的补充协议、质量合格证书等。

工程量必须按照相关工程现行国家计量规范规定的工程量计算规则计算。工程量可按月或形象进度分段计量，具体计量周期在合同中约定。通常区分单价合同和总价合同规定不同的计量方法，见表7-7。

表 7-7　**工程计量方法**

项目	单价合同	总价合同	
		清单计价方式	定额计价方式
计量方法	若发生招标工程量清单中出现缺项、工程量偏差，或因工程变更引起工程量的增减，应按承包人实际完成的工程量计量	同单价合同	除按工程变更规定引起的工程量增减外，各项目的工程量应为承包人用于结算的最终工程量
计量周期	按合同约定的计量周期和时间进行计量	按合同约定工程计量的形象目标或时间节点计量	

(2) 工程进度款支付。发承包双方应按照合同约定的时间、程序和方法，根据工程计量结果，办理期中价款结算，支付进度款。进度款支付周期应与合同约定的工程计量周期一致。

已标价工程量清单中的单价项目，承包人应按工程计量确认的工程量与综合单价计算；综合单价发生调整的，以发承包双方确认调整的综合单价计算进度款。

已标价工程量清单中的总价项目和按照规范规定形成的总价合同，承包人应按合同中约定的进度款支付分解，分别列入进度款支付申请中的安全文明施工费和本周期应支付的总价项目的金额中。

有甲供材料的项目，发料金额，应按照发包人签约提供的单价和数量从进度款支付中扣除，列入本周期应扣减的金额中。承包人现场签证和得到发包人确认的索赔金额应列入本周期应增加的金额中。进度款的支付比例按照合同约定，按期中结算价款总额计，不低于60%，不高于90%。

承包人应在每个计量周期到期后的 7 天内向发包人提交已完工程进度款支付申请，一式四份，详细说明此周期认为有权得到的款额，包括分包人已完工程的价款。支付申请应包括的内容如下：

1) 累计已完成的合同价款。

2) 累计已实际支付的合同价款。

3) 本周期合计完成的合同价款。

a. 本周期应扣回的预付款。

b. 本周期已完成单价项目的金额。

c. 本周期应扣减的金额。

d. 本周期应支付的总价项目的金额。

e. 本周期应增加的金额。

4) 本周期合计应扣减的金额

a. 本周期已完成的计日工价款。

b. 本周期应支付的安全文明施工费。

5) 本周期实际应支付的合同价款。

(3) 工程进度款支付流程。发包人应在收到承包人进度款支付申请后的 14 天内，根据计量结果和合同约定对申请内容予以核实，确认后向承包人出具进度款支付证书。若发承包双方对部分清单项目的计量结果出现争议，发包人应对无争议部分的工程计量结果向承包人出具进度款支付证书。

发包人应在签发进度款支付证书后的14天内，按照支付证书列明的金额向承包人支付进度款。若发包人逾期未签发进度款支付证书，则视为承包人提交的进度款支付申请已被发包人认可，承包人可向发包人发出催告付款的通知。发包人应在收到通知后的14天内按照承包人支付申请的金额向承包人支付进度款。发包人未按照规范的规定支付进度款的，承包人可催告发包人支付，并有权获得延迟支付的利息；发包人在付款期满后的7天内仍未支付的，承包人可在付款期满后的第8天起暂停施工。发包人应承担由此增加的费用和延误的工期，向承包人支付合理利润，并应承担违约责任。

发现已签发的任何支付证书有错、漏或重复的数额，发包人有权予以修正，承包人也有权提出修正申请。经发承包双方复核同意修正的，应在本次到期的进度款中支付或扣除。

工程款支付申请表标准格式见表7-8。

表7-8　　工程款支付申请（核准）表

工程名称：　　标段：　　编号：

<table>
<tr><td colspan="2">致：____________（发包人全称）
我方于____至____期间已完成了____工作，根据施工合同的约定，现申请支付本期的工程款额为（大写）_____元，（小写）___元，请予核准。

承包人（章）_______

承包人代表（签字）_______
日期</td></tr>
<tr><td>复核意见：
□与实际施工情况不相符，修改意见见附件。
□与实际施工情况相符，具体金额由造价工程师复核
监理工程师：
日期：</td><td>复核意见：
你方提出的支付申请经复核，本期间已完工程款大写）：_____元，（小写）：_____元，本期间应支付金额为（大写）：_____元，（小写）___元。
造价工程师：
日期：</td></tr>
<tr><td colspan="2">审核意见：
□ 不同意。
□ 同意，支付时间为本表签发后的　　天内。

发包人（章）
发包人代表（签字）
日　期</td></tr>
</table>

（4）质量保证金支付。质量保证金（简称保证金）是指发包人与承包人在建设工程承包合同中约定，从应付的工程款中预留，用以保证承包人在缺陷责任期内对建设工程出现的缺陷进行维修的资金。

缺陷是指建设工程质量不符合工程建设强制性标准、设计文件，以及承包合同的约定。

缺陷责任期一般为1年，最长不超过2年，由发承包双方在合同中约定。

发包人应当在招标文件、合同中明确保证金预留、返还等内容，并与承包人在合同条款中对涉及保证金的事项要进行约定，约定内容如下：

(1) 保证金预留、返还方式。

(2) 保证金预留比例、期限。

(3) 保证金是否计付利息，如计付利息、利息的计算方式。

(4) 缺陷责任期的期限及计算方式。

(5) 保证金预留、返还及工程维修质量、费用等争议的处理程序。

(6) 缺陷责任期内出现缺陷的索赔方式。

(7) 逾期返还保证金的违约金支付办法及违约责任。

住房和城乡建设部、财政部《关于印发建设工程质量保证金管理办法的通知》规定，发包人应按照合同约定方式预留保证金，保证金总预留比例不得高于工程价款结算总额的3%。合同约定由承包人以银行保函替代预留保证金的，保函金额不得高于工程价款结算总额的3%。发包人应按照合同约定的质量保证金比例从结算款中预留质量保证金。承包人未按照合同约定履行属于自身责任的工程缺陷修复义务的，发包人有权从质量保证金中扣除用于缺陷修复的各项支出。经查验，工程缺陷属于发包人原因造成的，应由发包人承担查验和缺陷修复的费用。在合同约定的缺陷责任期终止后，发包人应按照规范的规定，将剩余的质量保证金返还给承包人。

【例7-6】 某建筑安装工程施工合同，合同总价6000万元，合同工期为6个月，签订合同日期为1月初，从当年2月开始施工。合同规定：

(1) 预付款按合同价20%支付，支付预付款及进度款累计达总合同价40%的当月起开始抵扣，在以后各月平均扣回。

(2) 工程保修金按原合同价的5%扣留，从第一个月开始按实际结算工程款的10%扣留，扣完为止。

(3) 该工程实际完成产值见表7-9所示。

表7-9　**实际完成产值表**　单位：万元

月份	2	3	4	5	6	7
实际产值	1000	1200	1200	1200	800	600

试计算预付款、各月应签发的工程款。

(1) 预付款：6000×20% =1200（万元）。

(2) 起扣点：6000×40%=2400（万元）。

(3) 保修金：6000×5%=300（万元）。

(4) 各月应签发付款凭证的进度款：

2月：1000×0.9=900（万元）（扣10%保修金100万元）

3月：1200×0.9=1080（万元）（保修金120万元）

下月开始抵扣预付款，每月扣1200/4=300（万元）。

4月累计完成3400万元，开始扣预付款：

4月：1200−300−80=820（万元）（保修金80万元）

5 月：1200－300＝900（万元）

6 月：800－300＝500（万元）

7 月：600－300＝300（万元）

三、竣工结算

1. 竣工结算的概念

竣工结算是指承包人按照合同规定全部完成所承包的工程，经验收质量合格，并符合合同要求之后，与发包人进行的最终工程价款结算。工程完工后，发承包双方应在合同约定时间内办理工程竣工结算。工程竣工结算由承包人或受其委托具有相应资质的工程造价咨询人编制，由发包人或受其委托具有相应资质的工程造价咨询人核对。

2. 竣工结算的依据

（1）《建设工程工程量清单计价规范》（GB 50500—2013）。

（2）施工合同。

（3）工程竣工图纸及资料。

（4）双方确认的工程量。

（5）双方确认追加（减）的工程价款。

（6）双方确认的索赔、现场签证事项及价款。

（7）投标文件。

（8）招标文件。

（9）其他依据。

3. 竣工结算价的确定

在采用工程量清单计价模式下，竣工结算的内容应包括工程量清单计价表所包含的各项费用内容。

（1）分部分项工程费应依据双方确认的工程量、合同约定的综合单价计算；如发生调整的，以发承包双方确认调整的综合单价计算。

（2）措施项目费应依据合同约定的项目和金额计算，如发生调整，以发承包双方确认调整的金额计算。

（3）其他项目费应按下列规定计算：

1）计日工应按发包人实际签证确认的事项计算。

2）暂估价中的材料单价应按发承包双方最终确认价在综合单价中调整；专业工程暂估价应按中标价或发包人、承包人与分包人最终确认价计算。

3）总承包服务费应依据合同约定的金额计算，如发生调整，以发承包双方确认调整的金额计算。

4）索赔费用应依据发承包双方确认的索赔事项和金额计算。

5）现场签证费用应依据发承包双方签证资料确认的金额计算。

6）暂列金额应减去工程价款调整与索赔、现场签证金额计算，如有余额归发包人。

7）规费和税金应按规定计算。

4. 竣工结算的程序

（1）承包人递交竣工结算书。承包人应在合同约定时间内编制完成竣工结算书，并在提交竣工验收报告的同时递交给发包人。承包人未在合同约定时间内递交竣工结算书，经发包人催促后仍未提供或没有明确答复的，发包人可以根据已有资料办理结算。

（2）发包人进行核对。发包人在收到承包人递交的竣工结算书后，应按合同约定时间核对。同一工程竣工结算核对完成，发承包双方签字确认后，禁止发包人又要求承包人与另一个或多个工程造价咨询人重复核对竣工结算。发包人或受其委托的工程造价咨询人收到承包人递交的竣工结算书后，在合同约定时间内，不核对竣工结算或未提出核对意见的，视为承包人递交的竣工结算书已经认可，发包人应向承包人支付工程结算价款。承包人在接到发包人提出的核对意见后，在合同约定时间内，不确认也未提出异议的，视为发包人提出的核对意见已经认可，竣工结算办理完毕。发包人应对承包人递交的竣工结算书签收，拒不签收的，承包人可以不交付竣工工程。承包人未在合同约定时间内递交竣工结算书的，发包人要求交付竣工工程，承包人应当交付。

竣工结算办理完毕，发包人应将竣工结算书报送工程所在地工程造价管理机构备案。竣工结算书作为工程竣工验收备案、交付使用的必备文件。

（3）工程竣工结算价款的支付。竣工结算办理完毕，发包人应根据确认的竣工结算书在合同约定时间内向承包人支付工程竣工结算价款。发包人未在合同约定时间内向承包人支付工程结算价款的，承包人可催告发包人支付结算价款。如达成延期支付协议的，发包人应按同期银行同类贷款利率支付拖欠工程价款的利息。如未达成延期支付协议，承包人可以与发包人协商将该工程折价，或申请人民法院将该工程依法拍卖，承包人就该工程折价或者拍卖的价款优先受偿。

办理竣工结算工程价款的一般公式为

竣工结算工程价款＝合同价款＋施工过程中合同价款调整数额－预付及已结算工程价款－质量保修金　（7-6）

5. 终结清算

缺陷责任期终止后，承包人应按照合同约定向发包人提交终结清算支付申请。发包人对终结清算支付申请有异议的，有权要求承包人进行修正和提供补充资料。承包人修正后，应再次向发包人提交修正后的终结清算支付申请。

发包人应在收到终结清算支付申请后的 14 天内予以核实，并应向承包人签发终结清算支付证书。

发包人应在签发终结清算支付证书后的 14 天内，按照终结清算支付证书列明的金额向承包人支付终结清算款。

发包人未在约定的时间内核实，又未提出具体意见的，应视为承包人提交的终结清算支付申请已被发包人认可。

发包人未按期终结清算支付的，承包人可催告发包人支付，并有权获得延迟支付的利息。

终结清算时，承包人被预留的质量保证金不足以抵减发包人工程缺陷修复费用的，承包人应承担不足部分的补偿责任。承包人对发包人支付的终结清算款有异议的，应按照合同约定的争议解决方式处理。

6. 合同解除的价款结算与支付

发承包双方协商一致解除合同的，应按照达成的协议办理结算和支付合同价款。

由于不可抗力致使合同无法履行解除合同的，发包人应向承包人支付合同解除之日前已完工程但尚未支付的合同价款。此外，还应支付下列金额：

（1）规范规定的由发包人承担的费用。

（2）已实施或部分实施的措施项目应付价款。

（3）承包人为合同工程合理订购，且已交付的材料和工程设备货款。

（4）承包人撤离现场所需的合理费用，包括员工遣送费和临时工程拆除、施工设备运离现场的费用。

（5）承包人为完成合同工程而预期开支的任何合理费用，且该项费用未包括在其他各项支付之内。发承包双方办理结算合同价款时，应扣除合同解除之日前发包人应向承包人收回的价款。当发包人应扣除的金额超过了应支付的金额，承包人应在合同解除后的 56 天内将其差额退还给发包人。

因承包人违约解除合同的，发包人应暂停向承包人支付任何价款。发包人应在合同解除后 28 天内核实合同解除时承包人已完成的全部合同价款，以及按施工进度计划已运至现场的材料和工程设备到货款，按合同约定核算承包人应支付的违约金和造成损失的索赔金额，并将结果通知承包人。发承包双方应在 28 天内予以确认或提出意见，并应办理结算合同价款。如果发包人应扣除的金额超过了应支付的金额，承包人应在合同解除后的 56 天内将其差额退还给发包人。发承包双方不能就解除合同后的结算达成一致的，按照合同约定的争议解决方式处理。

因发包人违约解除合同的，发包人除应按照规定向承包人支付各项价款外，应按合同约定核算发包人应支付的违约金，以及给承包人造成损失或损害的索赔金额费用。该笔费用应由承包人提出，发包人核实后应与承包人协商确定后的 7 天内向承包人签发支付证书。协商不能达成一致的，应按照合同约定的争议解决方式处理。

四、合同价款争议的解决

1. 监理或造价工程师暂定

若发包人和承包人之间就工程质量、进度、价款支付与扣除、工期延期、索赔、价款调整等发生任何法律、经济或技术上的争议，首先应根据已签约合同的规定，提交合同约定职责范围的总监理工程师或造价工程师解决，并应抄送另一方。总监理工程师或造价工程师在收到此提交件后 14 天内应将暂定结果通知发包人和承包人。发承包双方对暂定结果认可的，应以书面形式予以确认，暂定结果成为最终决定。

发承包双方在收到总监理工程师或造价工程师暂定结果通知之后的 14 天内未对暂定结果予以确认，也未提出不同意见的，应视为发承包双方已认可该暂定结果。

发承包双方或一方不同意暂定结果的，应以书面形式向总监理工程师或造价工程师提出，说明自己认为正确的结果，同时抄送另一方，此时该暂定结果成为争议。在暂定结果对发承包双方当事人履约不产生实质影响的前提下，发承包双方应实施该结果，直到按照发承包双方认可的争议解决办法被改变为止。

2. 管理机构的解释或认定

合同价款争议发生后，发承包双方可就工程计价依据的争议以书面形式提请工程造价管理机构对争议以书面文件进行解释或认定。

工程造价管理机构应在收到申请的 10 个工作日内就发承包双方提请的争议问题进行解释或认定。

发承包双方或一方在收到工程造价管理机构书面解释或认定后仍可按照合同约定的争议解决方式提请仲裁或诉讼。除工程造价管理机构的上级管理部门做出了不同的解释或认定，或在仲裁或法院判决中不予采信的外，工程造价管理机构做出的书面解释或认定应为最终结果，并应对发承包双方均有约束力。

3. 协商和解

合同价款争议发生后，发承包双方任何时候都可以进行协商。协商达成一致的，双方应签订书面和解协议，和解协议对发承包双方均有约束力。如果协商不能达成一致协议，发包人或承包人都可以按合同约定的其他方式解决争议。

4. 调解

发承包双方应在合同中约定或在合同签订后共同约定争议调解人，负责双方在合同履行过程中发生争议的调解。

合同履行期间，发承包双方可协议调换或终止任何调解人，但发包人或承包人都不能单独采取行动。除非双方另有协议，在终结清算支付证书生效后，调解人的任期应即终止。

如果发承包双方发生了争议，任何一方可将该争议以书面形式提交调解人，并将副本抄送另一方，委托调解人调解。

发承包双方应按照调解人提出的要求，给调解人提供所需要的资料、现场进入权及相应设施。调解人应被视为不是在进行仲裁人的工作。

调解人应在收到调解委托后 28 天内或由调解人建议并经发承包双方认可的其他期限内提出调解书，发承包双方接受调解书的，经双方签字后作为合同的补充文件，对发承包双方均具有约束力，双方都应立即遵照执行。

当发承包双方中任一方对调解人的调解书有异议时，应在收到调解书后 28 天内向另一方发出异议通知，并应说明争议的事项和理由。但除非并直到调解书在协商和解或仲裁裁决、诉讼判决中做出修改，或合同已经解除，承包人应继续按照合同实施工程。

当调解人已就争议事项向发承包双方提交了调解书，而任一方在收到调解书后 28 天内均未发出表示异议的通知时，调解书对发承包双方应均具有约束力。

5. 仲裁、诉讼

发承包双方的协商和解或调解均未达成一致意见，其中一方已就此争议事项根据合同约定的仲裁协议申请仲裁，应同时通知另一方。

仲裁可在竣工之前或之后进行，但发包人、承包人、调解人各自的义务不得因在工程实施期间进行仲裁而有所改变。当仲裁是在仲裁机构要求停止施工的情况下进行时，承包人应对合同工程采取保护措施，由此增加的费用应由败诉方承担。在规范规定的期限之内，暂定或和解协议或调解书已经有约束力的情况下，当发承包双方中一方未能遵守暂定或和解协议或调解书时，另一方可在不损害其可能具有的任何其他权利的情况下，将未能遵守暂定或不执行和解协议或调解书达成的事项提交仲裁。

发包人、承包人在履行合同时发生争议，双方不愿和解、调解或者和解、调解不成，又没有达成仲裁协议的，可依法向人民法院提起诉讼。

【例 7-7】 某施工单位承包某工程项目，甲乙双方签订的关于工程价款的合同内容有：

(1) 建筑安装工程造价为 660 万元，建筑材料及设备费占施工产值的比例为 60%。

(2) 工程预付款为建筑安装工程造价的 20%。工程实施后，工程预付款从未施工工程尚需的建筑材料及设备费相当于工程预付款数额时起扣，从每次结算工程价款中按材料和设备占施工产值的比例扣抵工程预付款，竣工前全部扣清。

（3）工程进度款逐月计算。

（4）工程质量保证金为建筑安装工程造价的3%，竣工结算月一次扣留。

（5）建筑材料和设备价差调整按当地工程造价管理部门有关规定执行（当地工程造价管理部门有关规定，上半年材料和设备价差上调10%，在6月一次调增）。

工程各月实际完成产值见表7-10。

表7-10 **工程各月实际完成产值** 单位：万元

月份	2	3	4	5	6	合计
完成产值	55	110	165	220	110	660

试问：

（1）通常工程竣工结算的前提是什么?

（2）工程价款结算的方式有哪几种?

（3）该工程的工程预付款、起扣点为多少?

（4）该工程2～5月每月拨付工程款为多少？累计工程款为多少?

（5）6月办理工程竣工结算，该工程结算造价为多少？甲方应付工程结算款为多少?

（6）该工程在保修期间发生屋面漏水，甲方多次催促乙方修理，乙方一再拖延，最后甲方另请施工单位修理，修理费为1.5万元，该项费用如何处理?

解（1）工程竣工结算的前提条件是承包人按照合同规定的内容全部完成所承包的工程，并符合合同要求，经相关部门联合验收质量合格。

（2）工程价款的结算方式主要分为按月结算、按形象进度分段结算、竣工后一次结算和双方约定的其他结算方式。

（3）工程预付款：660×20%=132（万元）；起扣点：660－132/60%=440（万元）。

（4）各月拨付工程款为：

2月：工程款55万元，累计工程款55万元。

3月：工程款110万元，累计工程款=55+110=165（万元）。

4月：工程款165万元，累计工程款=165+165=330（万元）。

5月：工程款220－（220+330－440）×60%=154（万元）。

累计工程款=330+154=484（万元）。

（5）工程结算总造价：660+660×0.6×10%=699.6（万元）；甲方应付结算款：699.6－484－（699.60×3%）－132=62.612（万元）。

（6）1.5万元维修费应从乙方（承包方）扣留的质量保证金中支付。

第六节 资金使用计划的调整

一、投资偏差分析

1. 投资偏差的概念

在工程项目实施过程中，由于各种因素的影响，实际情况往往会与计划出现偏差，投资

的实际值与计划值的差异称为投资偏差，实际工程进度与计划工程进度的差异称为进度偏差，即

投资偏差 = 已完工程实际投资 − 已完工程计划投资　　(7-7)

进度偏差 = 已完工程实际时间 − 已完工程计划时间　　(7-8)

进度偏差也可表示为

进度偏差 = 拟完工程实际投资 − 已完工程计划投资　　(7-9)

其中拟完工程计划投资为按原进度计划工作内容的投资。

进度偏差为“正”表示工期拖延，为“负”表示工期提前；投资偏差为“正”表示投资增加，为“负”表示投资节约。

2. 投资偏差的分析方法

常用的投资偏差分析方法有挣得值分析法、横道图分析法、时标网络图法、表格法和曲线法。

挣得值分析法，又称偏差分析法，实际上是一种分析目标实施与目标期望之间差异的方法。挣得值分析法通过测量和计算已完成工作的预算费用与已完成工作的实际费用和计划工作预算费用得到有关计划实施的进度和费用偏差，而达到判断工程项目预算和进度计划执行情况的目的。它的独特之处在于以预算费用来衡量工程的进度偏差。

(1) 挣得值分析法。挣得值分析法的基本参数：

1) 计划工作量的预算费用（budgeted cost for work scheduled，BCWS）。指根据进度计划安排在某一确定时间内所应完成的工程内容的预算费用，即

计划工作量的预算费用 = 计划工作量 × 预算单价　　(7-10)

2) 已完成工程量的实际费用（actual cost for work performed，ACWP）。指工程项目实施过程中某一确定时间内所实际完成的工程内容的实际费用，即

已完成工程量的实际费用 = 已完成工程量 × 实际单价　　(7-11)

式（7-11）中已完成工程量并不等同于实际完成的工程量，应该是指实际完成的计划工作量；也就是说，它并不考虑在工程实施过程中实际工作总量不等于计划工作总量的情况。

例如：某工程项目的计划挖土方工程量为 1000m^3，到第 6 天已完成了计划的 80%，实际开挖土方工程量 900m^3，则此时已完成工程量应该为 800m^3，而不是 900m^3。

3) 已完成工程量的预算费用（budgeted cost for work performed，BCWP）。指工程项目实施过程中某一确定时间内所实际完成的工程内容的预算费用，即

已完成工程量的预算费用 = 已完成工程量 × 预算单价　　(7-12)

(2) 挣得值分析法的基本模型。

1) 费用偏差（cost variance，CV）。指检查日期已完成工程量的费用偏差，即

$$CV = BCWP - ACWP \tag{7-13}$$

当 CV>0 时，表示完成相同的计划工作量，实际费用超支；当 CV=0 时，表示完成相同的计划工作量，实际费用与预算费用相同，工程项目费用按计划进行；当 CV<0 时，表示完成相同的计划工作量，实际费用节约。

2) 进度偏差（schedule variance，SV）。指检查日期实际完成预算费用与计划完成预算费用的偏差，用费用反映的是进度偏差，即

$$SV = BCWP - BCWS \tag{7-14}$$

当 SV>0 时，表示实际完成预算费用比计划完成预算费用高，进度提前。例如，某工程项目按计划到 6 月底完成预算费用 800 万元，实际完成预算费用 900 万元，则该工程项目提前完成了 100 万元。当 SV=0 时，表示实际完成预算费用与计划完成预算费用相同，工程项目进度按计划进行；当 SV<0 时，表示实际完成预算费用比计划完成预算费用低，进度拖延。例如，某工程项目按计划到 6 月底完成预算费用 800 万元，实际完成预算费用 700 万元，则该工程项目与计划相比还有 100 万元的预算费用没有完成，进度拖延了。

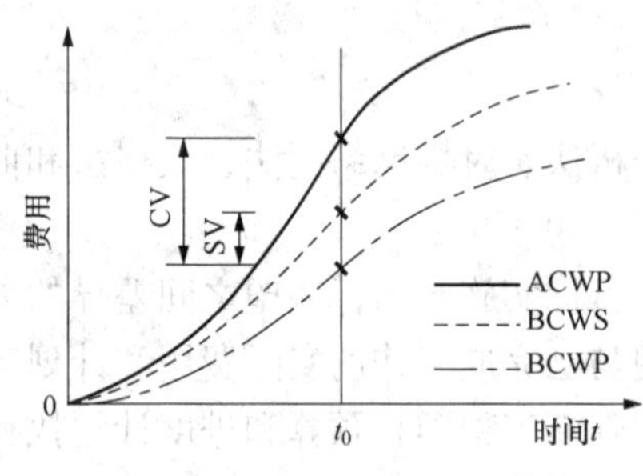

图 7-8 时间—费用曲线图

(3) 挣得值分析法的结果表示方法。挣得值分析法最常用也是最直观的结果用 BCWS、BCWP、ACWP 三条时间—费用曲线形式来表示，如图 7-8 所示。

3. 投资偏差产生的原因

偏差分析的一个重要目的就是要找出引起偏差的原因，从而采取有针对性的措施，减少或避免相同原因再次发生。一般来说，产生投资偏差的原因包括：

(1) 客观原因。包括人工费涨价、材料涨价、设备涨价、利率及汇率变化、自然因素、地基因素、交通原因、社会原因、法规变化等。

(2) 建设单位原因。包括增加工程内容、投资规划不当、组织不落实、建设手续不健全、未按时付款、协调出现问题等。

(3) 设计原因。设计错误或漏项、设计标准变更、设计保守、图纸提供不及时、结构变更等。

(4) 施工原因。施工组织设计不合理、质量事故、进度安排不当、施工技术措施不当、与外单位关系协调不当等。

从投资偏差产生原因的角度，由于客观原因不可避免，施工原因造成的损失由施工单位自己负责，因此，建设单位纠偏的主要对象是自己原因及设计原因造成的投资偏差。

4. 投资偏差的纠正措施

对偏差产生的原因进行分析的目的是有针对性地采取纠偏措施，从而实现费用的动态控制和主动控制。偏差分为 4 种类型：第一种类型，投资增加，且工期拖延。这种类型是纠正偏差的主要对象。第二种类型，投资增加，但工期提前。这种情况下要适当考虑工期提前带来的效益。如果增加的资金值超过增加的效益时，要采取纠偏措施；若这种收益与增加的投资大致相当甚至高于投资增加额，则不必采取纠偏措施。第三种类型，工期拖延，但投资节约。这种情况下是否采取纠偏措施要根据实际需要而定。第四种类型，工期提前，且投资节约。这种情况是最理想的，不需要采取任何纠偏措施。投资偏差的纠正措施通常包括以下四个方面：

(1) 组织措施。指从费用控制的组织管理方面采取的措施，包括落实费用控制的组织机构和人员，明确各级费用控制人员的任务、职责分工，改善费用控制工作流程等。组织措施是其他措施的前提和保障。

(2) 经济措施。主要指审核工程量和签发支付证书，包括检查费用目标分解是否合理，检查资金使用计划有无保障，是否与进度计划发生冲突，工程变更有无必要，是否超标等。

(3) 技术措施。主要指对工程方案进行技术经济比较，包括制定合理的技术方案，进行技术分析，针对偏差进行技术改正等。

(4) 合同措施。在纠偏方面主要是指索赔管理。在施工过程中常出现索赔事件，要认真审查有关索赔依据是否符合合同规定，索赔计算是否合理等，从主动控制的角度，加强日常的合同管理，落实合同规定的责任。

第七节　案　例　分　析

【例 7-8】 某工程项目发承包双方签订了建设工程施工合同，工期 5 个月，有关背景资料如下：

1. 工程价款方面

(1) 分项工程项目费合计 824 000 元，包括分项工程 A、B、C 三项，清单工程量分别为 800、1000m^3 和 1100m^2，综合单价分别为 280、380 元/m^3和 200 元 /m^2。当分项工程项目工程量增加（或减少）幅度超过 15%时，综合单价调整系数为 0.9（或 1.1）。

(2) 单价措施项目费合计 90 000 元，其中与分项工程 B 配套的单价措施项目费为 36 000 元，该费用根据分项工程 B 的工程量变化同比例变化，并在第 5 个月统一调整支付，其他单价措施项目费不予调整。

(3) 总价措施项目费合计 130 000 元。其中安全文明施工费按分项工程和单价措施项目费之和的 5%计取，该费用根据计取基数变化在第 5 个月统一调整支付，其余总价措施项目费不予调整。

(4) 其他项目费合计 206 000 元，包括暂列金额 80 000 元和需分包的专业工程暂估价 120 000 元（另计总承包服务费 5%）。

(5) 上述工程费用均不包含增值税可抵扣进项税额。

(6) 管理费和利润按人工费、材料费、机械使用费之和的 20%计取，规费按人工费、材料费、机械使用费及管理费、利润之和的 6%计取，增值税税率为 9%。

2. 工程款支付方面

(1) 开工前，发包人按签约合同价（扣除暂列金额和安全文明施工费）的 20%支付给承包人作为预付款（在施工期间的第 2～4 个月的工程款中平均扣回），同时将安全文明施工费按工程款支付方式提前支付给承包人。

(2) 分项工程项目工程款逐月结算。

(3) 除安全文明施工费之外的措施项目工程款在施工期间的第 1～4 个月平均支付。

(4) 其他项目工程款在发生当月结算。

(5) 发包人按每次承包人应得工程款的 90%支付。

(6) 发包人在承包人提交竣工结算报告后的 30 天内完成审查工作，承包人向发包人提供所在开户银行出具的工程质量保函（保函额为竣工结算价的 3%），并完成结清支付。施工期间各月分项工程计划和实际完成工程量见表 7-11。

表 7-11　　施工期间各月分项工程计划和实际完成工程量表

分项工程		施工周期（月）					
		1	2	3	4	5	合计
A	计划工程量（m^3）	400	400				800
	实际工程量（m^3）	300	300	200			800
B	计划工程量（m^3）	300	400	300			1000
	实际工程量（m^3）		400	400	400		1200
C	计划工程量（m^3）			300	400	400	1100
	实际工程量（m^3）			300	450	300	1100

施工期间第 3 个月，经发承包双方共同确认，分包专业工程费用为 105 000 元（不含可抵 扣进项税），专业分包人获得的增值税可抵扣进项税额合计为 7600 元。

试问：

(1) 该工程签约合同价为多少元？安全文明施工费工程款为多少元？开工前发包人应支付给承包人的预付款和安全文明施工费工程款分别为多少元？

(2) 施工至第 2 月末，承包人累计完成分项工程合同价款为多少元？发包人累计应支付承包人的工程款（不包括开工前支付的工程款）为多少元？分项工程 A 进度偏差为多少元？

(3) 该工程的分项工程项目、措施项目、分包专业工程项目合同额（含总承包服务费）分别增减多少元？

(4) 该工程的竣工结算价为多少元？如果在开工前和施工期间发包人均已按合同约定支付了承包人预付款和各项工程款，则竣工结算时，发包人完成结清支付时，应支付给承包人的结算款为多少元？(计算结果四舍五入取整数)

解 (1) 签约合同价 ＝ 分部分项工程费 ＋ 措施项目费 ＋ 其他项目费 ＋ 规费 ＋ 税金 ＝（824 000＋90 000＋130 000＋206 000）×（1＋6％）×（1＋9％）＝1 444 250（元）

预付安全文明施工费工程款 ＝（824 000＋90 000）×5％×（1＋6％）×（1＋9％）×90％＝47 522（元）

预付款 ＝（1 444 250－80 000×1.06×1.09－52 801.78）×20％＝259 803（元）

(2) 累计完成分项工程合同价款 ＝（600×280＋400×380）×1.06×1.09＝369 728（元）

发包人累计应支付承包人的工程款＝ 369 728×0.9＋［（90 000＋130 000）×1.06×1.09－（824 000＋90 000）×5％×1.06×1.09］×0.9/4×2－259 803/3＝336 778（元）

分项工程 A 的进度偏差＝ 600×280×1.06×1.09－800×280×1.06×1.09＝－64 702（元）

分项工程 A 的进度拖后 64 702 元。

(3) (1200－1000）/1000＝20％＞15％

超出 15％ 以上部分综合单价调整为 380×0.9＝342（元/m^3）

原价量＝1000×0.15＝150（m^3）

新价量＝200－150＝50（m^3）

增减额＝（150×380＋50×342）×1. 06×1. 09＝85 615（元）

即分项工程合同额增加 85 615 元。

单价措施项目费＝36 000×（1200－1000）/1000×1.06×1.09＝8319（元）

安全文明施工费＝（85 615＋8319）×5%＝4697（元）

合计：8319＋4697＝13 016（元），即措施项目合同额增加 13 016 元。

（105 000－120 000）×1.05×1.06×1.09＝－18 198（元）

即专业工程费（含总包服务费）合同额减少 18 198 元。

（4）工程的实际造价＝1 444 250－80 000×1. 06×1.09＋85 615＋13 016－18 198＝1 432 251（元）

竣工结算款＝1 432 251×（1－90%）＝143 225（元）

【例 7-9】 某工程项目发包人与承包人签订了施工合同，工期为 5 个月。分项工程和单价措施项目的造价数据与经批准的施工进度计划见表 7-12；总价措施项目费为 9 万元（其中含安全文明施工费 3 万元），暂列金额 12 万元。管理费和利润为人工费、材料费、机械使用费之和的 15%，规费和税金为人工费、材料费、机械使用费与管理费、利润之和的 10%。

表 7-12　　分项工程和单价措施造价数据与施工进度计划表

分项工程和单价措施项目				施工进度计划（单位：月）				
名称	工程量	综合单价	合价（万元）	1	2	3	4	5
A	600m^3	180 元/ m^3	10.8					
B	900m^3	360 元/ m^3	32.4					
C	1000m^3	280 元/ m^3	28.0					
D	600m^3	90 元/ m^3	5.4					
合计			76.6	计划与实际施工均为匀速进度				

有关工程价款结算与支付的合同约定如下：

（1）开工前发包人向承包人支付签约合同价（扣除总价措施项目费与暂列金额）的 20%作为预付款，预付款在第 3、4 个月平均扣回。

（2）安全文明施工费工程款于开工前一次性支付；除安全文明施工费之外的总价措施项目费工程款在开工后的前 3 个月平均支付。

（3）施工期间除总价措施项目费外的工程款按实际施工进度逐月结算。

（4）发包人按每次承包人应得的工程款的 85%支付。

（5）竣工验收通过后的 60 天内进行工程竣工结算，竣工结算时扣除工程实际总价的 3%作为工程质量保证金，剩余工程款一次性支付。

（6）C 分项工程所需的甲种材料用量为 500m^3，在招标时确定的暂估价为 80 元/m^3；乙种材料用量为400m³，投标报价为40元/m³。工程款逐月结算时，甲种材料按实际购买价格调整，乙种材料当购买价在投标报价的±5%以内变动时，C分项工程的综合单价不予调整，变动超过投标价±5%以上时，超过部分的价格调整至C分项工程综合单价中。

该工程如期开工，施工中发生了经发承包双方确认的以下事项：

（1）B分项工程的实际施工时间为2～4个月。

（2）C分项工程甲种材料实际购买价为85元/m³，需要量为500m³；暂估价80元/m³乙种材料的实际购买为50元/m³，需要量为400m³，投标时报价40元/m³，工程款逐月结算时，甲种材料按实际购买价调整；乙种材料当购买价在投标价的±5%以内变动时，C分项工程综合单价不予调整，购买价超过投标价的±5%以上时，超过部分的价格调整至C分项工程综合单价中。

（3）第4个月发生现场签证零星工作费用2.4万元。

试问：（计算结果均保留三位小数）

（1）合同价为多少？预付款是多少？开工前支付的措施项目费为多少？

（2）C分项工程的综合单价是多少？3月完成的分部和单价措施项目费是多少？3个月业主支付的工程款是多少？

（3）列式计算第3个月末累积分项工程和单价措施项目拟完成工程计划投资、已完成工程实际投资，已完成工程计划投资，并分析进度偏差（投资额表示）与投资偏差。

（4）如果除现场签证零星工作费用外的其他应从暂列金额中支付的工程费用为8.7万元，工程实际造价及竣工结算价款分别是多少？

解（1）合同价＝（76.6＋9＋12）×1.1＝107.36（万元）

预付款＝76.6×1.1×20%＝16.852（万元）

开工前支付的措施项目费＝3×1.1×85%＝2.805（万元）

（2）C分项工程的综合单价500×（85－80）×1.15＝2875（元/m³）

400×（50－40×1.05）×1.15＝3680（元/m³）

综合单价＝280＋(2875＋3680)÷1000＝286.555（元/m³）

3月完成的分部分项工程费和单价措施项目费＝32.4÷3＋286.555×1000÷10000÷3＝20.352（万元）

3月业主支付的工程款＝（32.4÷3＋286.555×1000÷10 000÷3＋6÷3）×1.1×85%－16.852÷2＝12.473（万元）

（3）拟完成工程计划费用＝（10.8＋32.4＋28/3）×1.1＝68.053（万元）

已完成工程实际费用＝（10.8＋32.4×2/3＋28.656×2/3）×1.1＝56.654（万元）

已完成工程计划费用＝（10.8＋32.4×2/3＋28×2/3）×1.1＝56.173（万元）

费用＝56.173－56.654＝－0.481（万元）增加

进度＝56.173－68.053＝－11.88（万元）拖延

（4）除现场签证费用外，若工程实际发生其他项目费为8.7万元，则

工程实际造价＝（76.6＋9＋2.4＋8.7）×1.1＝106.37（万元）

质量保证金＝106.37×3%＝3.191（万元）

竣工结算价款＝106.37×15－3.191＝12.765（万元）

一、单选题

1. 施工合同履行期间，关于计日工费用的处理，下列说法中正确的是(　　)。

A. 已标价工程量清单中无某项计日工单价时，应按工程变更有关规定商定计日工单价

B. 承包人通知发包人以计日工方式实施的零星工作，双方应按计日工方式予以结算

C. 现场签证的计日工数量与招标工程量清单中所列不同时，应按工程变更有关规定进行价款调整

D. 施工各期间发生的计日工费用应在竣工结算时一并支付

2. 下列在施工合同履行期间由不可抗力造成的损失中，应由承包人承担是(　　)。

A. 因工程损害导致的第三方人员伤亡

B. 因工程损害导致的承包人人员伤亡

C. 工程设备的损害

D. 应监理人要求承包人照管工程的费用

3. 由于发包人原因导致工期延误的，对于计划进度日期后续施工的工程，在使用价格调整公式时，现行价格指数应采用(　　)。

A. 计划进度日期的价格指数　　B. 实际进度日期的价格指数

C. A 和 B 中较低者　　D. A 和 B 中较高者

4. 根据规定，因工程量偏差引起的可以调整措施项目费的前提是(　　)。

A. 合同工程量偏差超过 15%

B. 合同工程量偏差超过 15%，且引起措施项目相应变化

C. 措施项目工程量超过 10%

D. 措施项目工程量超过 10%，且引起施工方案发生变化

5. 某工程施工合同对于工程款付款时间约定不明，工程尚未交付，工程价款也未结算，现承包人起诉，发包人工程欠款利息应从(　　)之日计付。

A. 工程计划交付　　B. 提交竣工结算文件

C. 当事人起诉　　D. 监理工程师暂定付款

6. 在用起扣点计算法扣回预付款时，起扣点计算公式为 $T=P-M/N$，则式中 N 是指(　　)。

A. 工程预付款总额　　B. 工程合同总额

C. 主要材料及构件占比　　D. 累计完成工程金额

7. 施工承包单位应在知道或应当知道索赔事件发生后(　　)天内，向监理工程师递交索赔意向通知书。

A. 7　　B. 14　　C. 28　　D. 42

8. 工程施工过程中，对于施工承包单位要求的工程变更。施工承包单位提出的方式是(　　)。

A. 向建设单位提出书面变更请求，阐明变更理由

B. 向设计单位提出书面变更建议，并附变更图纸

C. 向监理人提出书面变更通知，并附变更详图

D. 向监理人提出书面变更建议，阐明变更依据

9. 按工程进度编制施工阶段资金使用计划，首要进行的工作是（　　）。

A. 计算单位时间的资金支出目标

B. 编制工程施工进度计划

C. 绘制资金使用时间进度计划 S 形曲线

D. 计算规定时间内累计资金支出额

10. 为了保护环境，在工程项目实施阶段应做到“三同时”。这里的“三同时”是指主体工程与环境保护措施工程要（　　）。

A. 同时施工、同时验收、同时投入运行

B. 同时审批、同时设计、同时施工

C. 同时设计、同时施工、同时投入运行

D. 同时施工、同时移交、同时使用

二、多选题

1. 关于施工期间合同暂估价的调整，下列做法中正确的有（　　）。

A. 不属于依法必须招标的材料，应直接按承包人自主采购的价格调整暂估价

B. 属于依法必须招标的工程设备，以中标价取代暂估价

C. 属于依法必须招标的专业工程，承包人不参加投标的，应由承包人作为招标人，组织招标的费用一般由发包人另行支付

D. 属于依法必须招标的专业工程，承包人参加投标的，应由发包人作为招标人，同等条件下优先选择承包人中标

E. 不属于依法必须招标的专业工程，应按工程变更事件的合同价款调整方法确定专业工程价款

2. 某下列索赔事件引起的费用索赔中，可以获得利润补偿的有（　　）。

A. 某施工中发现文物　　　　B. 某延迟提供施工场地

C. 某承包人提前竣工　　　　D. 某延迟提供图纸

E. 某基准日后法律的变化

3. 某工程施工至某月底，经偏差分析得到费用偏差 CV＞0，进度偏差 SV＞0，则表明（　　）。

A. 已完工程实际费用节约

B. 已完工程实际费用大于已完工程计划费用

C. 拟完工程计划费用大于已完工程实际费用

D. 已完工程实际进度超前

E. 已完工程实际费用超支

4. 某工程开工至第 3 月末累计已完工程计划费用为 1200 万元，已完工程实际费用为 1500 万元，拟完工程计划费用为 1300 万元，此时进行偏差分析可得到的正确结论有（　　）。

A. 进度提前 300 万元　　　　B. 进度拖后 100 万元

C. 费用节约 100 万元　　　　D. 工程盈利 300 万元

E. 费用超过 300 万元

5. 根据《建筑工程施工质量验收统一标准》(GB 50300—2013)，下列工程中，属于分部工程的有(　　)。

A. 砌体结构工程　　B. 智能建筑工程

C. 建筑节能工程　　D. 土方回填工程

E. 装饰装修工程

三、简答题

1. 简述施工阶段工程造价管理的工作内容。
2. 简述施工阶段工程造价控制的措施。
3. 简述工程变更及工程变更的程序。
4. 简述我国现行工程变更价款的确定方法。
5. 简述物价变化合同价款的调整方法。
6. 简述工程索赔的分类。
7. 简述费用索赔的原则。
8. 简述投资偏差产生的原因。

四、计算题

某工程项目工期为 3 个月，2019 年 5 月 1 日开工，5~7 月完成工程量及单价见表 7-13。试问 6 月末的费用偏差是多少？

表 7-13　5~7 月完成工程量及单价

项目	计划单价	5 月	6 月	7 月	实际单价
计划完成工程量	5000 元/t	500t	2000t	1500t	
实际完成工程量		400t	1600t	2000t	4000 元/t

第八章　竣工决算阶段的工程造价管理

竣工验收是指由建设单位、施工单位和工程项目验收委员会以工程项目批准的设计任务书、设计文件，以及国家和部门颁布的验收规范和质量验收标准为依据，按照一定的程序和手续，在工程项目建成并试生产合格后（工业生产性项目），对工程项目的总体进行验收、认证、综合考评和鉴定的活动。

竣工验收阶段是建设工程项目建设全过程的最后阶段，是对建设、施工、生产准备等工作进行检验评定的重要环节，也是对建设成果及投资效果的总检验。竣工验收对保证工程质量、促进建设工程项目及时投产、发挥投资效益、总结经验教训都有重要作用。

第一节　竣工结算与决算的关系

建设工程项目的实际造价是竣工结算价。在工程竣工决算阶段的造价管理是全过程造价管理的最后一个环节，是全面考核建设工作，考察投资使用合理性，检查工程造价控制情况的重要环节，是投资成果转入生产和使用的标志性阶段。

一、竣工结算

竣工结算是指承包人按照合同规定的内容全部完成所承包的工程，经发包人及相关单位验收质量合格，并符合合同要求之后，在交付生产或使用前，由承包人按照合同调价范围和调价方法，对实际发生的工程量增减、设备和材料价差、费用的增减变化情况等进行调整，确定最终工程造价，并经过监理工程师、发包人审查确认（或经过发包人委托的第三方审计，双方认可）。该造价反映的是工程项目的实际造价，是最终工程价款结算。工程结算工程价款等于合同价款加上施工过程中合同价款调整数额。工程结算一般由工程承包单位编制，由工程发包单位审查，也可以委托具有相应资质的工程造价咨询机构进行审查。政府投资项目，由同级财政部门进行审查。

二、竣工决算

竣工决算是指工程竣工验收阶段，以实物数量和货币指标为计量单位，综合反映竣工项目从筹建开始到竣工交付使用为止的全部建设费用、建设成果和财务情况的总结性文件，是竣工验收报告的重要组成部分，工程竣工决算是正确核定新增固定资产价值，考核分析投资效果，建立健全经济责任制的依据，是反映建设工程项目实际造价和投资效果的文件。工程竣工决算一般由工程建设单位编制，上报相关主管部门审查。

竣工决算包括建设工程项目从筹建到竣工投产全过程的全部实际费用，按照相关规定，工程竣工决算是由竣工财务决算说明书、竣工财务决算报表、工程竣工图和工程竣工造价对比分析四部分组成。前两部分又称建设工程项目竣工财务决算，是竣工决算的核心内容。

三、竣工结算与竣工决算的联系与区别

竣工阶段的竣工结算和竣工决算不仅关系到各方的切身利益，也关系到工程造价管理的实际效果。在此阶段要对遗留问题进行及时处理，确保竣工结算正常进行，如遗留的

收尾工程、协作配套问题、施工垃圾的处理、工艺技术和设备缺陷等问题。对这些遗留问题业主要在预验收阶段及时提出相应的处理意见，避免影响竣工结算的进度和工程造价。

1. 竣工结算与竣工决算的联系

(1) 竣工结算和竣工决算都是在工程完工后进行。无论是办理竣工结算或竣工决算都必须以工程完工为前提条件。

(2) 竣工结算和竣工决算都要使用同一工程资料，如工程立项文件、设计文件、工程概算及预算资料等。

(3) 竣工结算是竣工决算的组成部分。竣工结算总额是工程施工建设阶段的投资总额。

2. 竣工结算与竣工决算的区别

竣工结算与竣工决算的区别见表 8-1。

表 8-1　竣工结算与竣工决算的区别

区别	竣工结算	竣工决算
编制对象	单位工程或单项工程	建设工程项目
编制单位	施工单位的预算部门	建设单位的财务部门
编制时间	竣工结算时间在前	竣工决算时间在后
范围	工程施工安装阶段的工程价款，反映的是工程项目建设阶段性的工作成果	从筹建到竣工交付使用为止的全部建设费用，反映的是建设工程的投资效益
性质和作用	(1) 施工单位与建设单位办理工程价款最终结算的依据。 (2) 建设单位编制竣工决算的主要资料	(1) 建设单位办理交付、验收、动用新增各类资产的依据。 (2) 竣工验收报告的重要组成部分

第二节　竣工结算的编制

竣工结算是建设工程项目完工并经验收合格后，对所完成的建设工程项目进行的全面结算。

一、竣工结算的编制原则

建设工程项目的竣工结算既要正确贯彻国家和地方基建部门的政策和规定，又要准确反映施工企业完成的工程价值。在进行工程竣工结算时，要遵循以下原则：

(1) 必须具备竣工结算的条件，要有工程验收报告，对于未完工程、质量不合格工程不能结算；需要返工重做的，应返工合格后才能结算。

(2) 严格执行国家和地方基建部门的政策和规定。

(3) 实事求是，认真履行合同条款。

(4) 编制依据充分，审查审定手续完备。

(5) 竣工结算要本着对国家、建设单位、施工单位认真负责的态度，做到既合理又合法。

二、竣工结算的编制方法

（1）合同包干法。在考虑了工程造价动态变化因素后，合同价格一次包死，建设工程项目的合同价就是竣工结算价，即

结算工程造价＝经发包人审定后的中标价（或施工图预算价）×（1＋包干系数）

（2）合同价增减法。合同中约定可增减的风险因素和调整办法，施工中一旦发生便按实际情况进行增减结算。

（3）工程量清单计价法。以中标的工程量清单综合单价为依据，工程量按照经监理工程师审查的实际完成数量进行结算，即

竣工结算工程价款＝合同价＋施工过程中合同价款调整数额－预付及已结算的工程价款－未扣的保修金

（4）平方米造价包干法。结算双方根据一定的工程资料，事先协商好每平方米造价指标，结算时以每平方米造价指标乘以建筑面积确定应付的工程价款，即

结算工程造价＝建筑面积×每平方米造价指标

三、竣工结算的审查

应根据现行的法律、法规、规章、规范性文件、相应的标准和规范技术性文件的要求，对竣工结算进行实事求是地严格审查，使工程造价控制在合理的范围内。

（1）根据合同条款审查工程内容。首先审查工程内容，确定施工单位竣工结算编制范围，保证施工单位竣工结算编制没有超出合同范围；其次，对竣工项目工程内容是否与相关合同条款要求相符进行深入审查，确保工程质量合格。

（2）审查文件、资料是否齐全。检查招标文件、施工单位投标文件、合同文件、经审查的施工组织设计、施工图纸、竣工图纸的资料是否齐全；严格审查隐蔽工程施工记录和验收签证是否齐全，确保工程量与竣工图纸一致；审查设计变更、工程变更手续是否齐全，变更理由是否合理。

（3）审查工程量。依据竣工图、变更文件和现场签证严格审查工程量。工程量的审查是工程竣工结算审查中至关重要的工作，是影响工程造价的关键因素之一。

（4）审查计价方法。审查计价依据和计价方法，严格按照合同约定的计价方法、调价标准和方法进行结算。

四、竣工结算审查时限

单项工程竣工后，承包人应在提交竣工验收报告的同时，向发包人递交竣工结算报告及完整的结算资料，发包人应按照规定的审查时限进行核对（审查），并提出审查意见。

工程竣工结算审查时限见表8-2。

表8-2　　工程竣工结算审查时限

工程竣工结算报告金额	审查期限
500万元以下	从接到竣工结算报告和完整的竣工结算资料之日起20天
500万～2000万元	从接到竣工结算报告和完整的竣工结算资料之日起30天
2000万～5000万元	从接到竣工结算报告和完整的竣工结算资料之日起45天
5000万元以上	从接到竣工结算报告和完整的竣工结算资料之日起60天

第三节　竣工决算的编制

一、竣工决算的编制依据

（1）可行性研究报告、投资估算书、初步设计或扩大初步设计、修正总概算及其批复文件。

（2）设计变更记录、施工记录或施工签证单及其他施工发生的费用记录。

（3）经批准的施工图预算或标底造价、承包合同、工程结算等有关资料。

（4）历年基建计划、历年财务决算及批复文件。

（5）设备、材料调价文件和调价记录。

（6）其他有关资料。

二、竣工决算的编制要求

为了严格执行建设工程项目竣工验收制度，正确核定新增固定资产价值，考核分析投资效果，建立健全的经济责任制，所有新建、扩建和改建等建设工程项目竣工后，都应及时、完整、正确地编制好竣工决算。建设单位应做好以下工作：

（1）按照规定及时组织竣工验收，保证竣工决算的及时性。

（2）积累、整理竣工工程项目资料，特别是建设工程项目的造价资料，保证竣工决算的完整性。

（3）清理、核对各项账目，保证竣工决算的正确性。

三、竣工决算编制的内容

所有竣工验收项目应在办理手续之前，对所有建设工程项目的财产和物资进行认真清理，及时而正确地编报竣工决算。

（1）竣工决算编制说明书。

（2）竣工财务决算报表。大、中型建设工程项目竣工决算报表包括建设工程项目竣工财务决算审批表、建设工程项目概况表、建设工程项目竣工财务决算表、建设工程项目交付使用资产总表。小型建设工程项目竣工决算报表包括建设工程项目竣工财务决算审批表、建设工程项目财务决算总表、建设工程项目交付使用资产明细表。

（3）建设工程竣工图。

1）按设计施工图竣工没有变动的，由施工单位在原施工图上加盖“竣工图”标志后，即作为竣工图。

2）在施工过程中，虽有一般性设计变更，但能将原施工图加以修改补充作为竣工图的，可不重新绘制。由施工单位负责在原施工图（须是新蓝图）上注明修改的部分，并附以设计变更通知单和施工说明，加盖“竣工图”标志后，即为竣工图。

3）结构形式改变、施工工艺改变、平面布置改变、项目改变，以及其他重大改变，不宜再在原施工图上修改、补充时，应由原设计单位重新绘制改变后的施工图。施工单位负责在新图上加盖“竣工图”标志，并附以有关记录和说明，作为竣工图。

4）为满足竣工验收和决算需要，还应绘制反映竣工工程项目全部内容的工程设计平面示意图。

四、竣工决算的编制步骤

（1）收集、整理和分析有关依据资料。在编制竣工决算文件之前，要系统地整理所有的技术资料、工程结算的经济文件、施工图纸和各种变更与签证资料，并分析它们的准确性。完整、齐全的资料，是准确而迅速编制竣工决算的必要条件。

（2）清理各项财务、债务和结余物资。在收集、整理和分析有关资料中，要特别注意建设工程从筹建到竣工投产或使用的全部费用的各项财务、债权和债务的清理，做到工程完毕账目清晰，既要核对账目，又要查点库有实物的数量，做到账与物相等，账与账相符，对结余的各种材料、工器具和设备，要逐项清点核实，妥善管理，并按规定及时处理，收回资金。对各种往来款项要及时进行全面清理，为编制竣工决算提供准确的数据和结果。

（3）填写竣工决算报表。按照建设工程决算表格中的内容，根据编制依据中的有关资料统计或计算各个项目和数量，并将其结果填到相应表格的栏目内，完成所有报表的填写。

（4）编制建设工程竣工决算说明。按照建设工程竣工决算说明的内容要求，根据编制依据材料填写报表，编写文字说明。

（5）做好工程造价对比分析。

（6）清理、装订好竣工图。

（7）按国家规定上报、审批、存档。

五、新增资产价值的确定

1. 新增固定资产价值的确定

新增固定资产价值是以独立发挥生产能力的单项工程为对象的。单项工程建成经有关部门验收鉴定合格，正式移交生产或使用，即应计算新增固定资产价值。一次交付生产或使用的工程一次计算新增固定资产价值，分期分批交付生产或使用的工程，应分期分批计算新增固定资产价值。

新增固定资产价值在计算时应注意以下几种情况：

（1）对于为了提高产品质量、改善劳动条件、节约材料、保护环境而建设的附属辅助工程，只要全部建成，正式验收交付使用后就要计入新增固定资产价值。

（2）对于单项工程中不构成生产系统，但能独立发挥效益的非生产性项目，如住宅、食堂、医务所、托儿所、生活服务网点等，在建成并交付使用后，也要计算新增固定资产价值。

（3）凡购置达到固定资产标准不需安装的设备、工器具，应在交付使用后计入新增固定资产价值。

（4）属于新增固定资产价值的其他投资，应随同受益工程交付使用的，同时一并计入。

（5）交付使用财产的成本，应按下列内容计算：

1）房屋、建筑物、管道、线路等固定资产的成本包括建筑工程成本和应分摊的待摊投资。

2）动力设备和生产设备等固定资产的成本包括需要安装设备的采购成本、安装工程成本、设备基础等建筑工程成本及应分摊的待摊投资。

3）运输设备及其他不需要安装的设备、工器具、家具等固定资产一般仅计算采购成本，不计分摊的“待摊投资”。

（6）共同费用的分摊方法。新增固定资产的其他费用，如果是属于整个建设工程项目或两个以上单项工程的，在计算新增固定资产价值时，应在各单项工程中按比例分摊。一般情况下，建设单位管理费按建筑工程、安装工程，需安装设备价值总额按比例分摊；而土地征用费、勘察设计费则按建筑工程造价分摊。

2. 流动资产价值的确定

(1) 货币性资金。指现金、各种银行存款及其他货币资金。现金是指企业的库存现金，包括企业内部各部门用于周转使用的备用金；各种存款是指企业的各种不同类型的银行存款；其他货币资金是指除现金和银行存款以外的货币资金，根据实际入账价值核定。

(2) 应收及预付款项。应收款项是指企业因销售商品、提供劳务等应向购货单位或受益单位收取的款项。预付款项是指企业按照购货合同预付给供货单位的购货定金或部分货款。应收及预付款项包括应收票据、应收款项、其他应收款、预付货款和待摊费用。

(3) 短期投资。包括股票、债券、基金。股票和债券根据是否可以上市流通分别采用市场法和收益法确定其价值。

(4) 存货。各种存货应当按照取得时的实际成本计价。存货的形成主要有外购和自制两个途径。外购存货按照买价加运输费、装卸费、保险费、途中合理损耗、入库加工费、整理及挑选费用，以及缴纳的税金等计价。自制存货按照制造过程中的各项支出计价。

3. 无形资产价值的确定

(1) 无形资产计价原则。

1) 购入的无形资产按照实际支付的价款计价。

2) 企业自创并依法申请取得的按开发过程中的实际支出计价。

3) 企业接受捐赠的无形资产按照发票账单所持金额或者同类无形资产市价作价。

4) 无形资产计价入账后，应在其有效使用期内分期摊销。

(2) 不同形式无形资产的计价方法主要有：

1) 专利权的计价。专利权可分为自创专利权和外购专利权两类。自创专利权的价值为开发过程中的实际支出，主要包括专利的研制成本和交易成本。研制成本包括直接成本和间接成本。直接成本是指研制过程中直接投入发生的费用；间接成本是指与研制开发有关的费用。交易成本是指在交易过程中的费用支出。由于专利权是具有独占性并能带来超额利润的生产要素，因此，专利权的转让价格不按成本估价，而是按照其所能带来的超额收益计价。

2) 非专利技术的计价。非专利技术具有使用价值和价值，使用价值是非专利技术本身应具有的，非专利技术的价值在于非专利技术的使用所能产生的超额获利能力，应在研究分析其直接和间接的获利能力的基础上，准确计算出其价值。如果非专利技术是自创的，一般不作为无形资产入账，自创过程中发生的费用，按当期费用处理。对于外购非专利技术，应由法定评估机构确认后再进行估价，其方法往往通过能产生的收益采用收益法进行估价。

3) 商标权的计价。如果商标权是自创的，一般不作为无形资产入账，而将商标设计、制作、注册、广告宣传等发生的费用直接作为销售费用计入当期损益。只有当企业购入或转入商标时，才需要对商标权计价。商标权的计价一般根据被许可方新增的收益确定。

4) 土地使用权的计价。根据取得土地使用权的方式不同，土地使用权可有以下几种计价方式：当建设单位向土地管理部门申请土地使用权并为之支付一笔出让金时，土地使用权作为无形资产核算；当建设单位获得土地使用权是通过行政划拨的，这时土地使用权就不能作为无形资产核算；在将土地使用权有偿转让、出租、抵押、作价入股和投资，按规定补交土地出让价款时，才作为无形资产核算。

4. 递延资产价值的确定

（1）递延资产中的开办费是指筹建期间发生的费用，不能计入固定资产或无形资产价值的费用，主要包括筹建期间人员工资、办公费、员工培训费、差旅费、注册登记费，以及不计入固定资产和无形资产购建成本的汇兑损益、利息支出等。根据现行财务制度规定，企业筹建期间发生的费用，应于开始生产经营起一次计入开始生产经营当期的损益。企业筹建期间开办费的价值可按其账面价值确定。

（2）递延资产中以经营租赁方式租入的固定资产改良工程支出的计价，应在租赁有限期限内摊入制造费用或管理费用。

5. 其他资产价值的确定

其他资产，包括特种储备物资等，按实际入账价值核算。

【例 8-1】 某建设单位拟编制某工业生产项目的竣工决算。该建设工程项目包括 A、B 两个主要生产车间和 C、D、E、F 四个辅助生产车间及若干附属办公、生活建筑物。在建设期内，各单项工程竣工结算数据见表 8-3。工程建设其他投资完成情况如下：支付行政划拨土地的土地征用及迁移费 500 万元，支付土地使用权出让金 700 万元；建设单位管理费 400 万元（其中 300 万元构成固定资产）；地质勘察费 80 万元；建筑工程设计费 260 万元；生产工艺流程系统设计费 120 万元；专利费 70 万元；非专利技术费 30 万元；获得商标权 90 万元；生产职工培训费 50 万元；报废工程损失 20 万元；生产线试运转支出 20 万元，试生产产品销售款 5 万元。

试确定：

（1）A 生产车间的新增固定资产价值。

（2）该建设工程项目的固定资产、流动资产、无形资产和其他资产价值。

表 8-3　　某建设工程项目各单项工程竣工结算数据　　单位：万元

项目名称	建筑工程	安装工程	需安装设备	不需安装设备	生产工器具	
					总额	达到固定资产标准
A 生产车间	1800	380	1600	300	130	80
B 生产车间	1500	350	1200	240	100	60
辅助生产车间	2000	230	800	160	90	50
附属建筑	700	40		20		
合计：	6000	1000	3600	720	320	190

解（1）A 生产车间的新增固定资产价值＝（1800＋380＋1600＋300＋80）＋（500＋80＋260＋20＋20－5）×1800/6000＋120×380/1000＋300×（1800＋380＋1600）/（6000＋1000＋3600）＝4160＋875×0.3＋120×0.38＋300×0.3566＝4575.08（万元）

（2）固定资产价值＝（6000＋1000＋3600＋720＋190）＋（500＋300＋80＋260＋120＋

20＋20－5）＝11 510＋1295＝12 805（万元）

流动资产价值＝（320－190）＝130（万元）

无形资产价值＝700＋70＋30＋90＝890（万元）

其他资产价值＝（400－300）＋50＝150（万元）

第四节　保　修　金

一、工程项目质量保修制度

2000 年 1 月，国务院发布的《建设工程质量管理条例》中规定，建设工程实行质量保修制度，规定建设工程承包单位在向建设单位提交工程竣工验收报告时，应当向建设单位出具质量保修书。质量保修书中应当明确建设工程的保修范围、保修期限和保修责任等。

工程项目保修是指建设工程办理完交工验收手续后，施工单位按照国家或行业现行的有关技术标准、设计文件及合同中对质量的要求，在规定的保修期限内对已竣工验收的建设工程进行维修、返工等工作。

工程项目质量保修制度是国家所确定的重要法律制度，对于促进承包方加强质量管理、保护用户及消费者的合法权益起到重要的作用。

二、保修范围和最低保修期限

1. 保修范围

建筑工程的保修范围应包括地基基础工程、主体结构工程、屋面防水工程和其他土建工程，以及电气管线、上下水管线的安装工程，供热、供冷系统工程等项目。

2. 在正常使用条件下建设工程的最低保修期限

（1）基础设施工程、房屋建筑的地基基础工程和主体结构工程，为设计文件规定的该工程的合理使用年限。

（2）屋面防水工程、有防水要求的卫生间、房间和外墙面的防渗漏，为 5 年。

（3）供热与供冷系统，为 2 个采暖期、供冷期。

（4）电气管线、给排水管道、设备安装和装修工程，为 2 年。

其他项目的保修期限由发包方与承包方约定。

建设工程的保修期，自竣工验收合格之日起计算。

三、质量保修责任

（1）属于保修范围、内容的工程项目，施工单位在接到建设单位的保修通知起 7 天内派人保修。施工单位不在约定期限内派人保修，建设单位可以委托其他人修理。

（2）发生紧急抢修事故时，施工单位接到通知后应立即到达事故现场抢修。

（3）涉及结构安全的质量问题，应当按照《房屋建筑工程质量保修办法》（建设部令第 80 号）的规定，立即向当地建设行政主管部门报告，采取相应的安全措施。由原设计单位或具有相应资质等级的设计单位提出保修方案，由施工单位实施保修。

（4）质量保修完成后，由建设单位组织验收。

四、工程保修费的处理

保修费是指对保修期间和保修范围内所发生的维修、返工等各项费用的支出。在费用的处理上应分清造成问题的原因及具体返工内容，按照国家有关规定和合同要求与有关单位共同商定处理办法。

（1）勘察、设计原因造成保修费的处理。勘察、设计方面的原因造成的质量缺陷，由勘察、设计单位负责并承担经济责任，由施工单位负责维修或处理。按合同法规定，勘察、设计人应当继续完成勘察、设计，减收或免收勘察、设计费并赔偿损失。

（2）施工原因造成保修费的处理。施工单位未按国家有关规定、标准和设计要求施工，造成质量缺陷，由施工单位负责无偿返修并承担经济责任。建设工程在保修范围和保修期限内发生质量问题的，施工单位应当履行保修义务，并对造成的损失承担赔偿责任。

（3）设备、材料、构配件不合格造成的保修费的处理。设备、材料、构配件不合格造成的质量缺陷，属于施工单位采购的或经施工单位验收同意的，由施工单位承担经济责任；属于建设单位采购的，由建设单位承担经济责任。

（4）用户使用原因造成的保修费的处理。用户使用不当造成的质量缺陷，由用户自行负责。

（5）不可抗力原因造成的保修费的处理。因地震、洪水、台风等不可抗力造成的质量问题，施工单位和设计单位都不承担经济责任，由建设单位负责处理。

五、缺陷责任期

《建设工程质量保证金管理办法》（建质〔2017〕138 号）的规定，缺陷是指建设工程质量不符合工程建设强制性标准、设计文件，以及承包合同的约定。缺陷责任期从工程通过竣工验收之日起计算。因承包人原因导致工程无法按时进行竣工验收，缺陷责任期从实际通过竣工验收之日起计算；因发包人原因导致工程无法按规定期限进行竣工验收，在承包人提交竣工验收报告 90 天以后，工程自动进入缺陷责任期。缺陷责任期一般为 1 年，最长不超过 2 年，由承发包双方在合同中约定。

《建设工程质量保证金管理办法》（建质〔2017〕138 号）规定，发包人应按照合同约定方式预留保证金，保证金总预留比例不得高于工程价款结算总额的 3%，在缺陷责任期内，因承包人原因造成的缺陷，承包人应负责维修，并承担鉴定及维修费用。如承包人不维修也不承担费用，发包人可按约定从保证金或银行保函中扣除，费用超出保证金额的，发包人可按合同约定向承包人索赔。承包人维修并承担费用后，不免除对工程的损失赔偿责任。

【例 8 - 2】 某建设工程在缺陷责任期内发生屋面漏水，业主方多次催促施工方修理，施工方一再拖延不予处理，甲方催促无果后另请施工单位修理，发生修理费 1.5 万元。试问该项费用应该如何处理？

解 属于施工方的保修责任范围，1.5 万元维修费应从扣留的质量保证金中支付。

第五节 案 例 分 析

【例 8 - 3】 某建设单位在某地建设一项大型特色经济生产基地项目。该项目从某年 2 月开始实施，到次年底财务核算资料如下：

（1）已经完成部分单项工程，经验收合格后，交付的资产有：

1）固定资产 74 739 万元。

2）为生产准备的使用期限在一年以内的随机备件、工器具 29 361 万元。期限在 1 年以上，单件价值2000元以上的工具61万元。

3）建造期内购置的专利权、非专利技术1700万元。摊销期为5年。

4）筹建期间发生的开办费79万元。

（2）在建工程项目支出有：

1）建筑工程和安装工程15 800万元。

2）设备及工器具43 800万元。

3）建设单位管理费、勘察设计费等待摊投资23万元。

4）通过出让方式购置的土地使用权形成的其他投资108万元。

（3）非经营项目发生待核销基建支出40万元。

（4）应收生产单位投资借款1500万元。

（5）购置需要安装的器材49万元，其中待处理器材损失15万元。

（6）货币资金480万元。

（7）工程预付款及应收有偿调出器材款20万元。

（8）建设单位自用的固定资产原价60 220万元。累计折旧10 066万元。

（9）反映在“资金平衡表”上的各类资金来源的期末余额是：

1）预算拨款48 000万元。

2）自筹资金拨款60 508万元。

3）其他拨款300万元。

4）建设单位向商业银行借入的借款109 287万元。

5）建设单位当年完成交付生产单位使用的资产价值中，有160万元属利用投资借款形成的待冲基建支出。

6）应付器材销售商37万元货款和应付工程款1963万元尚未支付。

7）未交税金28万元。

试：（1）计算交付使用资产与在建工程项目有关数据。

（2）编制大、中型基本建设工程项目竣工财务决算表。

解（1）资金平衡表有关数据的填写见表8-4。其中：固定资产＝74 739＋61＝74 800（万元）。无形资产摊销期5年为干扰项，在建设期仅反映实际成本。

表8-4　　**交付使用资产与在建工程数据表**　　单位：万元

资金项目	金额	资金项目	金额
（一）交付使用资产	105 940	（二）在建工程	62 100
1. 固定资产	74 800	1. 建筑安装工程投资	15 800
2. 流动资产	29 361	2. 设备投资	43 800
3. 无形资产	1700	3. 待摊投资	2392
4. 其他资产	79	4. 其他投资	108

（2）大、中型基本建设工程项目竣工财务决算表见表8-5。

表 8-5 大、中型基本建设工程项目竣工财务决算表 单位：元

资金来源	金额	资金占用	金额
一、基建拨款	1 088 080 000	一、基本建设支出	1 680 800 000
1. 预算拨款	480 000 000	1. 交付使用资产	1 059 400 000
2. 基建基金拨款		2. 在建工程项目	621 000 000
3. 进口设备转账拨款		3. 待核销基建支出	400 000
4. 器材转账拨款		4. 非经营项目转出投资	
5. 煤代油专用基金拨款		二、应收生产单位投资借款	15 000 000
6. 自筹资金拨款	60 5080 000	三、拨付所属投资借款	
7. 其他拨款	3 000 000	四、器材	490 000
二、项目资本		其中：待处理器材损失	150 000
1. 国家资本		五、货币资金	4 800 000
2. 法人资本		六、预付及应收款	20 000
3. 个人资本		七、有价证券	
三、项目资本公积金		八、固定资产	501 540 000
四、基建借款	1 092 870 000	固定资产原价	602 200 000
五、上级拨入投资借款		折减：累计折旧	100 660 000
六、企业债券资金		固定资产净值	501 540 000
七、待冲基建支出	1 600 000	固定资产清理	
八、应付款	20 000 000	待处理固定资产损失	
九、未交款	280 000		
1. 未交税金	280 000		
2. 未交基建收入			
3. 未交基建包干结余			
4. 其他未交款			
十、上级拨入资金			
十一、留成收入			
合计	2 202 830 000	合 计	2 202 830 000

一、单选题

1. 大中型和限额以上建设工程项目及技术改造项目，工程整体验收的组织单位可以是(　　)。

A. 监理单位　　B. 业主单位

C. 使用单位　　D. 国家发展和改革委员会

2. 完整的竣工决算所包含的内容是(　　)。

A. 竣工财务决算说明书、竣工财务决算报表、工程竣工图、工程竣工造价对比分析

B. 竣工财务决算报表、竣工决算、工程竣工图、工程竣工造价对比分析
C. 竣工财务决算说明书、竣工决算、竣工验收报告、工程竣工造价对比分析
D. 竣工财务决算报表、工程竣工图、工程竣工造价对比分析

3. 关于质量保证金的使用及返还，下列说法正确的是(　　)。
A. 不实行国库集中支付的政府投资项目，保证金可以预留在财政部门
B. 采用工程质量保证担保的，发包人仍可预留 5%的保证金
C. 非承包人责任的缺陷，承包人仍有缺陷修复的义务
D. 缺陷责任期终止后的 28 天内，发包人应将剩余的质量保证金连同利息返还给承包人

4. 关于缺陷责任期内的工程维修及费用承担，下列说法正确的是(　　)。
A. 不可抗力造成的缺陷，发包人负责维修，从质量保证金中扣除费用
B. 承包人造成的缺陷，承包人维修并承担费用后，可免除对工程的一般损失赔偿责任
C. 发承包双方对缺陷责任有争议的，按质量监督机构的鉴定结论，由责任方承担维修费，另一方承担鉴定费
D. 承包人原因造成工程无法使用而需要再次检验修复的，发包人有权要求承包人延长缺陷责任期

5. 工程竣工验收后，建设单位应编制完成（　　）。
A. 工程竣工验收质量评估报告　　B. 工程竣工验收报告
C. 工程竣工验收通知书　　D. 工程档案验收报告

6. 竣工验收阶段，建设工程已依照相关规定完成了各项施工内容，由（　　）组织工程竣工验收。
A. 建设单位　　B. 施工单位　　C. 监理单位　　D. 主管部门

7. 工程竣工验收的交工主体是（　　）。
A. 建设单位　　B. 监理单位　　C. 施工单位　　D. 设计单位

8. 工程竣工验收主体是（　　）。
A. 质检站　　B. 监理单位　　C. 施工单位　　D. 建设单位

9. 工程竣工验收申请报告须经（　　）签署意见。
A. 项目经理　　B. 专业监理工程师
C. 总监理工程师　　D. 建设单位项目负责人

10. 收到工程竣工报告后，对符合竣工验收要求的工程，（　　）组织相关等单位组成验收组，制定验收方案。
A. 监理单位　　B. 施工单位　　C. 设计单位　　D. 建设单位

二、多选题

1. 关于工程竣工结算的说法，正确的有（　　）。
A. 工程竣工结算分为单位工程竣工结算和单项工程竣工结算
B. 工程竣工结算均有总承包单位编制
C. 建设单位审查工程竣工结算的递交程序和资料的完整性
D. 施工承包单位要审查工程竣工结算的项目内容与合同约定内容的一致性
E. 建设单位要审查实际施工工期对工程造价的影响程度

2. 工程竣工验收是在施工单位按照建设工程相关规定完成（　　）的各项内容后组

织的。

A. 国家有关法律、法规
B. 工程建设规范、标准
C. 工程设计文件要求
D. 投标文件
E. 合同约定

3. 竣工验收阶段，建设工程依照（　　）的规定完成各项施工内容，由建设单位组织工程竣工验收。

A. 国家有关法律、法规
B. 工程建设规范、标准
C. 检测报告
D. 工程资料
E. 施工记录

4. 竣工验收的客体是（　　）的特定工程对象。

A. 法律规定
B. 规范规定
C. 设计文件规定
D. 施工合同约定
E. 建设单位规定

5. 工程具备（　　）方可进行竣工验收。

A. 完整的城市档案资料
B. 完整的施工技术档案和施工管理资料
C. 建设单位已按合同约定支付工程款
D. 施工单位签署的工程质量保修书
E. 项目规划许可证及施工许可证

三、简答题

1. 什么是竣工结算？
2. 什么是竣工决算？
3. 竣工结算与竣工决算的区别与联系有哪些？
4. 什么是质量保修金？保修费如何处理？

参 考 文 献

[1] 全国造价工程师职业资格考试培训教材编审委员会．建设工程造价管理．北京：中国计划出版社，2021.
[2] 陶学明，熊伟．建设工程计价基础与定额原理．北京：机械工业出版社，2016.
[3] 黄伟典．工程定额原理．北京：中国电力出版社，2016.
[4] 滕道社，朱士永．工程造价管理．北京：中国水利水电出版社，2017.
[5] 李建峰．工程造价管理．北京：机械工业出版社，2017.
[6] 高显义，柯华．建设工程合同管理．2 版．上海：同济大学出版社，2018.
[7] 程鸿群，姬晓辉，陆菊春．工程造价管理．武汉：武汉大学出版社，2017.
[8] 吴佐民．工程造价概论．中国建筑工业出版社，2019.
[9] 邢莉燕，周景阳．房屋建筑与装饰工程估价．北京：中国电力出版社，2018.
[10] 邢莉燕，解本政．工程造价管理．北京：中国电力出版社，2018.
[11] 冯辉红．工程造价管理．北京：化学工业出版社，2017.
[12] 周文昉，高洁．工程造价管理．武汉：武汉理工大学出版社，2017.
[13] 谷洪雁，布晓进，贾真．工程造价管理．北京：化学工业出版社，2018.
[14] 杨浩．建筑工程招投标制度阶段 BIM 技术应用研究．长沙：湖南大学，2018.
[15] 王红平．工程造价管理．郑州：郑州大学出版社，2015.
[16] 周和生，尹贻林．以工程造价为核心的项目管理：基于价值，成本及风险的多视角．天津：天津大学出版社，2015.
[17] 沈中友．工程招投标与合同管理．北京：机械工业出版社，2017.
[18] 陈天鹏．工程项目招投标与合同管理．哈尔滨：哈尔滨工业大学出版社，2016.
[19] 李丽红．工程招投标与合同管理．北京：化学工业出版社，2016.